水利水电建筑工程高水平专业群新形态数字化教材

水力分析与计算

主　编　王勤香　田　静　王　宇
副主编　姜　楠　李　欢　徐　鹏
主　审　焦爱萍　何成荣

中国水利水电出版社
www.waterpub.com.cn
·北京·

内 容 提 要

本书是河南省高等职业教育立体化建设立项教材，是根据中国特色高水平高职学校和专业建设计划——水利水电建筑工程专业群建设要求，按照“水力分析与计算”课程标准编写而成。

本书内容根据实际工程中水力分析与计算的工作任务组织编写，共有挡水建筑物静水作用力分析与计算、恒定水流运动基本方程分析与计算、恒定管流水力分析与计算、明渠恒定均匀流水力分析与计算、明渠恒定非均匀流水面线分析与计算、堰流水力分析与计算、闸孔出流水力分析与计算、泄水建筑物下游消能水力分析与计算 8 个学习项目。

本书为水利水电建筑工程专业教材，也可供水利类相关专业教学使用，同时可作为水利水电工程技术人员的参考用书。

图书在版编目（CIP）数据

水力分析与计算 / 王勤香，田静，王宇主编. -- 北京 : 中国水利水电出版社，2022.7(2025.1重印).
水利水电建筑工程高水平专业群新形态数字化教材
ISBN 978-7-5226-0779-5

Ⅰ. ①水… Ⅱ. ①王… ②田… ③王… Ⅲ. ①水力计算－高等职业教育－教材 Ⅳ. ①TV131.4

中国版本图书馆CIP数据核字(2022)第108911号

书 名	水利水电建筑工程高水平专业群新形态数字化教材 **水力分析与计算** SHUILI FENXI YU JISUAN
作 者	主 编 王勤香 田 静 王 宇 副主编 姜 楠 李 欢 徐 鹏 主 审 焦爱萍 何成荣
出版发行	中国水利水电出版社 （北京市海淀区玉渊潭南路 1 号 D 座 100038） 网址：www.waterpub.com.cn E-mail：sales@mwr.gov.cn 电话：(010) 68545888（营销中心）
经 售	北京科水图书销售有限公司 电话：(010) 68545874、63202643 全国各地新华书店和相关出版物销售网点
排 版	中国水利水电出版社微机排版中心
印 刷	北京印匠彩色印刷有限公司
规 格	184mm×260mm 16 开本 15.75 印张 389 千字
版 次	2022 年 7 月第 1 版 2025 年 1 月第 2 次印刷
印 数	3501—7000 册
定 价	**52.00** 元

前言

本书是根据《国家职业教育改革实施方案》（国发〔2019〕4号）、中共中央办公厅 国务院办公厅印发《关于推动现代职业教育高质量发展的意见》及《加快数字人才培育支撑数字经济发展行动方案（2024—2026年）》（人社部发〔2024〕37号）等文件精神，助力“双高校”建设，顺应“互联网+”的发展趋势，推进现代信息技术与教育教学的全面深度融合，落实立德树人根本任务，提升高等职业教育人才培养质量编写的教材。

本书主要特点如下：

（1）德技并修，润物无声：以培养学生的知识、技能和综合素养为目标，教材内容围绕典型水利工程案例进行知识点、技能点展开，同时有机融入课程思政元素，将价值塑造、知识传授和能力培养三者融为一体，实现潜移默化的育人效果。

（2）数字资源，赋能教学：结合教材内容，配备了动画、微课、录像、虚拟仿真等形式丰富多样的优质数字化资源，助力教学更加生动直观，便于学生个性化学习，推动教育教学多元化、多样化，提升教书育人效力。

（3）模块组合，层层递进：教材结构设计科学合理，涵盖内容讲解、知识练习、任务自测、技能训练、水力探秘、水力科普和拓展阅读等多个模块，教、学、练、测、创、拓相结合，实现知识内化、技能提升、素养培育、创新启迪的同步发展与递次升华，并增强了教材的趣味性和实用性。

（4）因材施教，多元拓展：遵循以学生为中心的理念，考虑学生个体差异，为开发不同学生的潜能，精心设计了具有梯度性的教学内容。在教材中，标注“*”号的部分属于拓展提升的难点内容，教师可依据专业教学要求以及学生的实际情况灵活选取，确保教学内容贴合学生的实际情况，提升教学的针对性与有效性。

为方便教师教学与学生技能训练，本书精心选取了贴近工程实际的丰富案例以及实用性和操作性强的工作任务。全书配套126个微课动画等数字资源，涵盖课程全部知识点与技能点，有效支持教师开展线上线下混合式教学，为学生课下学习提供坚实保障。

具体分工如下：王勤香编写项目2和项目6，田静编写项目1和项目3，王宇编写项目5，姜楠编写项目8，李欢编写项目4，徐鹏编写绪论和项目7，本书由黄河水利职业技术学院王勤香、田静、王宇担任主编，姜楠、李欢、徐鹏担任副主编，王勤香负责全书统稿；由华北水利水电大学焦爱萍教授、中国电建集团昆明勘测设计研究院有限公司何成荣副总工程师担任主审。

本书编写过程中，得到了罗全胜教授、楚万强教授及王宏涛博士鼎力相助，得到了中国水利水电第四工程局有限公司、黄河水利委员会、黄河有线电视台和水利兄弟院校的大力支持。同时，本书参考了国内同行的著作、教材及相关规范，在此谨对所有参考文献的作者深表谢意！

本次修订进一步完善了教材内容，加强了水力探秘的启发性，并结合教学内容把编写团队的科研创新成果融入教材，增加了水力科普模块。由于本书编者水平有限，不足之处在所难免，恳请读者特别是使用本书的教师和学生积极提出批评和改进建议，以便今后对本书进一步完善提高。

编者

2024年12月

“行水云课”数字教材使用说明

“行水云课”水利职业教育服务平台是中国水利水电出版社立足水电、整合行业优质资源全力打造的“内容”＋“平台”的一体化数字教学产品。平台包含高等教育、职业教育、职工教育、专题培训、行水讲堂五大版块，旨在提供一套与传统教学紧密衔接、可扩展、智能化的学习教育解决方案。

本套教材是整合传统纸质教材内容和富媒体数字资源的新型教材，它将大量图片、音频、视频、3D动画等教学素材与纸质教材内容相结合，用以辅助教学。

内页二维码具体标识如下：

- Ⓕ为动画
- ▶为微课
- ◉为课件

线上教学与配套数字资源获取途径：

- 手机端

关注“行水云课”公众号→搜索“图书名”→封底激活码激活→学习或下载

- PC端

登录“xingshuiyun. com”→搜索“图书名”→封底激活码激活→学习或下载

数 字 资 源 索 引

续表

续表

续表

续表

注　“*”是对应有一定难度的学习素材。

目录

绪　论

“水力分析与计算”课程是依据液体平衡和机械运动的规律方程，分析水利工程中常见的水流现象，并在此基础上对水利工程中的过流能力、作用力、水面线、消能等问题进行水力计算。水力分析与计算基础知识和技能应用于水力发电、农田水利、城市水利、航运、交通、建筑、石油等多个领域。

通过水流现象分析，让学生领会水文化之美、水文化之妙，激发学生探索科学问题的兴趣，培养家国情怀、水利精神；通过水力计算，让学生理解水利兴、天下定的道理，牢记水利人的使命、责任与担当。

1　水力分析与计算的任务及研究对象

水力分析与计算的任务是研究液体在平衡和机械运动状态下的规律，并运用这些规律分析水流现象，解决实际工程中的水力计算问题。课程研究对象是以水为代表的液体，水是生命之源，万物之首，水善万物而不争，水和人类生活、工农业生产有着十分密切的联系。值得说明的是，本课程的基本原理与计算方法不仅适用于水，也适用于其他液体。

2　水力分析与计算主要解决的问题

水利工程是指为了控制、调节和利用水资源，以达到除害兴利的目的而兴建的拦河坝、水闸、渡槽、输水管道、渠道等水工建筑物的各种工程。水工建筑物修建在天然径流中，建筑物的存在使水流的边界条件发生变化，水流的流动特征会受到影响。水力分析与计算是解决与液体运动有关的各种工程技术问题的重要手段。水力分析与计算在水利水电工程的勘测、规划、设计、施工和运用管理中得到广泛的应用。例如，为了满足防洪、供水、发电的要求，通常需要在河道上修闸筑坝形成水库，用来控制和调节水位和水量，修建水工建筑物后，便会出现以下需要分析和计算的问题：

(1) 作用力问题。水工建筑物挡水后，会受到巨大的水压力，这个水压力会使水工建筑物有向下游倾倒或移动的趋势。因此，正确计算水压力是水工建筑物稳定计算与结构计算的必要条件。例如，举世瞩目的长江三峡水电站，主坝为世界上规模最大的混凝土重力坝，坝轴线全长约 2309m，坝顶高程 185m。三峡大坝正常蓄水位 175m 时，而坝下通航最低水位 62m，上下落差达 113m，水流对坝产生很大的水压力。设计重力坝坝体断面，校核重力坝的稳定性时，必须计算上、下游的水流对坝体的作用力。三峡水电站上游及大坝全貌如图 0.1 和图 0.2 所示。

(2) 过流能力问题。水利工程中，除了挡水还需要泄流、输水、控制水流，为此修建了溢洪道、泄洪洞、渡槽、渠道、水闸等水工建筑物，这些建筑物需要多大的过水断面尺寸才能满足设计的过流能力需要，这是必须解决的问题。例如，南水北调中

图 0.1　三峡水电站上游

图 0.2　三峡大坝

线工程，南起丹江口水库，途经河南省、河北省，北至北京市、天津市，中线输水干渠总长达 1276km，向天津输水干渠长 156km，如图 0.3 和图 0.4 所示。工程包括明渠、隧道、渡槽、倒虹吸、提水泵站等多种水工建筑物，不同形式水工建筑物泄流时，水工建筑物过流能力的确定是水力分析与计算研究的基本问题之一。

图 0.3　南水北调中线输水渠道

图 0.4　南水北调中线工程淅川陶岔渠首

（3）水面线问题。水工建筑物挡水后，抬高了上游水位，形成水库，为估算淹没和迁移范围，必须要估算库区的淹没范围和淹没损失，需要推算上游的水面线。例如，三峡大坝蓄水至 175m，大坝到重庆 600 多 km 的江段变成 1000 多 km^2 的巨大湖泊，上游库区淹没范围、移民数量的确定与上游的水面线推算成果密切相关。三峡段长江航道如图 0.5 所示。

（4）消能问题。从泄水建筑物下泄的水流一般为高速水流，流速很大，导致河床冲刷和岸坡淘刷，危及建筑物的安全，需考虑采用怎样的措施改善水流条件，消除多余的动能和预防冲刷，避免对水工建筑物及河道的冲刷等。例如，黄河中游小浪底水利枢纽，为消除泄流建筑物下游高速水流的余能，预防下游冲刷，保证泄流建筑物安全，采用挑流消能等多种消能措施。葛洲坝泄洪闸如图 0.6 所示，小浪底泄洪如图 0.7 所示。

图 0.5　三峡段长江航道

图 0.6　葛洲坝泄洪闸

图 0.7　小浪底泄洪

上述 4 个方面是水力分析与计算主要解决的问题，除此之外，水力分析与计算还能解决其他一些问题，例如高速水流、弯道水流、河道的挟沙水流、闸坝的地下渗流、水工模型试验的有关问题以及海洋、湖泊、水库中的波浪问题等。

3　液体的基本特性

自然界的物质存在着三种状态，即固体、液体和气体。固体由于分子间的距离很小，内聚力很大，所以能够保持固定的形状和体积，能够承受一定大小的拉力、压力和剪切力。与固体相比，液体分子间的距离较大，内聚力较小，它只能保持一定的体积，没有固定的形状。液体几乎不能承受拉力抵抗拉伸变形，在静止状态下也不能承受剪切力，极易发生剪切变形或流动，但液体与固体一样能够承受压力。气体分子之间的距离很大，几乎不存在内聚力，分子可以自由运动，因此气体不仅没有固定的体积，也没有固定的形状，可以任意扩散充满其所占据的有限空间，所以气体极易膨胀和压缩。液体与气体相比，液体的压缩性很小，但它们都具有易流动性，所以液体、气体又统称为流体。

水力分析与计算是为水利工程服务的，工程实际的流动问题属于宏观的流动问题，并不关心液体分子的微观运动，所以在水力分析与计算中引入了液体具有连续性的假定，即认为液体是由无数液体质点所组成的中间没有空隙存在的连续介质。另外，在水力分析与计算中一般认为液体具有均匀等向性，液体的各个部分和各个方向的物理性质是一样的。这样就可以运用数学中的连续函数来分析水力分析与计算问题。实践证明，这一假定能满足工程中水力分析与计算问题的精度要求。

总之，本课程研究液体是一种易流动、不易压缩、均质等向的连续介质。

4　液体的主要物理力学性质

在外力作用下，液体呈现静止或流动状态。外力对液体的作用，是通过液体自身的物理性质来表现的。液体的物理性质是多方面的，本书着重讨论与液体运动有关的几种主要物理力学性质。

4.1　惯性

物体所具有的保持原有运动状态的物理性质称为惯性。液体与其他物体一样也具有惯性。惯性用质量度量，质量越大，惯性越大。当物体受其他物体的作用而改变运动状态时，物体反抗改变原有运动状态而作用于其他物体上的反作用力称为惯性力。设物体的质量为 m，加速度为 a，则惯性力为

$$F = -ma \tag{0.1}$$

式中负号表示惯性力的方向与物体的加速度方向相反。

按照国际单位制的规定，质量的单位为千克（kg），长度的单位为米（m），时间的单位为秒（s），力的单位为牛顿（N）或千牛顿（kN）。

单位体积的液体所具有的质量称为密度，以符号 ρ 表示。体积为 V、质量为 m 的均质液体，密度为

$$\rho = \frac{m}{V} \tag{0.2}$$

在国际单位制中，密度的单位是千克/米^3（kg/m^3）。

液体的密度与液体的种类有关，同一种液体的密度随压强和温度而变化，但变化甚微，一般情况下可视为常数。在水力计算时，通常把一个标准大气压下、温度为4℃时水的最大密度值 $\rho = 1000kg/m^3$ 作为计算值，即在水力计算中认为水的密度是一个常量。

4.2 万有引力特性

物体之间相互具有吸引力的性质，称为万有引力特性。地球与物体之间的引力称为重力，也称为物体的重量，用符号 G 表示。液体的运动一般只考虑地球对液体的引力。设物体的质量为 m，重力加速度为 g，水力分析与计算中取 $g = 9.8m/s^2$，则重力为

$$G = mg \tag{0.3}$$

重力的单位为牛顿（N）或千牛顿（kN）。

单位体积的液体所具有的重量称为容重，用符号 γ 表示。对于体积为 V、重量为 G 的均质液体，其容重为

$$\gamma = \frac{G}{V} \tag{0.4}$$

将 $G = mg$ 代入式（0.4），可得

$$\gamma = \frac{G}{V} = \frac{mg}{V} = \rho g \tag{0.5}$$

或

$$\rho = \frac{\gamma}{g} \tag{0.6}$$

按国际单位制，容重的单位为牛顿/米^3（N/m^3）或千牛顿/米^3（kN/m^3）。值得注意的是，容重 γ 与密度 ρ 单位有对应性，当 ρ 单位为 kg/m^3 时，对应 γ 单位为 N/m^3。

液体的容重与液体的种类有关，同一种液体的容重随温度和压强的变化而变化，但变化很小，水力计算中常以一个标准大气压下、4℃时水的容重 $\gamma = 9800$ 牛顿/米^3（N/m^3）作为计算值，即在水力计算中认为水的容重是一个常量。水在不同温度时的容重值见表0.1，几种常见液体的容重值见表0.2。

表 0.1 不同温度时水的容重 γ 值（标准大气压）

温度/℃	0	4	10	20	30	40	60	80	100
容重/(N/m^3)	9798.73	9800.00	9797.55	9782.95	9758.45	9725.03	9637.12	9525.01	9394.77

表 0.2　　　　　　　　几种常见液体的容重 γ 值（标准大气压）

液体名称	汽　油	纯酒精	蒸馏水	海　水	水　银
温度/℃	15	15	4	15	0
容重/(N/m^3)	6664～7350	7778.3	9800	9996～10084	133280

4.3　黏滞性

液体在静止状态下不能够承受剪切力抵抗剪切变形，但是运动的液体质点之间发生相对运动，液体内部能够产生内摩擦力抵抗剪切变形，这种性质称为液体的黏滞性。液体的内摩擦力又称为黏滞力。

如图 0.8 所示，液体沿固体表面作平行直线流动，设流动方向为 x，与流动方向垂直的方向为 y，并且认为水流分层流动，各层液体质点在流动过程中互不混掺。因为液体具有黏滞性，紧靠固体表面的液体质点与固体表面无相对运动，速度为零，沿 y 方向流速逐渐增大。若距固体边界为 y 的流层流速为 u，在相邻流层 $y+dy$ 处的流速为 $u+du$，由于两流层的速度不同，则液体质点必然存在相对运动，在两流层之间就会产生一对大小相等、方向相反的内摩擦力。上层流速大的液体对下层流速小的液体的作用力方向与流动方向相同，下层流速小的液体对上层流速大的液体作用力方向与流动方向相反。

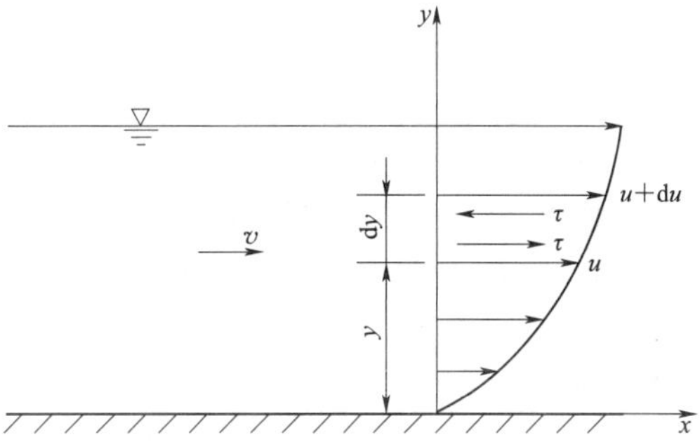

图 0.8

W0.1
液体黏滞性

早在 1686 年，牛顿根据试验成果首先提出：对于平行直线流动，液体的内摩擦力 F 与液体的性质有关，与流速梯度 $\frac{du}{dy}$ 和流层接触面积 A 成正比，与接触面上的压力无关，其表达式为

$$F=\mu A\frac{du}{dy} \tag{0.7}$$

式中　μ——动力黏滞系数，$N/m^2 \cdot s$。

式（0.7）为牛顿内摩擦定律方程式。由于液体的内摩擦力与作用面相切，单位面积上的内摩擦力又称为黏滞切应力，以符号 τ 表示。

$$\tau=\frac{F}{A}=\mu\frac{du}{dy} \tag{0.8}$$

作用在两相邻液层之间的黏滞切应力 τ 数值相等，方向相反。

液体的黏滞性还可以用动力黏滞系数 μ 与液体密度 ρ 的比值 ν 表示。

$$\nu=\frac{\mu}{\rho} \tag{0.9}$$

ν 称为运动黏滞系数，国际单位制中 ν 的单位是米^2/秒（m^2/s）。动力黏滞系数 μ 与运动黏滞系数 ν，都反映了液体的黏滞性，都与液体的种类有关。

不同液体的动力黏滞系数 μ 和运动黏滞系数 ν 值是不同的。同一种液体，它们随压强和温度的变化而变化。对于常见的液体，黏滞系数随压强变化很小，一般可以忽略，温度是影响黏滞系数的主要因素。不同温度时水的运动黏滞系数值见表 0.3。

表 0.3　　不同温度时水的运动黏滞系数 ν

温度/℃	ν/(cm²/s)	温度/℃	ν/(cm²/s)	温度/℃	ν/(cm²/s)
0	0.01775	14	0.01176	28	0.00839
2	0.01674	16	0.01118	30	0.00803
4	0.01568	18	0.01062	35	0.00725
6	0.01473	20	0.01010	40	0.00659
8	0.01387	22	0.00989	45	0.00603
10	0.01310	24	0.00919	50	0.00556
12	0.01239	26	0.00877	60	0.00478

【案例 0.1】 一水平玻璃水槽，当水深 $h=0.08$m，温度 $t=10$℃时，水面上放置一面积为 1.8m² 的极薄平板，今要求以 1.6m/s 的速度拖动该平板，设水流的流速沿水深近似呈线性分布，试求拖动平板时所需的水平拖曳力。

【分析与计算】

在水槽中拖动薄板，需要克服水流与薄板之间的内摩擦力，根据牛顿的内摩擦定律，水平拖曳力为

$$F=\mu A\frac{\mathrm{d}u}{\mathrm{d}y}$$

$$\frac{\mathrm{d}u}{\mathrm{d}y}\approx\frac{\Delta u}{\Delta y}=\frac{1.6}{0.08}$$

其中水的温度为 10℃，运动黏滞系数 $\nu=1.31\times10^{-6}\mathrm{m^2/s}$，则

$$\mu=\rho\nu=10^3\times1.31\times10^{-6}=1.31\times10^{-3}(\mathrm{N/m^2\cdot s})$$

$$F=\mu A\frac{\mathrm{d}u}{\mathrm{d}y}=1.31\times10^{-3}\times1.8\times\frac{1.6}{0.08}=4.716\times10^{-5}(\mathrm{kN})$$

液体黏滞性使液体运动时消耗能量，液体运动要克服液体质点间的摩擦力做功，其能量来自于运动液体自身的机械能，导致机械能沿流程减少。黏滞性是运动液体能量损失的根源。

4.4 压缩性

物体的体积随压力的增大而减小的性质，称为物体的压缩性。液体和固体一样，受压后体积也会减小。液体的压缩性很小，在一般情况下，可认为水是不可压缩的，在工程上可以忽略不计，只有在个别情况下，才需要考虑液体的压缩性。例如，当水电站出现事故引水管道末端阀门紧急关闭时，由于水体的惯性，高压输水管道中的水体将受到压缩，压力急剧升高，这时产生的弹性力对水流运动的影响就不能忽略了。

4.5 表面张力特性

液体的自由表面是液体和气体的分界面，由于分界面两侧液体种类不同，使分界面两侧所受的分子引力不平衡，从而在分界面上存在微小的拉力，称为液体的表面张

力。表面张力使液体有尽量缩小其表面的趋势。

表面张力是液体表面上的一种局部受力现象，表面张力很小，一般情况下可忽略不计。但是，当液面的曲率很大时，表面张力的影响就必须加以考虑。例如，在水力实验中，量测压强经常用盛有水或水银的细玻璃管（测压管），由于表面张力的作用，使管中的液面与容器中的液面不在同一水平面上，如图 0.9 所示，这就是物理学中所说的毛细管现象。当玻璃与水分子之间的附着力大于水分子之间的吸引力，管中弯液面高于容器中的液面；玻璃与水银分子之间的附着力小于水银分子之间的吸引力，则管中弯液面低于容器中的液面。管子与容器中的液面高差 Δh，除和液体的性质有关，还与管径有关。测压管内径越小，差值就越大。为了减少测量误差，测压管的内径不宜太小，一般应大于 10mm。

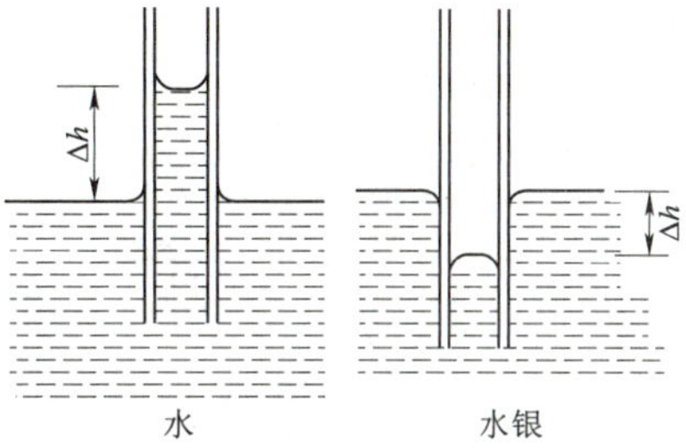

图 0.9

D0.2 表面张力现象

液体的五种物理力学性质中，惯性、万有引力特性和黏滞性很重要，对水流运动的影响较大。液体的压缩性一般不考虑，压缩性只在某些情况下才予以考虑，而表面张力特性一般液体可忽略不计。

W0.3 液体主要物理力学性质

5　实际液体与“理想液体”

实际液体的物理性质是很复杂的。若考虑所有的物理力学性质，分析研究水流运动是非常困难的。为了简化问题，便于分析计算，提出分析液体运动的简化模型——“理想液体”。理想液体就是把液体看作不可压缩、膨胀、没有黏滞性、没有表面张力的连续介质。水力计算分析中，常采用通过对“理想液体”进行分析得到一定规律，再考虑实际液流的黏滞性等加以修正的方法。

总之，一般情况下，实际液体，只考虑惯性、万有引力特性、黏滞性，理想液体只考虑惯性和万有引力特性，它们之间的根本区别在于是否考虑黏滞性。

练一练

通过微课进行液体主要物理力学性质练习。

W0.4 液体主要物理力学性质练一练

➤任务自测（选择题）

(1) 影响水的运动黏滞系数的主要因素为（　　）。

A. 水的容重　　B. 水的温度　　C. 当地气压　　D. 水的流速

(2) 在水力计算中，一个标准大气压、4℃时水的密度取为（　　）kg/m^3。

A. 1000　　B. 133.3　　C. 101.3　　D. 9.8

(3) 水在一个标准大气压下、4℃时的容重为（　　）。

A. $1000kg/m^3$　　B. $9.8kN/m^3$　　C. $10kN/m^3$　　D. $1kg/m^3$

(4) 下面哪个是重力的单位？（　　）

A. kg/m^3　　B. g/m^3　　C. kN　　D. kN/m^3

技 能 训 练

1. 已知海水的密度 $\rho=1030\mathrm{kg/m^3}$，求它的容重值。

2. 水的容重 $\gamma=9.8\mathrm{kN/m^3}$，动力黏滞系数 $\mu=1.537\times10^{-5}\mathrm{N/m^2\cdot s}$，求其运动黏滞系数 ν。空气的容重 $\gamma=11.5\mathrm{N/m^3}$，运动黏滞系数 $\nu=1.57\times10^{-5}\mathrm{m^2/s}$，求其动力黏滞系数。

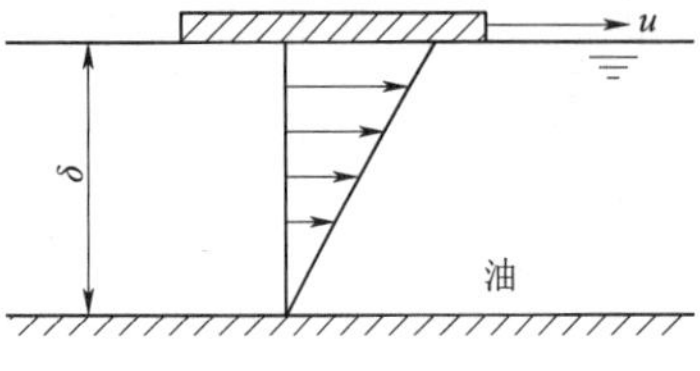

题图 0.1

3. 如题图 0.1 所示，一平板在油面上做水平运动。已知速度 $u=1\mathrm{m/s}$，板与固定边界的距离 $\delta=1\mathrm{mm}$，油的动力黏滞系数 $\mu=1.15\mathrm{N/m^2\cdot s}$，由平板带动油层的运动速度呈直线分布，求作用在平板单位面积上的黏滞切应力为多少？

拓展阅读——郑国渠

郑国渠是一个规模宏大的灌溉工程，是最早在关中建设的大型水利工程，郑国渠渠首遗址位于陕西省泾阳县王桥乡泾水出山口附近。

公元前 246 年，秦王政即位，秦国国力蒸蒸日上。韩国为秦国东邻，当时韩桓惠王为了诱使秦国把人力物力消耗在水利建设上，无力进行东伐，派郑国到秦国执行“疲秦”之计——设计兴修引泾水入洛水的灌溉工程。本来就想发展水利的秦国，很快地采纳这一建议，并立即征集大量的人力和物力，任命郑国主持兴建这一工程。在施工过程中，韩国“疲秦”的阴谋败露，秦王大怒，要杀郑国。郑国说：“始臣为间，然渠成亦秦之利也。臣为韩延数岁之命，而为秦建万世之功。”秦王政是位很有远见卓识的政治家，认为郑国说得很有道理，让他继续主持这项工程。这项工程大约花了十年时间才竣工。由于是郑国设计和主持施工的，故名为郑国渠。

拓展图 0.1

郑国渠建成后，大大改变了关中的农业生产面貌，一向落后的关中农业，迅速发达起来。雨量稀少土地贫瘠的关中，变得富庶甲天下。郑国渠的修建为秦始皇统一中国奠定了坚实基础。

2016年11月8日，郑国渠申遗成功，成为陕西省第一处世界灌溉工程遗产。

郑国渠的故事深刻说明了水利兴、天下定的道理。水利的起源、发展与兴衰与相应时期政治、经济发展紧密关联。水利不仅是农业的命脉，也是国民经济的命脉，是中华民族生存和发展的命脉。作为未来水利工作者，在学生时期抓紧练好内功、提升修养，不负韶华、勇担重任，学好水力分析与计算这门水利类专业基础核心课程，善分析读懂江海，精计算造福千秋，为祖国修建更多泽被后世的水利工程。

项目1　挡水建筑物静水作用力分析与计算

中国是世界上水库数量最多的国家，随着一大批高坝大库的建成，水库高坝蓄水运行的安全关系到国计民生及人民生命财产。分析拦河坝、水闸等挡水建筑物静水压强特点及其分布规律，计算大坝、水闸等建筑物挡水时受压面上的静水总压力，是保证水工建筑物正常安全运行的根基。

本项目的主要任务是利用静水压强基本知识，对受压平面壁和曲面壁的挡水水工建筑物进行静水总压力计算，为水工建筑物高水位安全运行保驾护航。

任务1　静水压强分析

1　静水压强的概念

1.1　静水压力

水利工程中各种建筑物与水直接接触的部分，称为受压面，例如与水接触的闸门、坝面、堤防的迎水面都是受压面，受压面上都受到水压力作用。在水体的内部，一部分水体对相邻的另一部分水体也有水压力的作用，水压力常用 P 表示。

当水处于静止状态时，水压力就是静水压力。在国际单位制中，静水压力的单位为牛顿（N）或千牛顿（kN）。

1.2　静水压强

在图1.1所示的平板闸门上，围绕任意点 K 取微小面积 ΔA，令作用于 ΔA 上的静水压力为 ΔP，则 ΔA 上所受的平均静水压强为

$$\overline{p}=\frac{\Delta P}{\Delta A} \tag{1.1}$$

式中　$\overline{p}$——ΔA 面上的平均静水压强。

水工建筑物挡水受压面上各处的静水压强一般都不相等，用平均静水压强只能反映受压面上受压的平均情况，因此还必须建立点静水压强的概念。

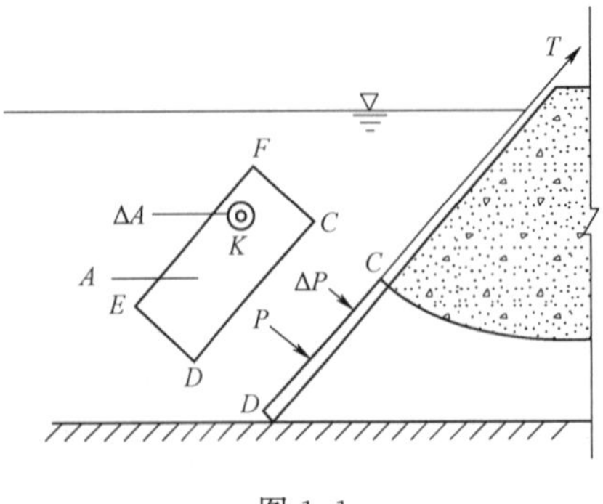

图1.1

在图1.1受压面，围绕任意点 K，其面积 ΔA 无限缩小并趋于点 K 时，比值 $\frac{\Delta P}{\Delta A}$ 的极限值定义为 K 点的静水压强，即

$$p_k=\lim_{\Delta A\to 0}\frac{\Delta P}{\Delta A} \tag{1.2}$$

在本书的计算中，如果没有特殊说明，

静水压强均指点静水压强。

在国际单位制中，静水压强的单位为牛顿/米^2（N/m^2）或千牛顿/米^2（kN/m^2），分别又称为帕斯卡（Pa）或千帕斯卡（kPa）。

2 静水压强的特性

2.1 静水压强的方向垂直并指向受压面

静水不能承受剪切力，因为静水一旦受到剪切力的作用就会发生连续不断的运动。基于静止液体基本特性，静水也不能承受拉应力，故静水压强方向不能与受压面相切或斜交，只能垂直且指向受压面。图 1.2 中绘制了点 1、点 2 静水压强的方向。

2.2 静水压强的大小与受压面的方向无关，即静水中任一点处各方向的静水压强大小相等

在静止水流中，通过受力平衡分析得出，水中任一点处各方向的静水压强大小都是相等的，也就是说，任意一点各方向静水压强大小与受压面的方向无关。

W1.1 静水压强特性

图 1.3 中点 3 在两个受压面的交线上，静水压强的方向垂直并指向受压面，点 3 在两个受压面上的静水压强方向不同，但静水压强大小与受压面的方向无关，静水压强大小相同。

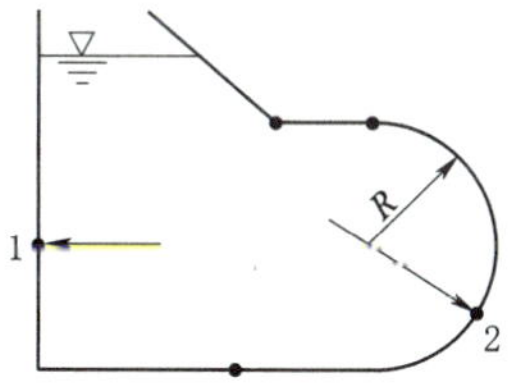

图 1.2

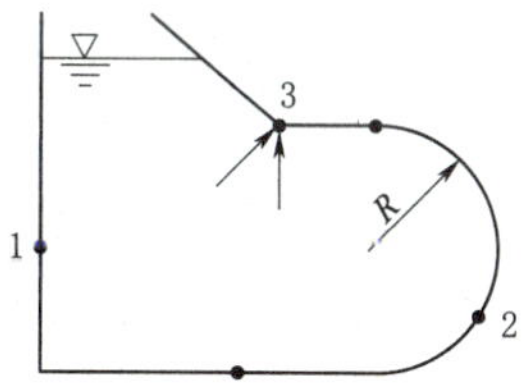

图 1.3

练一练（选择题）

(1) 静水压力的单位是（　　）。

A. kN/m^2　　B. kg/m^3　　C. kN　　D. kN/m^3

(2) 根据静水压强的特性，静止液体中同一点各方向的压强（　　）。

A. 大小相等　　B. 大小不等　　C. 仅水平方向数值相等　　D. 铅直方向数值最大

(3) 在静止液体中，静水压强的方向总是（　　）。

A. 倾斜指向受压面　　B. 平行于受压面

C. 垂直指向受压面　　D. 背离受压面

3 静水压强基本方程式及意义

3.1 静水压强基本方程式

3.1.1 任一点静水压强方程式

如图 1.4（a）和（b）所示，仅在重力作用下处于静止状态下的水体，从液面取一铅直水柱为脱离体进行受力分析。如图 1.4（c）所示，小水柱的底面积为 dA、高为 h，液面处压强为 p_0，底面压强为 p。

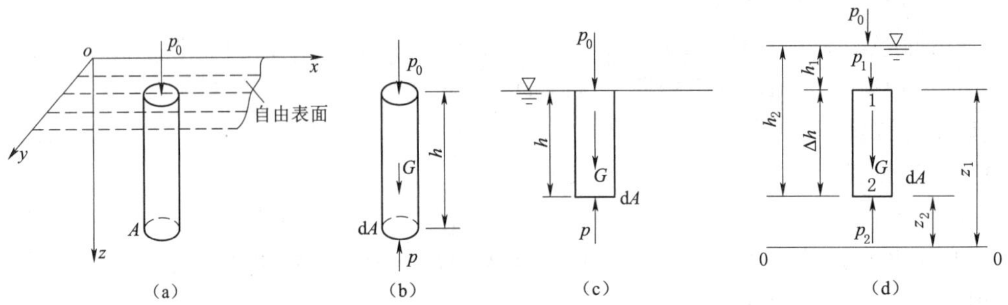

图 1.4

W1.2

静水压强
方程式意义

先分析水平方向，作用于小水柱侧面上的水压力，其侧面皆为铅直面，则侧面上所受的水压力皆为水平力，因小水柱处于平衡状态，水平方向上的力大小相等，方向相反，相互抵消，水平方向合力等于零。

再分析竖直方向，小水柱顶面上的总压力为 $p_0\mathrm{d}A$（方向铅直向下），小水柱底面上的总压力为 $p\mathrm{d}A$（方向铅直向上）；小水柱的自重（即重力）为 G，$G=\gamma h\mathrm{d}A$（方向铅直向下）。小水柱沿铅直方向受力平衡，其平衡方程为

$$-p\mathrm{d}A+p_0\mathrm{d}A+\gamma h\mathrm{d}A=0$$

平衡方程两边同除以 $\mathrm{d}A$ 得

$$p=p_0+\gamma h \tag{1.3}$$

式中　h——计算点在水面以下的淹没深度，简称为水深；

p——位于水深为 h 处的某点的静水压强；

p_0——液面处压强；

γ——水的容重。

式（1.3）是仅在重力作用下的液体平衡方程式，也称为静水压强基本方程。式（1.3）表明，仅在重力作用下的静水中任一点静水压强 p 等于水面压强 p_0 和该点在水面以下的深度 h 与水的容重 γ 的乘积之和（γh 等于高度为 h 的水柱单位面积上产生的压强，也称水重压强）。分析式（1.3）可以看出，静水中任一点的压强由两部分组成：p_0 是水面传来的表面压强，γh 是高度为 h 的水柱单位面积上产生的压强。

水利工程中，为计算简便，常取江河渠道液面上大气压为 98kPa，称为工程大气压，用 p_a 表示。江河渠道液面上压强为工程大气压，即 $p_0=p_a$，则式（1.3）可写为

$$p=p_a+\gamma h \tag{1.4}$$

当不考虑液面上的工程大气压时，式（1.4）可写为

$$p=\gamma h \tag{1.5}$$

水利工程中常用式（1.5）计算静止液体中任一点的静水压强。

3.1.2　任意两点静水压强关系式

如图 1.4（d）所示，取位于水面下铅直线上任意两点 1、2，点 1 和点 2 的水深分别为 h_1 和 h_2，其压强分别为 p_1 和 p_2。围绕点 1、点 2 取微小面积 $\mathrm{d}A$，取上、下

底面积为 dA、高为 Δh 的铅直小水柱为脱离体，分析小水柱的受力。利用式（1.3）可写出点 1 和点 2 的静水压强：

$$p_1=p_0+\gamma h_1$$

$$p_2=p_0+\gamma h_2$$

$$p_2-p_1=\gamma(h_2-h_1)=\gamma\Delta h$$

$$p_2-p_1=\gamma\Delta h \tag{1.6}$$

式（1.6）表明，水下任意两点压强差为两点淹没水深的差值乘以水的容重。

3. 点静水压强与点位置关系式

如图 1.4（d）所示，以水平面 0—0 为基准面，则点 1 和点 2 的位置高度分别为 z_1 和 z_2，$\Delta h=z_1-z_2$，代入式（1.6），整理可得

$$z_1+\frac{p_1}{\gamma}=z_2+\frac{p_2}{\gamma} \tag{1.7}$$

3.2　静水压强基本方程的意义

3.2.1　静水压强方程式几何意义

如图 1.5 所示敞开的容器中，装有静止均质连通液体，任选水深为 h_1 和 h_2 的点 1、点 2，在其边壁上开个小孔，在孔口连接开口向上玻璃管，此玻璃管可测孔口处压强，称为测压管。根据连通器原理，测压管中液面会上升至和容器中液面齐平。根据式（1.5）可以得出，点 1、点 2 处测压管中液体上升高度分别为$\frac{p_1}{\gamma}$、$\frac{p_2}{\gamma}$，$\frac{p}{\gamma}$反映了测压管测点处压强的大小，称为压强水头，即$\frac{p_1}{\gamma}$、$\frac{p_2}{\gamma}$分别为点 1、点 2 处压强水头。

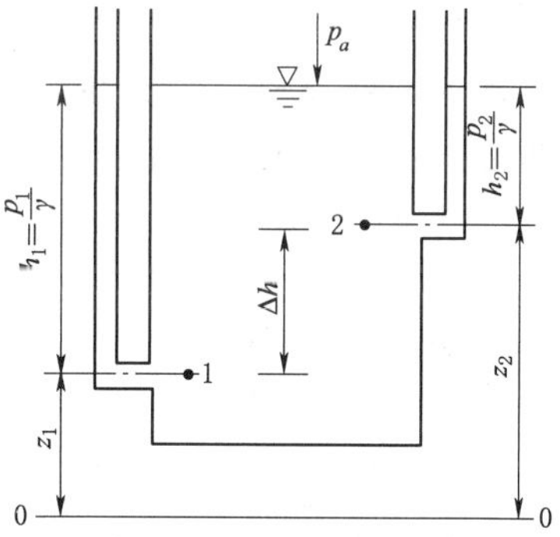

图 1.5

选水平面 0—0 为基准面，1、2 两点到水平面 0—0 垂直距离分别为 z_1、z_2，z_1、z_2 反映了点 1、点 2 位置高低，称为点 1、点 2 的位置水头。

$z+\frac{p}{\gamma}$为测压管液面到 0—0 基准面的垂直距离，反映了测压管液面高低，称为测压管水头。$z_1+\frac{p_1}{\gamma}$、$z_2+\frac{p_2}{\gamma}$分别为点 1、点 2 处的测压管水头。

从图 1.5 可以看出 $z_1+\frac{p_1}{\gamma}=z_2+\frac{p_2}{\gamma}$，也就是说，在重力作用的静止均质连通液体中，各点的测压管水头相等。

3.2.2　静水压强方程式物理意义

水利工程中常把单位重量的水体所具备的能量，称为单位能量，这是其物理意义。单位能量对应几何意义中的水头。

下面以图 1.5 中点 1 为例，从能量的角度对静水压强基本方程进行分析。

图 1.5 容器中，围绕水深为 h_1 的点 1 取 dm 的水体，则该水体的位置势能为 dmgz_1，z_1 为点 1 处单位重量的水体所具备的位置势能，称为点 1 单位位能；点 1 处水体在测压管中液体上升高度$\frac{p_1}{\gamma}$，说明在大小等于重力的静水压力的作用下，可以使质量为 dm 的水体上升$\frac{p_1}{\gamma}$的高度，点 1 处的压力具有潜在的作功能力，称为压力势能，点 1 处的压力势能为 d$mg\frac{p_1}{\gamma}$，$\frac{p_1}{\gamma}$为点 1 处单位重量的水体所具备的压力势能，称为点 1 单位压能；$z_1+\frac{p_1}{\gamma}$为点 1 处单位重量的水体所具备的位置势能与压力势能之和，称为单位势能。同理，点 2 处的单位位能、单位压能、单位势能分别为 z_2、$\frac{p_2}{\gamma}$和 $z_2+\frac{p_2}{\gamma}$。

在工程中，$z+\frac{p}{\gamma}$常用符号$E_{势}$来表示。如图 1.5 所示，在重力作用的均质连通静止液体中，水中任意两点 1 和 2 的单位势能（又称测压管水头）相等，即

$$E_{势}=z_1+\frac{p_1}{\gamma}=z_2+\frac{p_2}{\gamma}=C \tag{1.8}$$

式（1.8）表明，仅在重力作用下的静止均质连通液体中，各点的单位势能 $E_{势}$ 均相等。常数 C 的大小随基准面的位置而变，选定了基准面，C 值就确定了。

W1.3

等压面

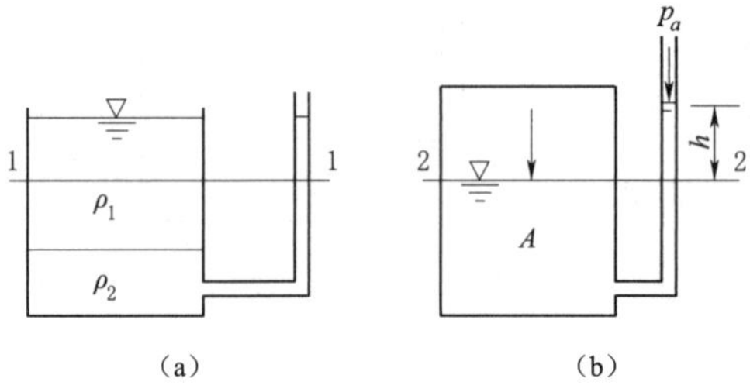

图 1.6

由式（1.8）可以看出，当 $z_1=z_2$ 时，点 1、点 2 处压强大小相等，由压强大小相等的点所构成的面为等压面，等压面为平面或曲面。仅在重力作用的均质连通静止液体中，水平面为等压面，等压面为水平面。图 1.6（a）中，水平面 1—1 因为左右液体不均质不是等压面，图 1.6（b）中，水平面 2—2 是等压面。等压面是静水压强计算时常用到的概念，正确选取等压面很重要。

练一练

判断题

（1）本课程中提到的“单位能量”是指单位重量液体所具有的能量。　（　　）

（2）压强水头又称为测压管水头。　（　　）

（3）液体内同一水平面即为等压面。　（　　）

选择题

（1）三峡大坝蓄水时水中某点水深 $h=2$m，则该点压强为（　　）kPa。

A. 9.8　　B. 19.6　　C. 2　　D. 3

（2）静止容器中某点的位置水头 $z=1$m，压强水头 $p/\gamma=6$m，则测压管水头

为（　　）m。

A. 1　　　　B. 6　　　　C. 7　　　　D. 5

4　压强的表示方法

4.1　绝对压强 $p_{绝}$ 与相对压强 p

计算压强大小时，根据起算基准的不同，任意点压强可表示为绝对压强和相对压强。

以绝对真空作为基准（图 1.7 中 0—0 面）起算的压强称为绝对压强，用符号 $p_{绝}$ 表示。以一个工程大气压 p_a 作为基准（如图 1.7 中 0′—0′面，一般称为自由液面）起算的压强称为相对压强，用符号 p 表示。水利工程中，1 个工程大气压 $p_a=98\text{kPa}$。

W1.4
绝对压强与相对压强

如图 1.7 所示，绝对压强和相对压强是由不同的基准（即零点）起算所得的压强。对于某一点来说，它的相对压强 p 较绝对压强 $p_{绝}$ 小一个工程大气压，即

$$p=p_{绝}-p_a$$

水利工程中，敞开自由液面压强 p_0 为工程大气压 p_a，即 $p_0=p_a$，则由式（1.4）计算的点压强为绝对压强，由式（1.5）计算的压强为相对压强。

绝对压强大于或等于零，相对压强要根据绝对压强值大于或小于工程大气压而决定其正负，当绝对压强值大于工程大气压时相对压强为正值，反之为负值。江河渠道液面上绝对压强为 98kPa，相对压强为零。

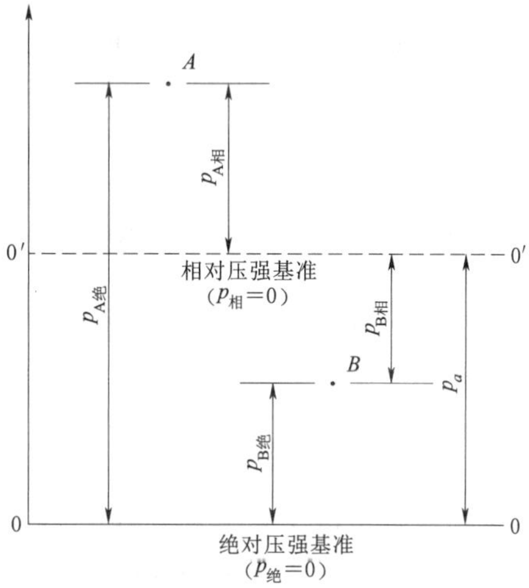

图 1.7　压强表示方法关系图

以后讨论压强或具体进行压强计算时，若不加特殊说明，均指相对压强，以符号 p 表示。

4.2　真空压强 $p_{真}$

W1.5
真空与真空度

W1.6
真空举例

水利工程中，如果某处的绝对压强小于工程大气压 98kPa，该点的相对压强为负值，此点产生负压或称为真空（它与物理学中的真空概念有所不同）。真空程度的大小用真空压强 $p_{真}$（也称真空度）衡量。

$$p_{真}=p_a-p_{绝}=-p=|p| \tag{1.9}$$

真空处真空的程度也可以用真空高度 $h_{真}$ 表示，$h_{真}=\dfrac{p_{真}}{\gamma}$。

水利工程中可利用负压输水，如果负压太大，不利于工程的安全运行，要采取措施改善负压。

练一练（选择题）

（1）液体中某点的相对压强为 3kN/m^2，则该点的绝对压强为（　　）kN/m^2。

A. 101　　　　B. 3　　　　C. 100　　　　D. 98

(2) 某点真空压强为 10kPa，则该点相对压强为（　　）kPa。

A. −10　　B. 10　　C. 108　　D. 88

5 压强的单位

在水利工程中，常用的压强单位一般有三种，即应力单位、工程大气压和液柱高。

5.1 应力单位

应力单位是水力分析与计算中的基本单位，用单位面积上的作用力表示，单位为 Pa，1Pa=1 牛/米^2（1N/m^2）。水利工程中 Pa 是比较小的单位，所以还常用 kPa、MPa。1MPa=10^{3}kPa=10^{6}Pa。

5.2 工程大气压

一般水利工程中水面所受到的压强为当地大气压 p_a，当地大气压与地理位置、气温等因素有关，不同地区、不同时间当地大气压也不同，但相差不大。为了计算方便，水利工程中用工程大气压来代替当地大气压。1 个工程大气压=98kPa。

5.3 液柱高

水利工程中还常用液柱高表示压强，一般称为水柱高度或汞柱高度。在水力分析与计算中，水的容重为常数，所以液柱高 $h=\frac{p}{\gamma}$ 能反映压强的大小。例如，1 个工程大气压相应的水柱高度为

$$h=\frac{p}{\gamma}=\frac{p}{\rho g}=\frac{98000\text{N/m}^2}{1000\text{kg/m}^3\times 9.8\text{N/m}^2}=10\text{m 水柱高}$$

上述计量单位之间的关系为

1 工程大气压=98kPa=10m 水柱高产生的压强

【案例 1.1】 求静止淡水湖面下 3m 处的绝对压强、相对压强，并分别用应力、工程大气压和水柱高表示。

【分析与计算】

淡水湖表面是自由水面，相对压强为 0，绝对压强为 98kPa。湖面下 3m 处的压强为

$$p_{绝}=p_a+\gamma h=98+9.8\times 3=127.4(\text{kPa})=1.3\ \text{工程大气压}=13\text{m 水柱高}$$

$$p=\gamma h=9.8\times 3=29.4(\text{kPa})=0.3\ \text{工程大气压}=3\text{m 水柱高}$$

从案例 1.1 可以看出，压强用工程大气压和水柱高表示比较方便直观，前者乘以 10 就得到后者。

【案例 1.2】 利用水泵提水，吸水管中某点绝对压强为 70.0kPa，试求出该点的相对压强和真空度，并分别用工程大气压和水柱高表示。

W1.7
静水压强计算

【分析与计算】

根据绝对压强与相对压强的关系，相对压强为

$$p=p_{绝}-p_a=70.0-98.0=-28.0(\text{kPa})=-0.286\ \text{工程大气压}=-2.86\text{m 水柱高}$$

因为相对压强是负值，所以产生了负压或真空，则

$$p_{真}=|p|=28.0\text{kPa}=0.286\ \text{工程大气压}=2.86\text{m 水柱高}$$

➢ 任务自测（选择题）

(1) 静止湖水中某点水深 $h=2$m，则该点压强为（　　）kPa。

A. 9.8　　B. 19.6　　C. 2　　D. 3

(2) 1个工程大气压相当于（　　）m水柱高。

A. 9.8　　B. 10　　C. 98　　D. 1000

(3) 1个工程大气压等于（　　）kPa。

A. 10　　B. 98　　C. 100　　D. 101.3

(4) 仅在重力作用下的静止液体中，等压面是水平面的条件是（　　）。

A. 同一种液体　　B. 相互连通

C. 不连通　　D. 同一种液体，相互连通

(5) 等压面的定义是（　　）。

A. 水平面　　B. 压强大小在任意两点都相同的面

C. $z+\frac{p}{\gamma}=C$ 的面　　D. 连续液体中的水平面

(6) 下列哪个不是压强的单位？（　　）

A. Pa　　B. kPa　　C. kN　　D. 工程大气压

(7) 发生真空的位置（　　）。

A. 相对压强小于零　　B. 真空值小于零

C. 真空度小于零　　D. 绝对压强等于零

(8) 静止液体中，点1压强为9.8kPa，点2位置低于1点2m，则点2压强为（　　）kPa。

A. 9.8　　B. 19.6　　C. 29.4　　D. 39.2

水力探秘——负压鱼缸

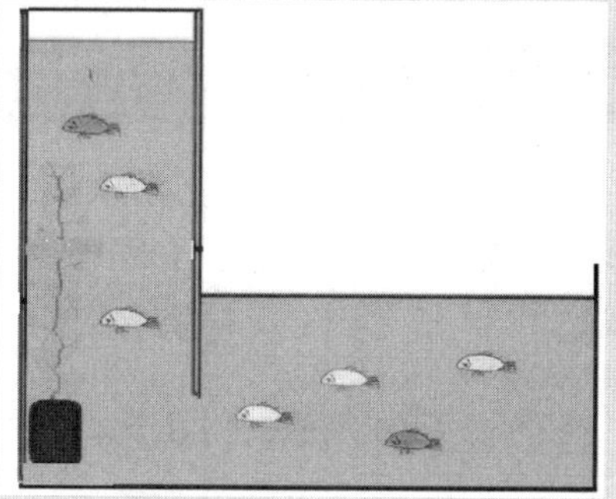

大多数鱼缸都有一个问题——观赏性不足。虽然池子非常漂亮，池子里的鱼也很美，但是都不能看到鱼的整体，只能看到背面和一部分侧面。如果给这个池子增加一个负压缸，鱼的观赏性将大大提升。负压鱼缸是利用大气压的原理，通过特殊技术和真空设备，使鱼缸顶部产生真空，在大气压的作用下，使水流向鱼缸顶部流动，鱼也随着水流游到顶部，即可欣赏鱼缸中鱼的全貌。能让鱼儿游上来，增加了赏鱼乐趣。只要鱼缸内保持足够的真空状态，鱼缸就会维持上部液面与水池的高差。当然保持鱼缸上部的气密闭性是很重要的，否则将会出现什么情况呢？

任务 2　平面受压面上静水总压力分析与计算

在水利工程中，很多挡水建筑物受压面为平面，例如矩形平板闸门、土石坝坝面等。为了控制水流、抬高水位需要修建水闸，矩形平板闸门（图 1.8）是最常见的形式。计算矩形平板闸门上的静水总压力，比较简便的方法是利用静水压强分布图进行分析与计算。

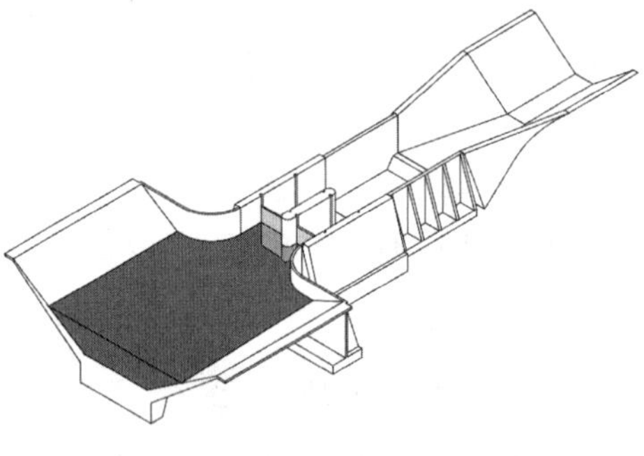

图 1.8　检修闸门关闭时水闸工作状况

1　静水压强分布图

用箭头表示压强方向，用一定比例的线段长度表示压强的大小，把挡水受压面上各点的压强大小、方向及分布特点用图直观反映出来，这样的图形就是静水压强分布图。利用静水压强分布图，可以方便地求出挡水建筑物受压面为矩形时的静水总压力，还可以直观反映受压面上静水压强的分布规律。

根据静水压强基本公式 $p=\gamma h$ 及静水压强特性，绘制静水压强分布图时，用一定比例的箭杆线段长度代表点静水压强的大小，用箭头方向表示静水压强的方向（垂直指向受压面）。具体绘制步骤如下：

W1.8

静水压强分布图概念及绘制方法

（1）先绘出受压面首尾两点静水压强大小及方向。

（2）再在受压面中间适当选几点，画出它们的静水压强大小及方向，连接各点箭杆线段的尾部。

（3）标出首尾两点静水压强大小。

（4）对于不同受压面要分别绘制静水压强分布图，对于上下游有水的受压面分别绘制静水压强分布图，对于压强大小相等、方向相反的同一受压面，进行压强抵消。

对于平面壁，压强大小沿水深 h 方向呈直线分布，受压面上静水压强分布图箭杆线段的尾部在一直线上，只要绘出受压面首尾两端点的压强，就可以确定该直线。

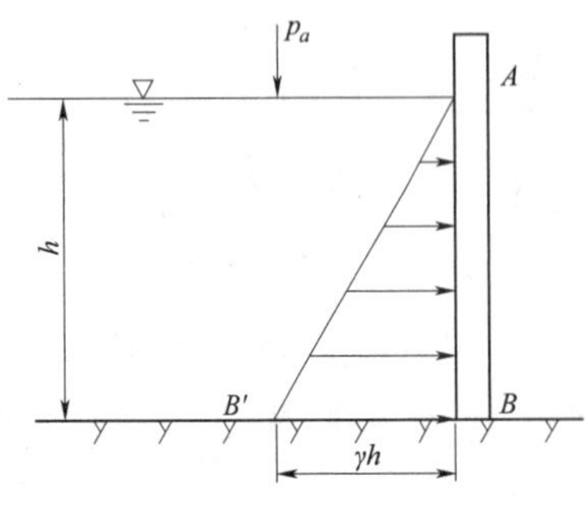

图 1.9

如图 1.9 所示，沿水深等宽的矩形平板 AB，一侧挡水，水深为 h，水面为大气压 p_a，水面点 $p_A=0$，平板最下点的压强值 $p_B=\gamma h$。由点 B 作垂直 AB 面的箭杆线段，以线段 $B'B$ 表示 p_B 的大小，连接 AB' 构成的直角三角形 ABB' 即为 AB 面上的静水压强分布图轮廓，再在受压面中间适当选几点，画出它们的静水压强，标出首尾两点静水压强大小，即绘成了静水压强分布图。图 1.10 为几种有代表性受压面的静水压强分布图。

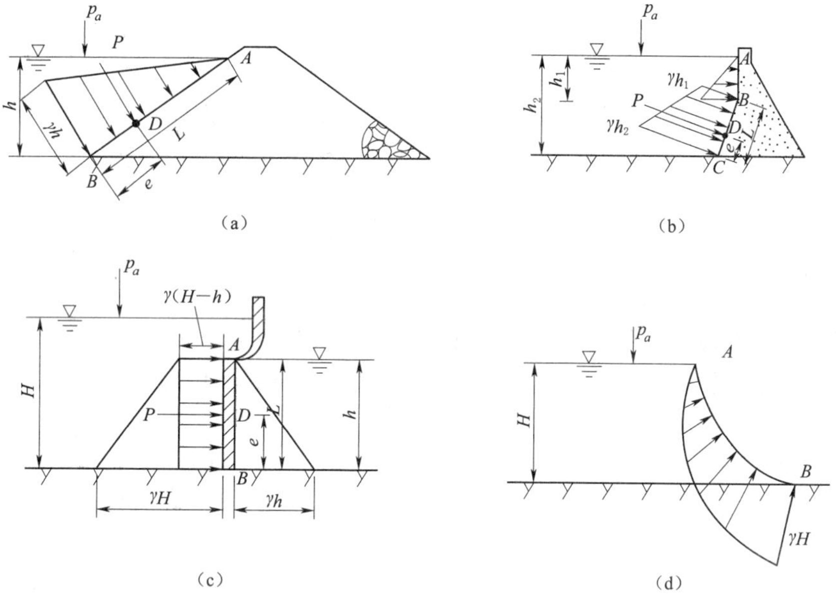

图 1.10

图 1.10（a）中，点 A 在水面，相对压强为零，点 B 箭头垂直指向受压面，因受压面为平面，直接连接箭杆线段的尾部，静水压强分布图为直角三角形。

图 1.10（b）中，点 B 在两个受压面的交线上，静水压强的方向垂直并指向受压面，因此点 B 在两个受压面的静水压强方向不同，即箭头方向不同，但静水压强大小相同，因此箭杆线段长度相同。

图 1.10（c）中，受压面 AB 上下游都受静水压强作用，方向相反，静水压强分布图可以抵消，抵消后静水压强分布图为矩形。

图 1.10（d）中，受压面为曲面，受压面上各点箭杆线段的尾部不在一直线上，不能首尾直接连接，用曲线把各点箭杆线段尾部连起来。

分析图 1.10 可以看出，对于受压平面壁，当受压面的首部与水面齐平，受压面上各点压强大小不相等时，静水压强分布图为直角三角形。当受压面的首部淹没在水面以下，受压面上各点压强大小不相等时，静水压强分布图为直角梯形；当受压面上各点压强大小相等时，静水压强分布图为矩形。

练一练（判断题）

（1）静水压强分布图可能为直角三角形、梯形和矩形。　　（　　）

（2）静水压强分布图要绘制在受压面有水一侧。　　（　　）

（3）题图 1.1 为 AB 受压面上静水压强分布图的正确绘制。　　（　　）

（4）题图 1.2 为 AB 受压面上静水压强分布图的正确绘制。　　（　　）

W1.9

静水压强分布图绘制举例

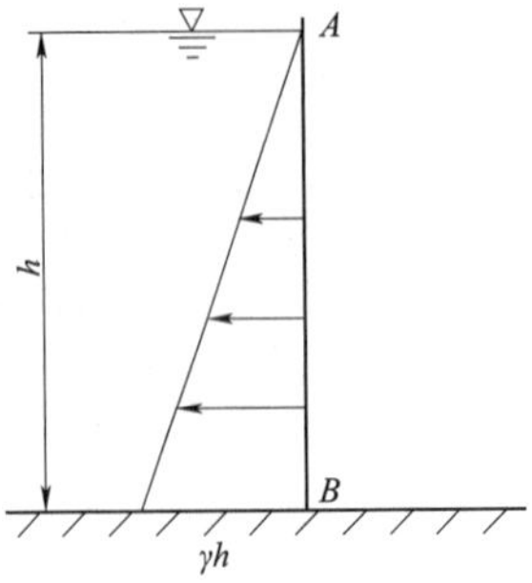

题图 1.1

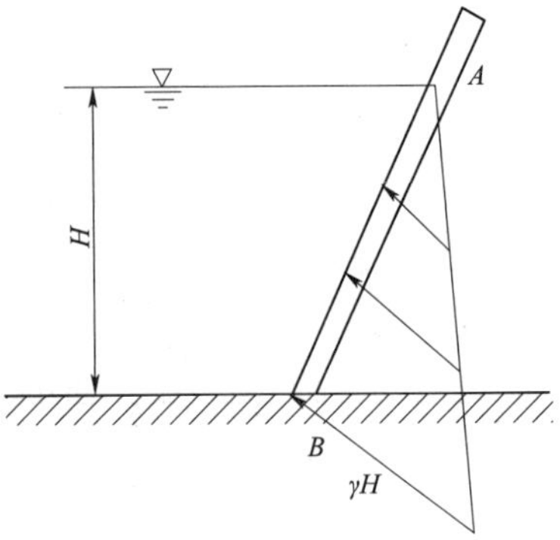

题图 1.2

2　作用在矩形平面壁上的静水总压力计算——图解法

静水总压力的计算包括确定静水总压力的大小、方向和作用点。

2.1　静水总压力的大小

以静水压强分布图为直角三角形为例，分析静水总压力大小。如图 1.11（a）所示，宽度为 b、长度为 L、水深为 h 的矩形受压平面 $ABB'A'$，其空间静水压强分布图见图 1.11（a）中棱柱体 $ABCC'B'A'$；平面静水压强分布图为直角三角形 ABC，见图 1.11（b），静水压强分布沿闸门宽度 b 方向保持不变。矩形闸门单位宽度上的静水总压力大小等于静水压强分布图的面积 Ω，图 1.11（b）中，$\Omega=\dfrac{1}{2}\gamma hL$（受压面 AB 垂直放置，$L=h$）。宽度为 b 的矩形平面上的静水总压力 $P=\Omega b$。$P=\Omega b$ 就是图 1.11（a）中以静水压强分布图为底、受压面宽度 b 为高的棱柱体体积，即为受压面 $ABB'A'$所受的静水作用力的大小。

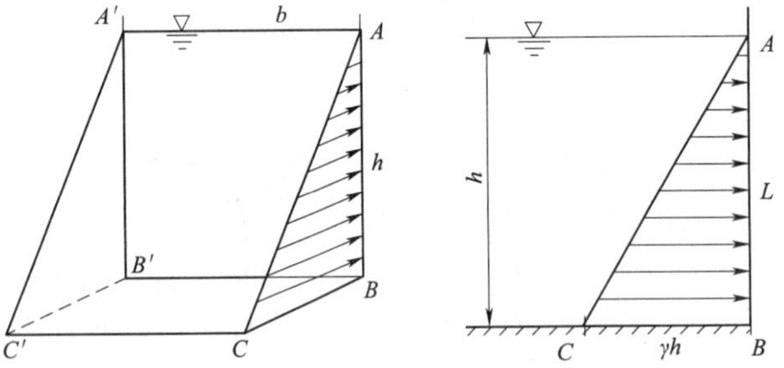

（a）静水荷载　　（b）静水压强分布图

图 1.11

由上述分析可知，矩形平面壁上的静水总压力大小，等于静水压强分布图的面积与受压面宽度的乘积，即

$$P=\Omega b \tag{1.10}$$

式中　Ω——静水压强分布图的面积；

b——受压面的宽度。

式（1.10）对于其他形状的静水压强分布图同样适用。

当静水压强分布图为直角梯形，如图 1.10（b）中的 BC 受压面所示，则 $\Omega=\dfrac{1}{2}(\gamma h_1+\gamma h_2)L$（$L$ 为受压面长度，h_1 和 h_2 分别为受压面顶点和底点的水深）；当静水压强分布图为直角三角形时，如图 1.10（a）所示，则 $\Omega=\dfrac{1}{2}\gamma hL$（$L$ 为受压面长度）。

2.2　静水总压力的方向

由于平面上各点静水压强方向均垂直指向受压面，故平面壁静水总压力的方向必定垂直指向受压面。

2.3　静水总压力的作用点

静水总压力与受压面的交点为静水总压力的作用点。矩形平面存在纵向对称轴 0—0，压强相对于 0—0 轴对称分布，静水总压力 P 的作用点必定位于对称轴 0—0 上。同时，静水总压力 P 的作用线还应通过对称轴 0—0 上静水压强分布图的形心点，与受压面相交于 D 点，点 D 为总压力的作用点，又称为压力中心。矩形受压面作用点位置常用压力中心 D 距底部距离 e 表示。

如图 1.10（a）所示，长度为 L 的受压面上，当静水压强分布图为三角形时，压力中心 D 距受压面底部距离 $e=\frac{L}{3}$；当静水压强分布图为梯形时，压力中心 D 距受压面底部距离 $e=\frac{L}{3}\cdot\frac{2h_1+h_2}{h_1+h_2}$［图 1.10（b）］；当静水压强分布图为矩形时，压力中心 D 距受压面底部距离 $e=\frac{L}{2}$［图 1.10（c）］。

式（1.10）是利用静水压强分布图求解静水总压力，此法称为图解法，适用于矩形受压面。

W1.10

矩形平面静水总压力计算举例 1

【案例 1.3】　用图解法计算某水闸检修工作，检修闸门关闭时，单孔闸门受静水总压力，具体尺寸见图 1.12，闸门宽 $b=4.0$m。

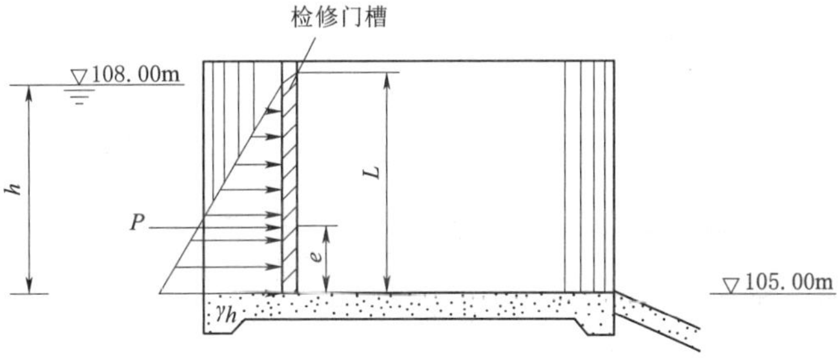

图 1.12

【分析与计算】

（1）静水总压力大小。

先绘制检修闸门上的静水压强分布图。

其中　　$h=108.00-105.00=3.0(\text{m})$

因受压面铅直放，受压面长度 $L=h$，则静水压强分布图面积为

$$\Omega=\frac{1}{2}\gamma hL$$

$$\Omega=\frac{1}{2}\times9.8\times3\times3=44.1(\text{kN/m})$$

$$P=\Omega\times b=44.1\times4.0=176.4(\text{kN})$$

（2）静水总压力方向垂直指向受压面，如图 1.12 所示。

（3）静水总压力作用点。

静水压强分布图为直角三角形，则

$$e=\frac{L}{3}=\frac{3}{3}=1.0(\text{m})$$

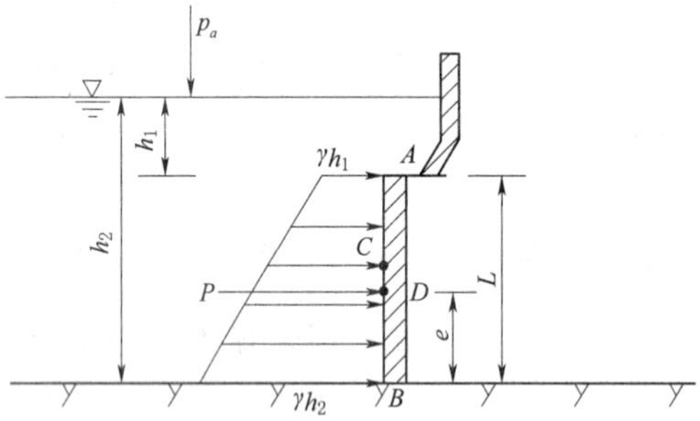

图 1.13

W1.11

矩形平面静水总压力计算举例 2

【案例 1.4】 如图 1.13 所示，一铅直矩形平板闸门置于水中，已知闸门受压面长度 $L=3\text{m}$，门宽 $b=2.5\text{m}$，闸门上缘在水面以下的淹没深度 $h_1=1.5\text{m}$。计算作用于闸门上的静水总压力。

【分析与计算】

（1）静水总压力 P 大小。先画出闸门 AB 上静水压强分布图，静水压强分布图为梯形。计算可得

$$\gamma h_1=9.8\times1.5=14.7(\text{kPa})$$

$$\gamma h_2=\gamma(h_1+h)=9.8\times(1.5+3)=44.1(\text{kPa})$$

$$\Omega=\frac{1}{2}(\gamma h_1+\gamma h_2)L$$

$$\Omega=\frac{1}{2}\times(9.8\times1.5+9.8\times4.5)\times3=88.2(\text{kN/m})$$

$$P=\Omega\times b=88.2\times2.5=220.5(\text{kN})$$

（2）静水总压力方向垂直指向受压面，如图 1.13 所示。

（3）压力中心的位置 D。压力中心位置 D 距闸门底部的距离常用 e 表示，则

$$e=\frac{L(2h_1+h_2)}{3(h_1+h_2)}=\frac{3\times(2\times1.5+1.5+3)}{3\times(1.5+1.5+3)}=1.25(\text{m})$$

3　作用在任意平面壁上的静水总压力计算——解析法*

水利工程中受压平面除矩形外，受压面为圆形平面等任意形状平面的情况也是较多的，如在隧洞中设置圆形挡板。当受压面为任意平面形状时，静水总压力的计算较复杂。

3.1　静水总压力的大小

$$P=p_C A \tag{1.11}$$

式中　P——静水总压力；

p_C——受压平面形心点 C 处的静水压强；

A——受压平面的面积。

W1.12

计算矩形受压平面静水总压力（解析法）*

式（1.11）表明：作用在任意平面上的静水总压力大小等于该受压平面形心点 C 处的静水压强的大小与该受压平面面积的乘积，受压面形心点压强即为受压面上平均压强。

3.2　静水总压力的方向

由于平面上各点静水压强方向均垂直指向受压面，故静水总压力的方向必定垂直

指向受压面。

3.3　静水总压力的作用点

在受压面所在的平面建立坐标系 xoy，以受压平面与水面的交线为 x 轴，与之相垂直的为 y 轴。为了便于分析，将 xoy 面绕 y 轴转动 90°，见图 1.14。设静水总压力的作用点 D 的坐标值为（x_D，y_D）。在实际工程中，受压平面大多具有对称轴，所以压力中心 D 落在纵向对称轴上，因而无须计算 x_D。应用理论力学合力矩定理确定 y_D。

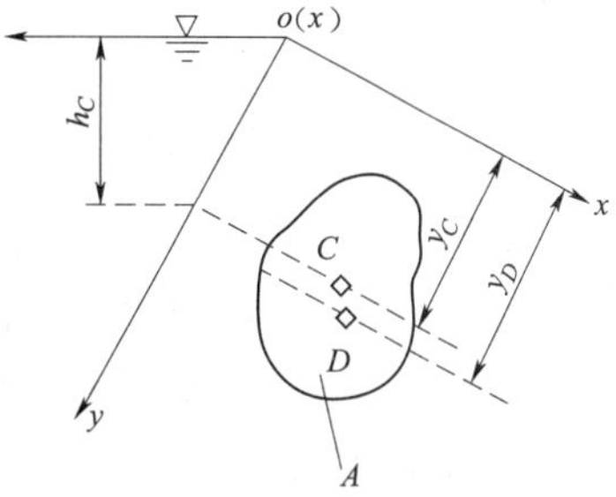

图 1.14

$$y_D = y_C + \frac{I_{Cx}}{y_C A} \tag{1.12}$$

式中　y_D——静水总压力的作用点 D 在 y 轴坐标；

y_C——受压平面形心点 C 在 y 轴坐标；

A——受压平面面积；

I_{Cx}——受压平面对于通过其形心点 C 与 ox 轴平行的轴线的惯性矩。

W1.13

任意平面壁上静水总压力计算

在式（1.12）中，一般 $\frac{I_{Cx}}{y_C A}>0$，故 $y_D>y_C$，即静水总压力作用点 D 一般在受压面形心 C 之下。常见受压平面图形的 A、y_C 及 I_{Cx} 的计算公式见表 1.1。

表 1.1　常见受压平面图形的 A、y_C 及 I_{Cx} 的值

几何图形名称		面积 A	形心坐标 y_C	对通过形心点 ox 轴的惯性矩 I_{Cx}
矩形	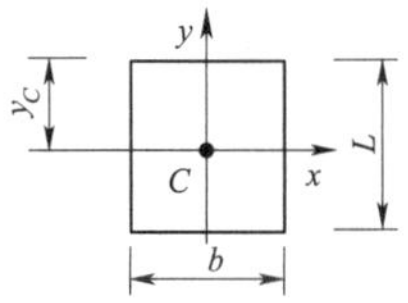	bL	$\frac{L}{2}$	$\frac{bL^3}{12}$
三角形	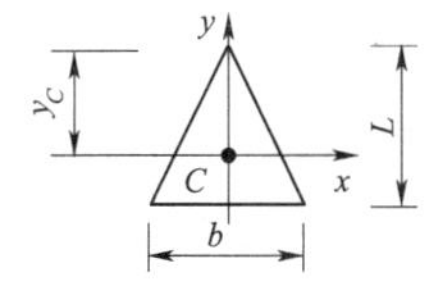	$\frac{bL}{2}$	$\frac{2L}{3}$	$\frac{bL^3}{36}$
梯形	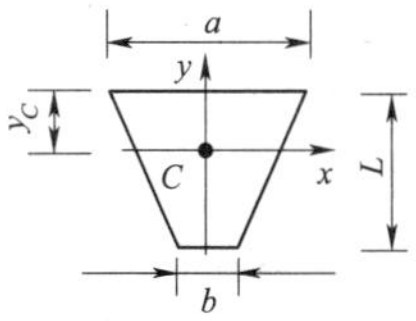	$\frac{L(a+b)}{2}$	$\frac{L}{3}\left(\frac{a+2b}{a+b}\right)$	$\frac{L^3}{36}\left(\frac{a^2+4ab+b^2}{a+b}\right)$
圆	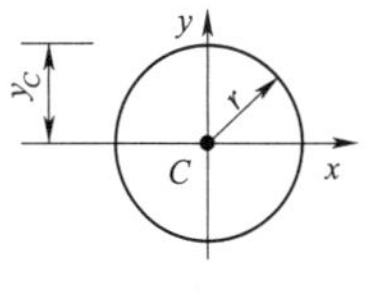	πr^2	r	$\frac{1}{4}\pi r^4$

续表

几何图形名称		面积 A	形心坐标 y_C	对通过形心点 ox 轴的惯性矩 I_{Cx}
半圆	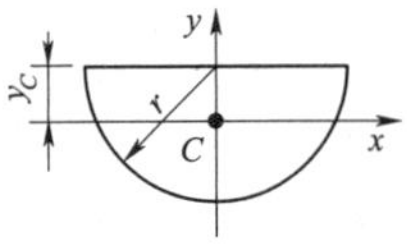	$\frac{1}{2}\pi r^2$	$\frac{4r}{3\pi}=0.4244r$	$\frac{9\pi^2-64}{72\pi}r^4=0.1098r^4$

【案例 1.5】 如图 1.13 所示，一铅直矩形平板闸门置于水中，已知闸门长度 $L=3\text{m}$，门宽 $b=2.5\text{m}$，闸门上缘在水面以下的淹没深度 $h_1=1.5\text{m}$。用解析法计算作用于闸门上的静水总压力。

【分析与计算】

本案例既可以用图解法也可以用解析法求解，下面用解析法求解。

（1）静水总压力大小及方向。由图 1.13 可知，$L=3\text{m}$，$b=2.5\text{m}$，则受压面形心 C 在水面下的淹没深度为

$$h_C=h_1+\frac{L}{2}=1.5+\frac{3}{2}=3(\text{m})$$

$$P=p_CA=\gamma h_CbL=9.8\times3\times2.5\times3=220.5(\text{kN})$$

静水总压力方向垂直指向受压面，见图 1.13。

W1.14

任意平面静水总压力计算及两个公式比较*

（2）静水总压力作用点。作用点 D 应位于纵向对称轴上，故仅需求出点 D 在纵向对称轴上的位置。

$$y_D=y_C+\frac{I_{Cx}}{y_CA}$$

$$I_{Cx}=\frac{1}{12}bL^3=\frac{1}{12}\times2.5\times3^3=5.625(\text{m}^4)$$

本题因受压面垂直水平面，$y_C=h_C$

$$y_D=y_C+\frac{I_{Cx}}{y_CA}=3+\frac{5.625}{3\times2.5\times3}=3.25(\text{m})$$

由以上的计算可知，对于矩形受压面，采用图解法、解析法的计算结果完全相同，可以将两种方法结合运用，例如利用解析法求 P 的大小和利用图解法求 P 作用点的位置，这样可使计算过程更为简单。

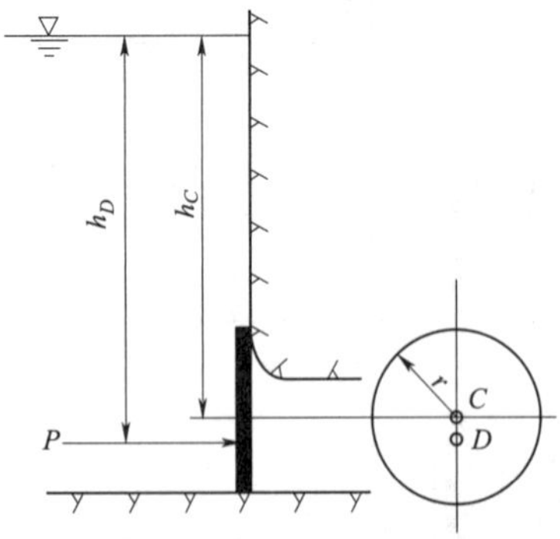

图 1.15

【案例 1.6】 如图 1.15 所示，圆形隧洞进口设置铅直盖板。已知：盖板半径 $r=1.1\text{m}$，$h_C=9\text{m}$。求作用于盖板上的静水总压力。

【分析与计算】

（1）静水总压力大小及方向。根据计算式（1.11）得

$$P=p_CA=\gamma h_C\pi r^2=9.8\times9\times3.14\times1.1^2=335.1(\text{kN})$$

静水总压力方向垂直指向受压面，见图1.15。

(2) 静水总压力作用点。作用点 D 应位于纵向对称轴上，故仅需求出点 D 在纵向对称轴上的位置。本题中因受压面铅直放置，$y_C=h_C$，$y_D=h_D$。

故
$$h_D=h_C+\frac{I_{Cx}}{h_C A}$$

圆形平面绕圆心轴线的惯性矩：$I_{Cx}=\frac{\pi r^4}{4}$，则

$$h_D=h_C+\frac{I_{Cx}}{h_C A}=9+\frac{\frac{1}{4}\pi r^4}{9\times\pi r^2}=9+\frac{1.149}{34.19}\approx 9.03(\text{m})$$

W1.15

计算圆形平面壁上的静水总压力*

➢任务自测

判断题

(1) 静水总压力的方向垂直指向受压面。　(　　)

(2) 利用受压面静水压强分布图可以计算矩形受压面静水总压力大小。　(　　)

选择题

(1) 压力中心是（　　）。

A. 淹没面积的中心　　B. 压力体的中心

C. 总压力的作用点　　D. 受压面的形心

(2) 压力中心位置（　　）。

A. 受压面的形心以上　　B. 受压面的形心以下

C. 受压面的形心处或受压面的形心以下　　D. 不能确定

(3) 静水总压力的计算内容不包括（　　）。

A. 大小　　B. 方向　　C. 作用点　　D. 速度

(4) 静水压强分布图为直角三角形时，压力中心沿受压面长度方向距受压面的底部距离 e 与受压面长度 L 关系为（　　）。

A. $e=L$　　B. $e=L/3$　　C. $e=L/2$　　D. $e=L/4$

(5) 某矩形平板闸门关闭挡水时的静水压强分布图的面积为60.03kN/m，闸门宽 $b=4.5$m，则闸门所受的静水总压力 P 的大小为（　　）kN。

A. 270.14　　B. 135.06　　C. 540.23　　D. 260.13

(6) 某矩形平板闸门竖直放置且一侧挡水，水深 $h=1$m，闸门宽 $b=2$m，则挡水受压面上静水总压力大小为（　　）。

A. 9.8N　　B. 9.8kN　　C. 4.9kN　　D. 9.8kPa

任务3　曲面受压面上静水总压力分析与计算*

1　曲面受压面上静水总压力分析

在水利工程中，常需修建拱坝、弧形闸门的水闸等水工建筑物，拱坝和弧形闸门

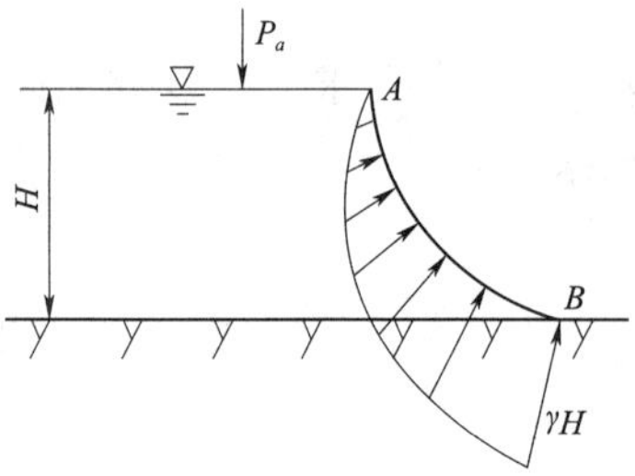

图 1.16

承受静水压力的面常为二元曲面，在对水工建筑物进行稳定计算时，需要求解作用在曲面上的静水总压力。图 1.16 为曲面上的静水压强分布图，从图 1.16 可以看出，作用在曲面上任一点处的静水压强是垂直指向受压面，其大小与该点在水面以下的深度成正比。曲面上各点压强方向不相同，彼此不平行，不是平行力系求合力问题，因此计算曲面上的静水总压力，不能直接用求解平面壁静水总压力的方法计算。

为了把求二元受压曲面上的静水总压力问题转化为求平面壁平行力系合力问题，采用物理学中的分解原则，先把曲面上静水总压力 P 分解成水平分力 P_x 和铅直分力 P_z，并分别求水平分力 P_x 和铅直分力 P_z，然后再求静水总压力合力 P，如图 1.17（a）所示。在工程上，有时不必求合力，只需求出水平分力 P_x 和铅直分力 P_z 就可以解决实际问题。

如图 1.17（a）所示，AB 为二元受压曲面，为确定分力 P_x 和 P_z，先选取受压宽度为 b、截面为 ABC 的水体为脱离体，如图 1.17（b）所示，研究该水体的受力平衡。在图 1.17（b）中：

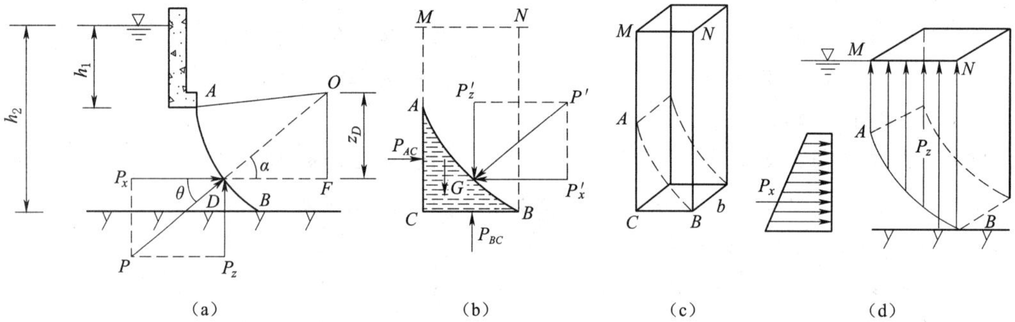

图 1.17

P'——受压曲面壁 AB 对水体的反作用力，与曲面上静水总压力 P 等值反向，P'和 P 互为作用力和反作用力；

P'_x、P'_z——P'的水平分力、铅直分力，分别与静水总压力 P 的水平分力 P_x、铅直分力 P_z 大小相等；

P_{AC}、P_{BC}——作用在 AC 平面、BC 平面上的静水总压力；

G——脱离体水的重力。

综上分析，曲面受压面上静水总压力 P 的计算，关键在于计算其水平分力 P_x 和铅直分力 P_z。

2　静水总压力的水平分力 P_x 计算

分析图 1.17（b），因脱离体在水平方向是静止的，故该方向合力为零，即

$$P'_x = P_{AC}$$

根据作用力与反作用力及平衡力大小关系，受压曲面受到的水平分力大小为

$$P_x=P'_x=P_{AC} \tag{1.13}$$

式（1.13）表明：曲面壁静水总压力的水平分力 P_x 大小等于受压曲面壁在铅直面上的投影面上的静水总压力 P_{AC} 大小。其铅直投影面为平面，这样，就把求解曲面上静水总压力的水平分力问题转化为求平面上的静水总压力问题。

由任务 1.2 可知，曲面壁静水总压力的水平分力 P_x 为

$$P_x=p_CA_x=rh_CA_x \tag{1.14}$$

式中　p_C——曲面壁在铅直面上的投影面形心 C 点的压强；

h_C——曲面壁在铅直面上的投影面形心 C 点的水深；

A_x——曲面壁在铅直面上的投影面的面积。

对于水利工程中的二元曲面铅直面上的投影面多为矩形平面，也可通过绘制投影面上的静水压强分布图，用图解法求 P_x。

$$P_x=\Omega b \tag{1.15}$$

式中　Ω——曲面壁在铅直面上的投影面的静水压强分布图的面积；

b——曲面壁在铅直面上的投影面的宽度，与受压曲面等宽。

3　静水总压力的铅直分力 P_z 计算

分析图 1.17（b），铅直方向是静止的，故铅直方向合力为零，即

$$P'_z=P_{BC}-G$$

P_{BC} 是 BC 平面上受到的静水总压力，BC 平面是以 BC 和受压面宽度 b 为边长的矩形平面，面积用 A_{BC} 表示，所处水深为 h_2，BC 面为等压面，故其面上各点的压强都等于 γh_2，则

$$P_{BC}=\gamma h_2A_{BC}=\gamma V_{MCBN}$$

$$G=\gamma V_{ACB}$$

$$P'_z=P_{BC}-G=\gamma V_{MCBN}-\gamma V_{ACB}=\gamma V_{MABN}$$

式中　V_{MCBN}——以 $MCBN$ 为底面积、b 为高度的棱柱体体积 [图 1.17（c）]；

G——脱离体 ABC 水重。

V_{ACB}——以 ACB 为底面积、b 为高度的棱柱体体积 [图 1.17（c）]；

V_{MABN}——以 $MABN$ 为底面积、b 为高度的棱柱体体积，该棱柱体称为压力体，其体积称为压力体体积，见图 1.17（d）。

压力体是由受压面本身、水面或水面的延续面以及由受压面的边缘向水面或水面的延续面所作的铅直面所围成的几何体。

$MABN$ 面称压力体剖面，其面积以 $A_{剖}$ 表示，则

$$P'_z=\gamma V_{MABN}=\gamma A_{剖}b$$

由作用力与反作用力大小相等的原理，得静水总压力的铅直分力 P_z 的大小为

$$P_z=P'_z=\gamma A_{剖}b \tag{1.16}$$

根据式（1.16）可以看出，计算静水总压力的铅直分力需要计算压力体剖面图的面积 $A_{剖}$。根据压力体的组成，对应的压力体剖面图由受压曲面对应的曲线、水面线或水面延长线及铅垂线三部分组成。绘制出压力体剖面图，求得 $A_{剖}$，就可求得铅直分力 P_z。

W1.16

压力体剖面图组成及绘制方法

根据压力体剖面图的组成，其绘制方法如下：

（1）画受压面对应曲线（曲面壁本身的弧线）。

（2）画水面线或水面线的延长线。

（3）由受压面对应的曲线两端向水面线或其延长线做垂线将图形封闭。

（4）压力体剖面图绘制完要标出铅直分力的方向。当压力体内充满水时为实压力体，其铅直分力方向向下；当压力体内无水时为虚压力体，其铅直分力方向向上。

图 1.18 为典型受压曲面的压力体剖面图。

W1.17

压力体剖面图绘制举例

当液体位于受压面 AB 的上方［图 1.18（a）］，压力体剖面图由受压曲面对应的曲线 AB、水面线 AC 和铅垂线 BC 组成。静水总压力的铅直分力 P_z，即为以 ABC 为底面积、b 为高的棱柱形水体的重力，为实压力体，方向向下。

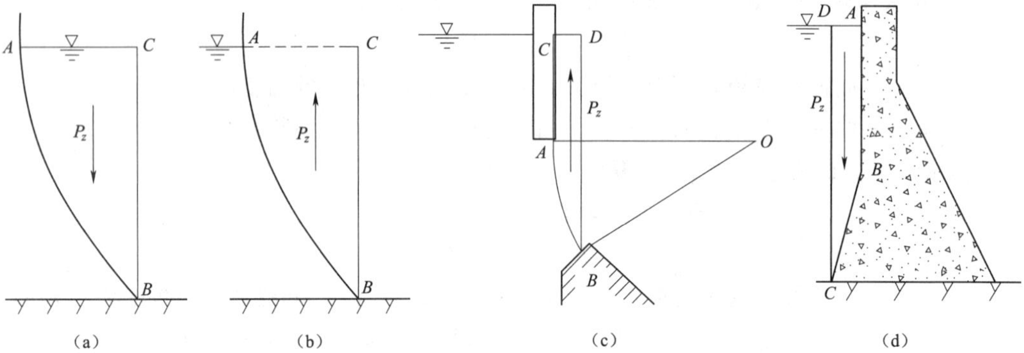

图 1.18

W1.18

曲面上静水总压力计算方法

当液体位于受压面 AB 的下面［图 1.18（b）］，压力体剖面图由受压曲面对应的曲线 AB、水面延长线 AC 和铅垂线 BC 组成。静水总压力的铅直分力 P_z，即为以 ABC 为底面积、b 为高的棱柱体受到的浮力，为虚压力体，方向向上。

图 1.18（c）中，受压面 AB 的压力体剖面图由受压曲面对应的曲线 AB、水面延长线 CD 和铅垂线 AC、BD 组成。静水总压力的铅直分力 P_z，即为以 $ABCD$ 为底面积、b 为高的棱柱体受到的浮力，为虚压力体，方向向上。

图 1.18（d）中受压面为 ABC，压力体剖面图由受压曲面对应的曲线 ABC、水面线 AD 和铅垂线 CD 组成。静水总压力的铅直分力 P_z，即为以 $ABCD$ 为底面积、b 为高的棱柱形水体的重力，为实压力体，方向向下。

4　曲面壁上的静水总压力 P 计算

求出静水总压力水平分力 P_x 和垂直分力 P_z 后，由力的合成定理，曲面所受静水总压力 P 为

$$P=\sqrt{P_x^2+P_z^2} \tag{1.17}$$

P 的方向用它与水平面的夹角 θ 表示，如图 1.17（a）所示。

$$\theta=\arctan\frac{P_z}{P_x} \tag{1.18}$$

P 的作用线应通过 P_x 与 P_z 的交点［图 1.17（a）］。P 的作用线与曲面的交点为

压力中心 D。

综上所述曲面上的静水总压力计算步骤为：

(1) 计算静水总压力水平分力 P_x，计算方法和平面壁上静水总压力的计算方法相同。

(2) 绘制压力体剖面图，计算静水总压力的铅直分力 P_z，$P_z=\gamma A_{剖} b$。

(3) 计算静水总压力合力 P，$P=\sqrt{P_x^2+P_z^2}$。

(4) 静水总压力合力 P 的方向用它与水平面的夹角 θ 表示，$\theta=\arctan\dfrac{P_z}{P_x}$。

曲面壁上静水总压力作用点位置，常用作用点 D 到水面垂直距离 z_D 表示［图1.17 (a)］，不同曲面根据其几何形式可确定作用点位置。

练一练（判断题）

(1) 计算曲面壁上的静水总压力，先确定水平方向分力和铅直方向分力，再由力的合成定理，计算曲面壁上所受静水总压力。（　　）

(2) 利用压力体剖面图可以计算受压曲面上的铅垂分力大小。（　　）

(3) 曲面壁上静水总压力的计算方法和平面壁上静水总压力的计算方法相同。（　　）

【案例1.7】 一弧形闸门如图1.19所示。门宽 $b=5$m，圆弧半径 $R=3.6$m，闸前水深 $h=1.8$m，试求水面与门轴同高时弧形闸门所受的静水总压力。

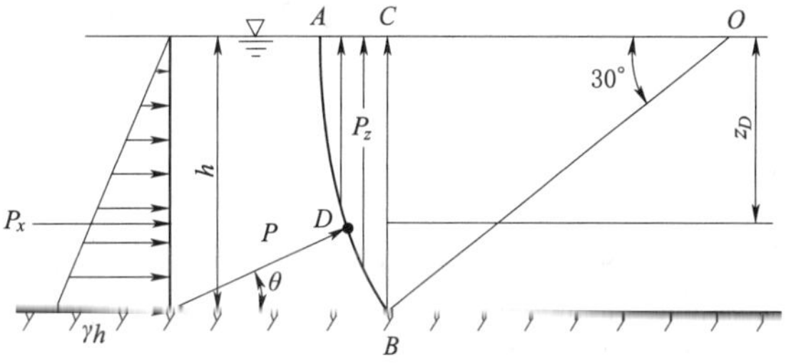

图1.19

【分析与计算】

本案例为求曲面上的静水总压力，先求静水总压力水平分力 P_x 和铅直分力 P_z，再求静水总压力 P。

W1.19

曲面上静水总压力计算举例*

(1) 静水总压力的水平分力 P_x。因受压曲面在铅垂方向投影面为矩形，其投影面上的静水压强分布图见图1.19，则

$$P_x=\frac{1}{2}\gamma h^2 b=\frac{9.8\times1.8^2\times5}{2}=79.38(\text{kN})$$

(2) 求铅直分力 P_z。压力体剖面图见图1.19中 ABC。

$$A_{剖}=A_{ABC}=A_{扇形AOB}-A_{三角形BOC}=\frac{30^\circ}{360^\circ}\pi R^2-\frac{1}{2}\overline{BC}\cdot\overline{OC}$$

$$=\frac{1}{12}\times 3.14\times 3.6^2-\frac{1}{2}\times 1.8\times 3.6\times \cos 30°=3.39-2.81$$

$$=0.58(\mathrm{m}^2)$$

$$P_z=rA_{剖}\ b$$

$$P_z=\gamma A_{剖}\ b=9.8\times 0.58\times 5=28.42\ (\mathrm{kN})\ (方向向上)$$

(3) 弧形闸门上的静水总压力。

大小：　$P=\sqrt{P_x^2+P_z^2}=\sqrt{79.38^2+28.42^2}=84.31(\mathrm{kN})$

方向：　$\theta=\arctan\frac{P_z}{P_x}=\arctan\frac{28.42}{79.38}=19.7°$

作用点：　$z_D=R\sin\theta=3.6\times \sin 19.7°=1.21(\mathrm{m})$

因为弧形闸门曲面是圆柱面的一部分，各点的压强与圆柱面垂直且通过圆心 O 点，所以总压力的作用线也通过 O 点。

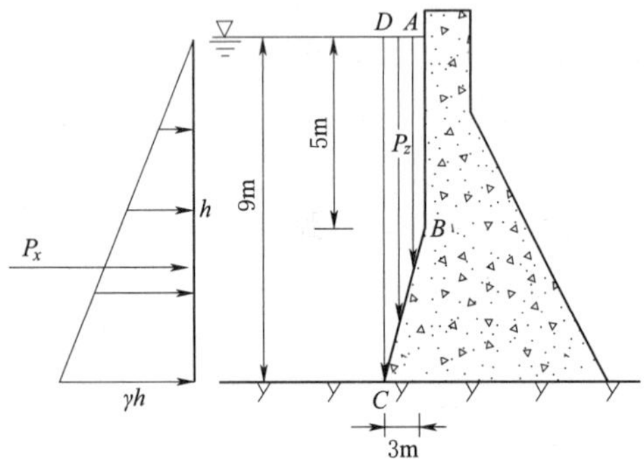

图 1.20

【案例 1.8】 一混凝土重力坝如图 1.20 所示。为了校核坝的稳定性，计算作用于单宽长坝体上水平方向的静水压力及铅直方向静水压力。

【分析与计算】

把受压面 ABC 看作整体，按照曲面的方法计算水平方向的静水压力及垂直方向静水压力。先求水平方向的静水压力。

(1) 水平方向静水压力 P_x。因受压面 ABC 在铅垂方向投影面为矩形，其投影面上的静水压强分布图为三角形，则

$$P_x=\Omega b=\frac{1}{2}\gamma h\times h\times b=\frac{1}{2}\times 9.8\times 9^2\times 1=396.9(\mathrm{kN})$$

W1.20

用曲面法求解平面壁上静水总压力*

(2) 铅直静水压力 P_z。压力体剖面图见图 1.20 中 $ABCD$。

$$A_{剖}=\frac{1}{2}(AB+CD)\times AD=\frac{1}{2}(5+9)\times 3=21(\mathrm{m}^2)$$

$$P_z=rA_{剖}\ b=9.8\times 21\times 1=205.8(\mathrm{kN})\ (方向向下)$$

由案例 1.8 可以看出，平面壁上计算静水总压力的水平分力和铅直分力大小时，用曲面壁计算方法比用平面壁计算方法往往还要简单。

➢ 任务自测

1. 判断题

(1) 受压曲面上静水总压力的铅直分力方向一定向下。　　(　　)

(2) 锦屏水库大坝为坝高 305m 的混凝土双曲拱坝，在 2016 年 11 月 10 日，荣获

了“最高大坝”吉尼斯世界纪录称号，该双曲拱坝受压面上各点的静水压强方向是相同的。　　(　　)

(3) 压力体是由受压面本身、水面或水面的延续面及受压面的边缘向水面或水面的延续面所做的铅直面所围成的几何体。　　(　　)

(4) 题图1.3为AB受压面上压力体剖面图正确绘制。　　(　　)

(5) 题图1.4为AB受压面上压力体剖面图正确绘制。　　(　　)

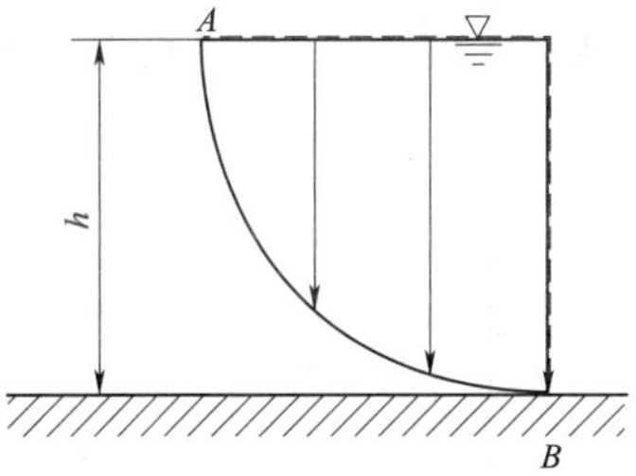

题图1.3

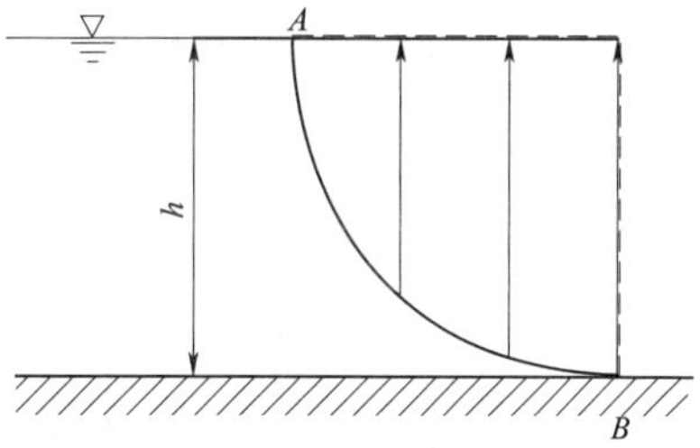

题图1.4

2. 选择题

(1) 下列说法正确的是(　　)。

A. 曲面壁上各点的静水压强方向相同　　B. 压力体剖面图要绘制在受压面有水一侧

C. 压力体分为实压力体和虚压力体　　D. 弧形闸门受压面为平面

(2) 下列说法错误的是(　　)。

A. 弧形闸门受压面为曲面　　B. 平板闸门受压面为平面

C. 拱坝受压面为平面　　D. 梯形受压面为平面

(3) 题图1.5为AB受压面上压力体剖面图，绘制正确的是(　　)。

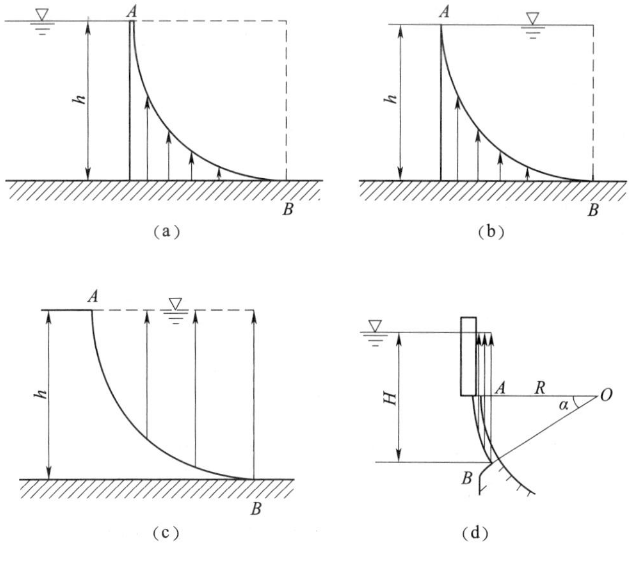

题图1.5

技 能 训 练

1. 如题图 1.6 所示，计算容器壁面上 1～5 各点的静水压强 p 的大小（单位：kPa)，并绘出各点静水压强的方向。(图中尺寸单位：m)

2. 如题图 1.7 所示，两个封闭容器 A、B，其测压管中的液面分别高于或低于容器中液面的高度均为 h，已知 $h=1\text{m}$，试求：①容器 A、B 内液面的绝对压强 $p_{绝}$和相对压强 p；②A、B 两个封闭容器内哪一个产生了真空？如果产生了真空，计算其真空度 $p_{真}$。

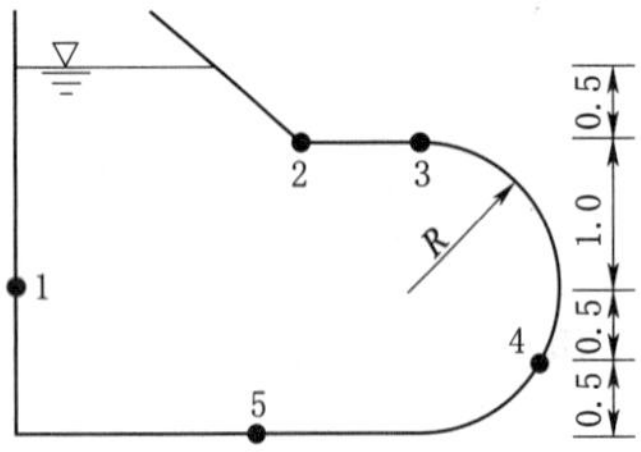

题图 1.6

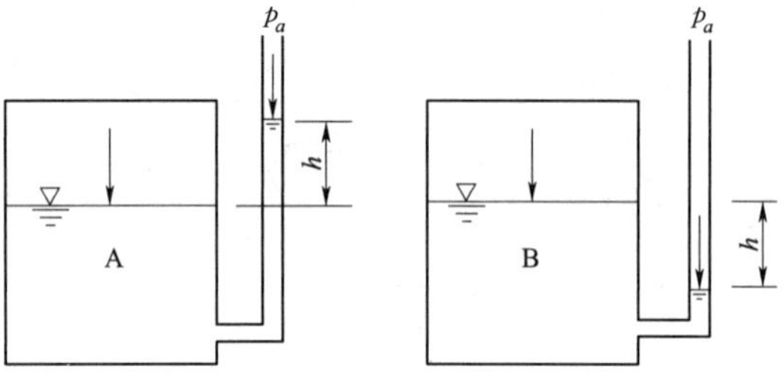

题图 1.7

3. 试绘制出题图 1.8 中标有字母的受压面上的静水压强分布图。

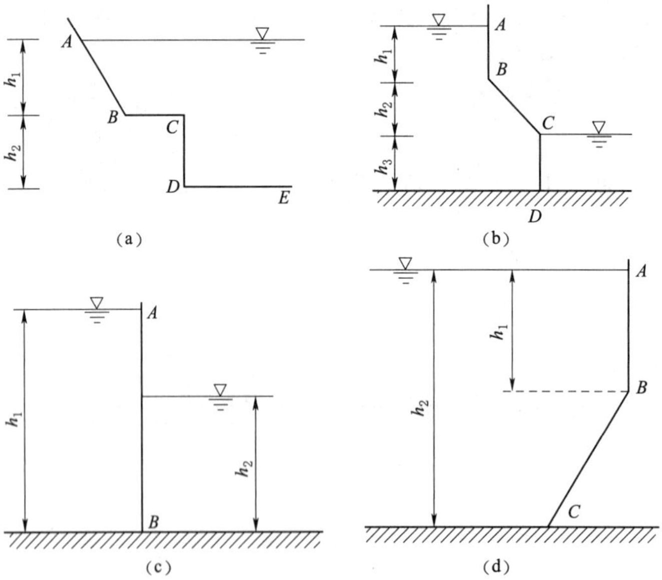

题图 1.8

4. 某混凝土坝如题图 1.9 所示，坝上游水深 $h=24\text{m}$，试求 1m 宽坝面上所受静水总压力 P 的大小和压力中心的位置。

5. 渠道上有一平面闸门（题图 1.10)，宽 $b=4\text{m}$，闸门在水深 $H=3\text{m}$ 下工作。求当闸门斜放 $\alpha=60°$时受到的静水总压力、当闸门铅直时所受的静水总压力。

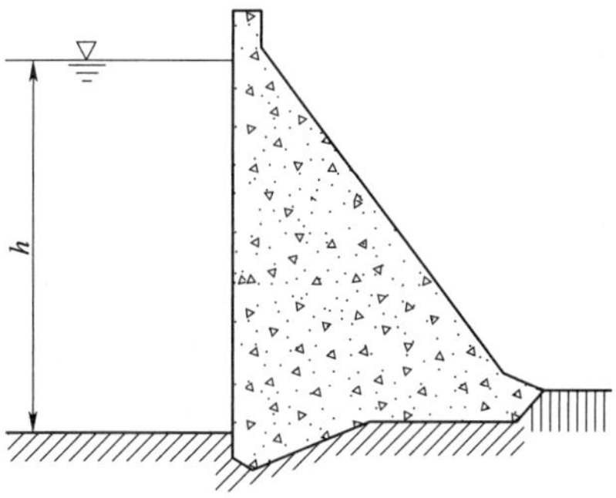

题图 1.9

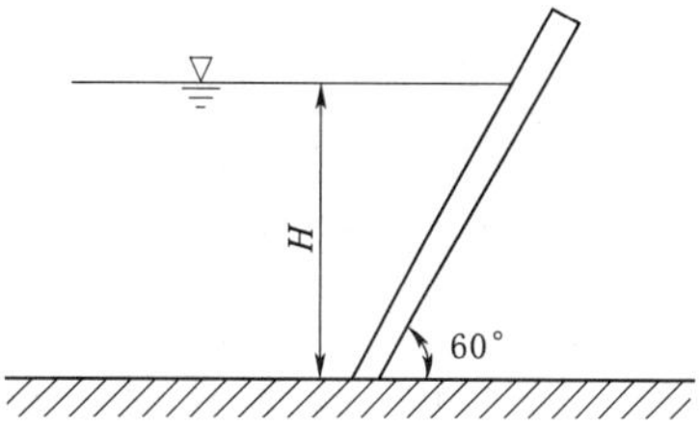

题图 1.10

6. 试绘制出题图 1.11 中标有字母的受压面上的压力体剖面图。

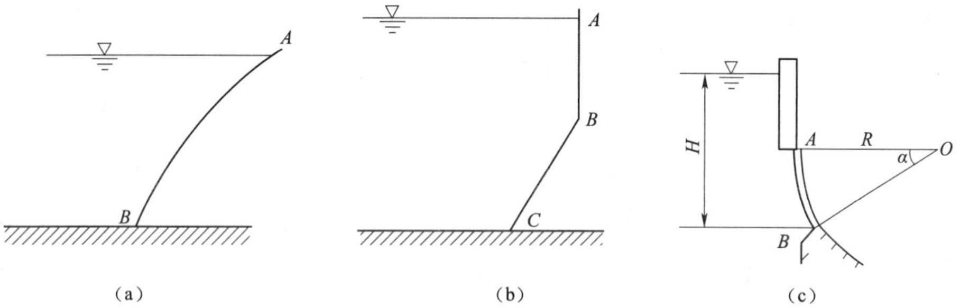

题图 1.11

7. 如题图 1.12 所示，某弧形闸门 AB 为半径 $R=2\text{m}$ 的圆柱面的 1/4，闸门宽 $b=4\text{m}$，水深 $h=2\text{m}$，试求作用在 AB 面上的静水总压力 P 的大小。

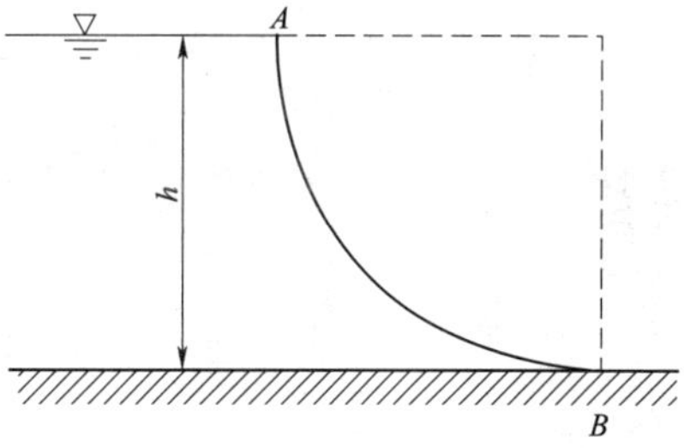

题图 1.12

拓展阅读——三峡五级船闸

连通器是指上端开口或相通，底部相通的容器。连通器在生活、生产实践中有着广泛的应用，例如，日常生活中所用的茶壶、洒水壶、水位计等都是连通器。

世界上最大的人造连通器是三峡船闸，它是与岩体共同工作的薄衬砌结构，最大高度达70m。三峡船闸完全是中国人自己制造的，运行时开关自如，滴水不漏，制造水平相当高。

三峡五级船闸是目前世界规模最大、水头最高、级数最多、安装技术最为复杂的双线五级梯级船闸，它需要解决的问题远远超过了一般的船闸。三峡五级船闸的总设计水头为113m，分成了五级以后，上下级之间最大水头还有45.2m，其水头仍超过目前世界上最大一级船闸34.5m的水头，需要采用多级船闸解决水力学问题和更好地适应三峡地形的条件。

船舶如何穿越这座举世无双的五级船闸？当船从下游驶来，需过大坝上行，先将下游五闸室水位降到与下游水位一致，打开下闸门，船舶进入闸室；关闭下闸门，输水系统充水抬高闸室水位，船舶随闸室水位上升而上升，当水位与四闸室水位齐平时，打开五闸首人字闸门，船舶就好像爬过一级阶梯，轻松驶入上一级闸室。如此上升，直至驶出最上游闸室，进入高峡平湖。当船舶是从上游往下游走时，过程正好相反。三峡船闸就是利用连通器原理通过输水系统使相邻上下级船闸闸室水位齐平，方便船只上、下运行。

三峡船闸的建成，表明我国在此方面的技术已达到世界领先水平；三峡船闸的通航，标志着三峡工程建设取得了重大的阶段性成果，在三峡工程建设史上乃至人类科学利用水资源的历史上迈出了新的步伐！

拓展图1.1

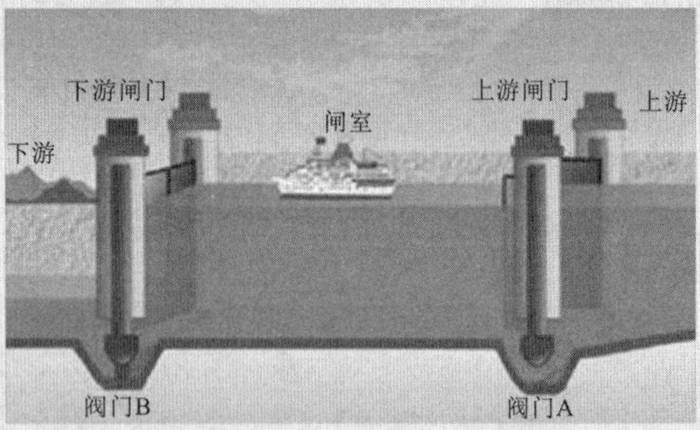

拓展图1.2

项目2　恒定水流运动基本方程分析与计算

从涓涓细流到江河澎湃，自然界和水利工程的水体大都处于不同形式的运动状态，掌握水流运动时的规律方程，才能利用水流运动的规律方程分析常见的水流现象，解决工程中基本的水力计算问题。

本项目主要任务是掌握水流运动基础知识，理解运动水流的连续性方程、能量方程和动量方程，为管流、明渠水流、堰流及闸孔出流等后续项目的学习奠定基础。本项目为课程的重点和难点。

任务1　水流运动基本知识

1　描述液体运动的两种方法

液体是由无数质点构成的连续介质。液体运动时，反映液体运动特征的运动要素（如流速、压强、加速度等）一般都随着时间和空间位置而变化，要从理论上分析研究液体的运动规律，就要首先解决用什么样的方法描述液体的运动。描述水流运动的方法很多，本节只介绍常用的两种方法：拉格朗日法和欧拉法。

1.1　拉格朗日法

拉格朗日法是以水体中各质点为研究对象，选定一个坐标系，跟踪每个质点，考察分析质点所经过的轨迹及其运动要素的变化规律，把每个水体质点的运动情况综合起来获得整个水体的运动规律，这种方法又称为质点系法。由于水流的质点很多，每个质点的运动轨迹各不相同，无一定的规律性，因此，用这种方法来研究水流运动是非常困难的。

1.2　欧拉法

欧拉法是着眼于考察分析水体质点在通过流场（液体流动所占据的空间场所）中不同固定空间点时的运动要素的变化情况，来获得整个水体的运动规律，这种方法又称为流场法。此种方法跟踪的是固定空间点，不是水体各个质点，避免了研究复杂的质点运动，是工程中描述水流运动情况常用的一种方法。

2　流线与流线图

2.1　流线

流场法是用流线来描述水流运动的。流线是指某一瞬时在流场中绘出的一条曲线，在曲线上的水流质点的流速方向都与该点所在曲线处的切线方向相同（图2.1），流线能够表示某时刻各质点的流动方向。

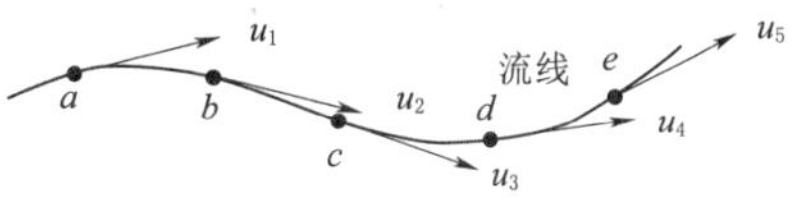

图2.1

根据流线的概念，流线有以下特征：

（1）流线上任意一点的切线方向，即为液

体质点在该空间点时的流速方向，如图 2.1 所示。

（2）一般来说，流线不可能相交，也不可能转折，它是一条光滑的曲线，两条流线也不可能相交。如果流线有折点或两条流线相交，则在流线折点或交点处，一个水流质点在同一瞬时同一空间点就会有两个流动方向，这种情况是不存在的。

（3）由于流线不可相交，所以位于流线上的某空间点的液体质点，只能沿着所在流线流动，不可能有横越流线的流动。

2.2　流线图

S2.1 流场演示 1

S2.2 流场演示 2

在具有一定边界尺寸的流场中某一瞬时绘制一簇有代表性的流线，就构成了流线图，流线图可形象地描绘出该瞬时整个水流的流动趋势。

图 2.2 是描述水流通过溢流坝和管道中的水流通过阀门的流线图，从图 2.2 可以看出流线图具有以下特点：

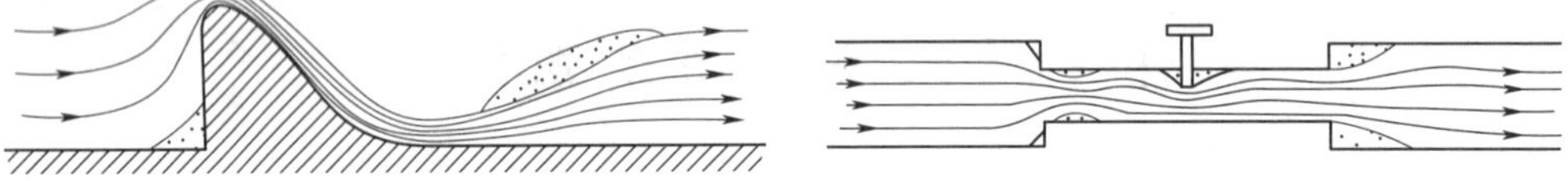

图 2.2

（1）流线图分布的疏密程度反映了流速的大小。流线图的疏密与水流横断面的大小有关，在单位时间内来水量相同情况下，过水横断面面积小的地方流线密，流速大；反之流线疏，流速小。

（2）流线的形状与固体边界形状有关。流线离边界越近，受边界的影响越大，流线的形状越接近边界的形状。在边界平顺处，紧靠边界的流线与边界形状完全相同，如图 2.2 中流线近似为直线的流段。在边界形状变化急剧的地方，由于惯性作用，边界附近的质点不可能完全沿着边界流动而与边界脱离，在主流与边界之间形成漩涡区，如图 2.2 中流线弯曲的回流漩涡区。

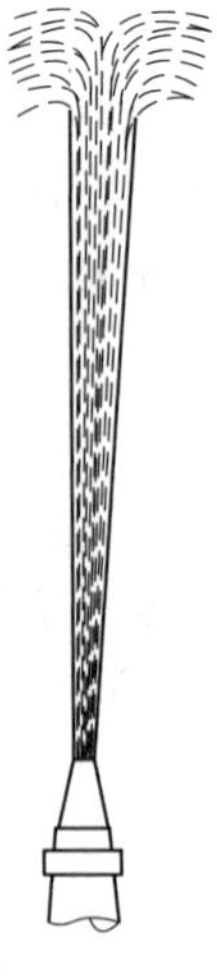

图 2.3

图 2.3 为消防水枪射流某一瞬间的一张照片，记录了某一瞬间水枪射流中各连续质点所处的运动状态。图 2.3 中的这簇曲线就是该瞬间的流线图，即用流线图可描述该瞬间水枪射流中各质点的运动方向和流速大小。

练一练（判断题）

（1）流线上任意一点的切线方向，即为液体质点在该空间点的流速方向。　　（　　）

（2）流线形状与固体边界形状有关。　　（　　）

（3）流线图分布的疏密程度反映了流速的大小。　　（　　）

3　水流运动的基本要素

3.1　过水断面

过水断面是指凡与（水流运动方向）流线正交的过水横断面。过水部分的横断面面积叫过水断面面积，常用符号 A 表示，国际单位为 m^2。例如，充满水的圆形管道的直径为 d，则其过水断面面积 $A=\pi d^2/4$。

过水断面可能是平面，也可能是曲面。如果水流的流线为相互平行直线，过水断面为平面，如图 2.4 中的 1—1 断面。如果流线是曲线，过水断面就是曲面，如图 2.4 中 2—2 断面。

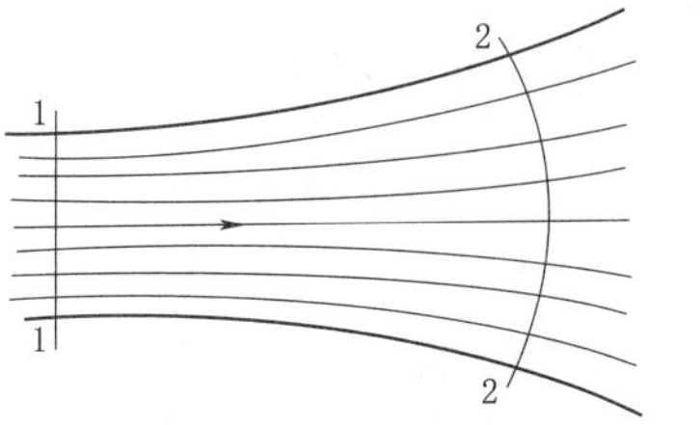

图 2.4

3.2　流量

单位时间内通过某一过水断面的液体体积称为流量，用 Q 表示，水利工程常用流量单位为米^3/秒（m^3/s），给排水工程中常用升/秒（L/s），一般水泵常用米^3/小时（m^3/h），$1L=10^{-3}m^3$。

流量反映了泄水或输水建筑物的过流能力。水工建筑物的泄流能力大小、输水管道的过水量多少常用流量来表示。

3.3　断面平均流速

流速是指水体质点在单位时间内运动的距离，常用单位是 m/s。流速表示水体质点流动的快慢，在水利工程中，同一过水断面上，由于水的黏滞性及其边界的作用，水流各点的流速并不相等。一般情况下越靠近固体边界，水流受边界约束影响，流速越小，流速分布也越不均匀；远离边界的部分流速较大，流速分布也比较均匀。例如，对于在管道中流动的水流，管中心点的流速最大，离管壁越近流速越小，如图 2.5（a）所示。

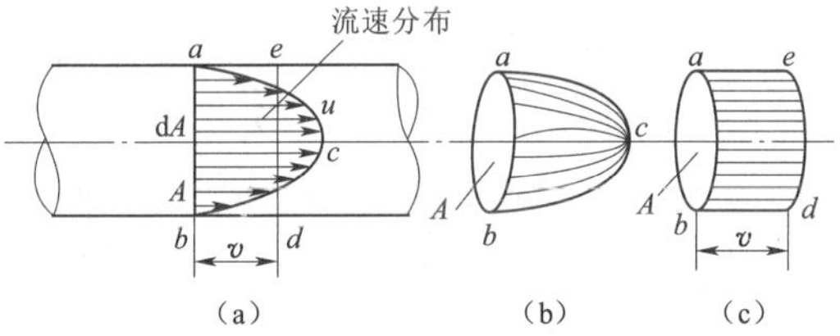

图 2.5

过水断面上各点的流速不相等，为了计算上的方便，引入断面平均流速的概念。断面平均流速是一个假想的流速，认为过水断面上各点流速都等于该流速，按此流速计算的流量与按过水断面上实际不均匀分布的点流速 u 所计算出的流量相等，即在单位时间内图 2.5（b）中的体积 V_{abc} 与图 2.5（c）的体积 V_{abde} 相等，那么这个流速就称为断面平均流速，用符号 v 表示。根据流量、断面平均流速及过水断面面积概念，可得出

D2.3
断面平均流速概念

$$Q=vA \tag{2.1}$$

【案例 2.1】 我国首次采用大直径隧洞穿越黄河的穿黄工程，其隧洞直径为 7m，单洞设计流量为 $132.5m^3/s$，计算隧洞水流的平均流速。

【分析与计算】

根据 $Q=vA$ 可得隧洞水流平均流速 $v=\dfrac{Q}{A}$，隧洞过水断面面积为 A，则

$$A=\frac{\pi}{4}d^2=\frac{3.14}{4}\times7^2=38.47(m^2)$$

$$v=\frac{Q}{A}=\frac{132.5}{38.47}=3.44(m/s)$$

练一练（判断题）

（1）过水断面只可以是平面，不可以是曲面。（　）

（2）明渠同一过水断面上各点的流速都是相等的。（　）

4　运动水流的基本分类

4.1　恒定流与非恒定流

W2.4 运动水流分类（上）

D2.5 恒定流和非恒定流

D2.6 均匀流和非均匀流

根据水流中任一空间点的所有运动要素是否随时间变化，把水流分为恒定流和非恒定流。流场中每一固定点的水流质点的运动要素（如时均速度、时均压力、密度等）不随时间而改变的水流，称为恒定流。流场中每一固定点的水流质点的所有运动要素中，至少有一个是随时间而改变的运动水流，称为非恒定流。恒定流时流线的形状与位置不随时间而改变。

本书中的水力分析与计算主要针对恒定流，以后如果不做特别说明，涉及的水流均指恒定流。

4.2　均匀流与非均匀流

在恒定流中，根据液体运动要素是否沿流程变化，可将水流分为均匀流与非均匀流。凡断面平均流速与流速分布沿程不变的水流为均匀流（等速流）；反之，断面平均流速与流速分布沿程变化的水流为非均匀流（变速流）。

均匀流中，同一流线上水体质点流速的大小和方向沿程均不变，流场中流线为相互平行的直线，过水断面为平面。均匀流中同一过水断面上动水压强分布规律符合静水压强分布规律，即同一过水断面上各点的测压管水头相等，但在不同过水断面上的点的测压管水头不同。非均匀流中，流线上液体质点流速的大小、方向沿程变化，流线不是平行直线，而是一组曲线，过水断面不是平面而是曲面。

【案例2.2】 图2.6为水箱泄流。图2.6（a）中，在泄流的同时不断向水箱内补水，保持水箱内水位不变；图2.6（b）中，在泄流的过程中，没向水箱注水，水箱内水位在下降；图2.6（c）中，在泄流的过程中保持水箱内水位不变，输水管道的直径是变化的。试分析图2.6中（a）、（b）、（c）三种水流现象。

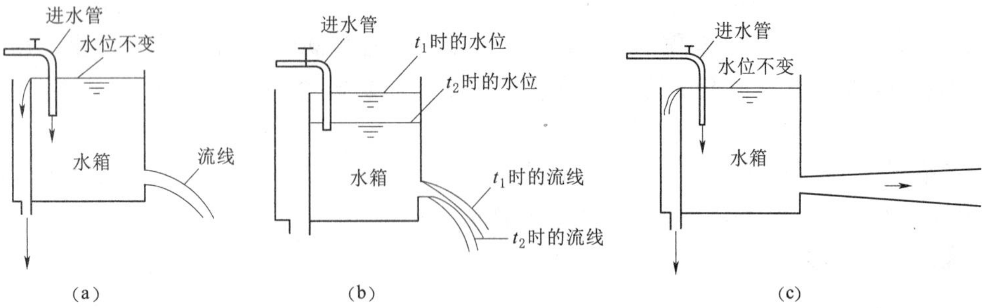

图2.6

【案例分析】

（1）图2.6（a）中水箱水位不变，可以长时间保持孔口出流流线的形状、位置不随时间变化，水箱中及孔口处流速和压强等运动要素保持不变，水箱泄流为恒定流。

（2）图 2.6（b）中水箱水位不断下降，泄流流线的形状、位置随时间变化，水箱中及孔口处流速、压强等都随时间变化，水箱泄流为非恒定流。

（3）图 2.6（c）水箱水位不变，水箱泄流为恒定流，各点运动要素不随时间发生变化，流量沿程不变，但沿流程管径变化，过水断面面积变化，流速分布及断面平均流速沿流程发生变化，管中泄流是恒定非均匀流。

4.3　渐变流与急变流

在恒定非均匀流中，根据流线的弯曲程度（曲率大小）将水流分为渐变流与急变流。

凡流线平缓，曲率不大，流线近似认为平行的直线，这种水流为渐变流；若流线弯曲，曲率较大，这种水流为急变流。图 2.7（a）中溢流坝坝前及下游收缩处、图 2.7（b）管径不变的直管段水流为渐变流，图 2.7（a）中溢流坝顶、图 2.7（b）管道直径变化部位和转弯部位水流为急变流。

D2.7

急变流和渐变流

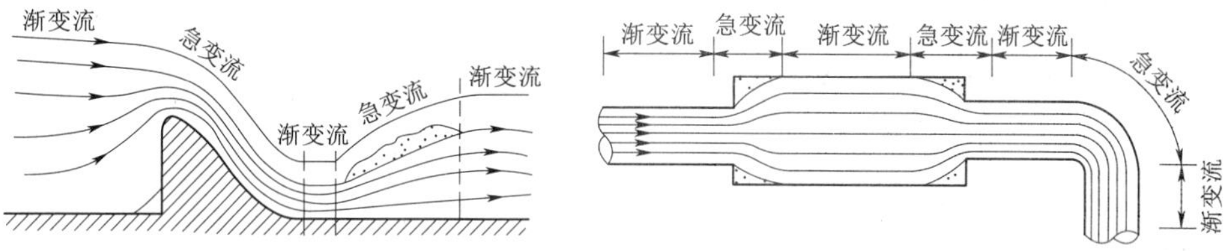

（a）　　（b）

图 2.7

渐变流流线较平缓，过水断面近似为平面，同一断面上动水压强近似符合静水压强分布规律，其特性近似为均匀流特性，即同一过水断面上测压管水头为一常数，各点单位势能相等，但在不同的过水断面上具有不同的常数。水力分析与计算常采用均匀流或渐变流断面作为计算过水断面，其过水断面上动水压强分布规律与静水压强分布规律相同。

4.4　有压流与无压流

根据水流在流动过程中有无自由水面，可将其分为有压流与无压流。

有压流是靠外部压力作用流动的，其特征是没有自由水面，水体充满整个横断面。有压输水管道的水流都属于有压流，也称管流，如图 2.8（a）所示。如城镇自来水供水管道中水流为有压流。

无压流是靠自身重力作用而产生流动的，它的特征是具有自由水面，如图 2.8（b）所示。江河渠道和污水管道中的水流，都属于无压流，也称明渠水流。

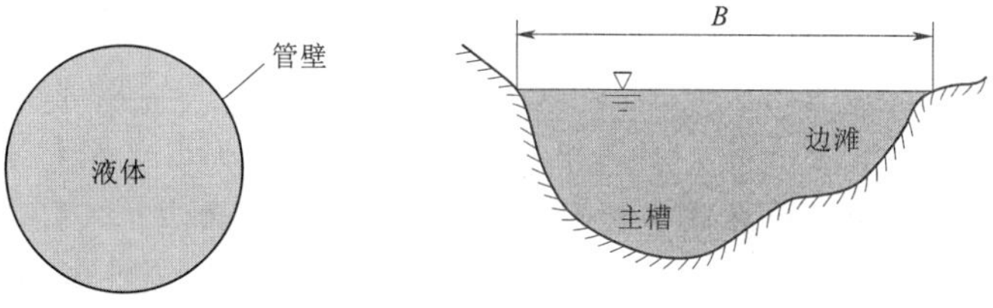

（a）　　（b）

图 2.8

W2.8

运动水流分类（下）

另外，根据液流运动要素所依据的空间自变量的个数，可将液流分为一元流、二元流、三元流。

练一练（判断题）

（1）渐变流同一过水断面上各点的测压管水头都相同。（　　）

（2）均匀流的流线为相互平行的直线，过水断面为平面。（　　）

（3）若流场中任何空间点上的所有运动要素都不随时间而改变，这种水流称为恒定流。（　　）

（4）水流的运动要素沿流程不变时为恒定流。（　　）

（5）有压流有自由水面，水体靠外部压力作用流动。（　　）

➢任务自测（选择题）

（1）某圆形有压输水管道，管径 $d=2$m，则过水断面面积 A 为（　　）m^2。

A. 3.14　　B. 2　　C. 6.28　　D. 12.56

（2）红旗渠总干渠过水断面为矩形，渠底宽 8m，渠墙高 4.3m，当渠道中水深 h 为 2.5m，则过水断面面积 A 为（　　）m^2。

A. 20　　B. 34.4　　C. 10　　D. 10.75

（3）某钢筋混凝土有压泄水管道，泄流量 $Q=15m^3/s$，管径 $d=2$m，则管道断面平均流速 v 近似为（　　）m/s。

A. 4.78　　B. 5.09　　C. 8　　D. 8.49

（4）水流的流线疏，说明水流的流速（　　）。

A. 小　　B. 不一定　　C. 大　　D. 等于零

（5）如题图 2.1（a）所示，水流通过渐缩管流出，若容器中水位保持不变，则管内水流属于（　　）。

A. 恒定均匀流　　B. 非恒定均匀流　　C. 恒定非均匀流　　D. 非恒定非均匀流

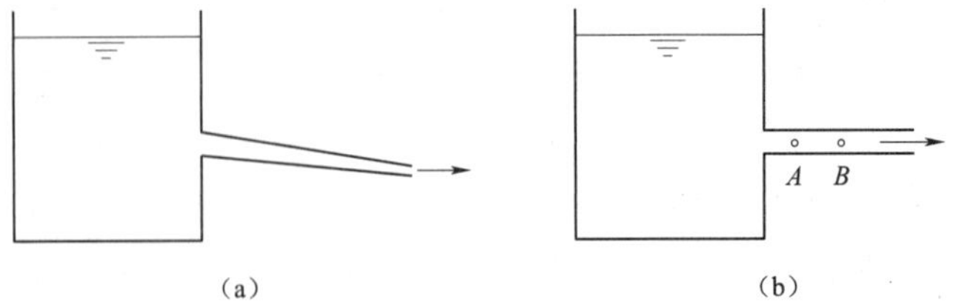

题图 2.1

（6）如题图 2.1（b）所示，水箱中水位不变，水流通过一水平等直径管道流入大气，则管中 A、B 两点所在过水断面平均流速大小关系为（　　）。

A. $v_A<v_B$　　B. $v_A>v_B$　　C. $v_A=v_B$　　D. 无法确定

（7）通过流线可以知道（　　）。

A. 流速方向　　B. 压强的大小　　C. 流量的大小　　D. 加速度的大小

(8) 流量 Q、过水断面面积 A 和断面平均流速 v 关系错误的是（　　）。

A. $v=Q/A$　　B. $Q=Av$　　C. $A=Q/v$　　D. $v=AQ$

水力探秘——鲸的外形

鲸外形是一种极为理想的“流线体”，而“流线体”在水中受到的阻力是最小的。后来工程师模仿鲸的形体，改进了船体的设计，大大提高了轮船航行的速度。

任务 2　恒定总流连续性方程

1　恒定总流连续性方程式

物质在运动过程中遵守着质量守恒定律。实际上恒定总流连续性方程就是质量守恒定律在水力分析与计算中的具体体现。

图 2.9 为一恒定管流，任意取两个过水断面 1—1 和 2—2，其过水断面面积分别为 A_1 和 A_2，断面平均流速分别为 v_1 和 v_2，一般情况下认为水是不可压缩的连续介质，根据质量守恒定律，在同一时间内流经过水断面 1—1 的水流体积应等于流经过水断面 2—2 的水流体积，由流量定义可以知道，过水断面 1—1 与过水断面 2—2 的流量相等，即

$$Q_1=Q_2=Q=\text{常数} \tag{2.2}$$

或

$$v_1A_1=v_2A_2=vA=\text{常数} \tag{2.3}$$

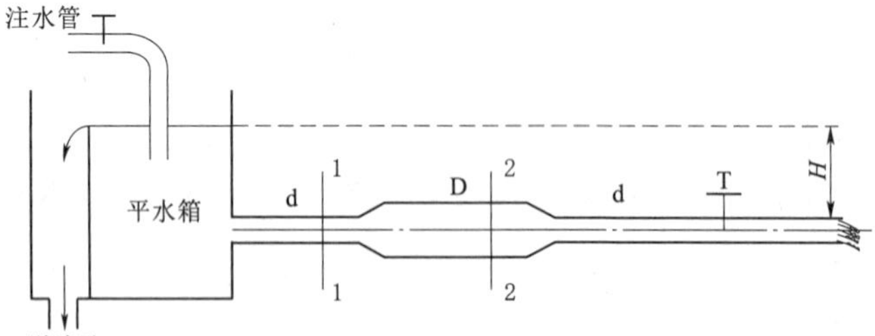

图 2.9

W2.9
恒定总流的连续性方程

式 (2.2)、式 (2.3) 表明：在恒定流中，流经任一过水断面的流量不变。

式 (2.3) 也可写成下式：

$$\frac{v_1}{v_2}=\frac{A_2}{A_1} \tag{2.4}$$

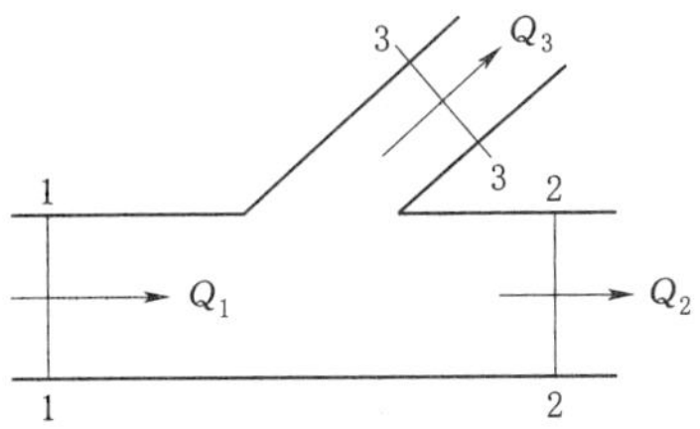

图 2.10

式（2.4）表明：恒定流中任意两过水断面，其过水断面平均流速与过水断面面积成反比。即过水断面面积越大，断面平均流速越小；过水断面面积越小，断面平均流速越大。

如图 2.10 所示，对于有分叉或支流的情况下，恒定总流连续性方程为

$$Q_1=Q_2+Q_3 \tag{2.5}$$

练一练（判断题）

（1）溢洪道泄流过程中，上游水库水位不变，溢洪道各流段流量不变。　（　　）

（2）恒定流中，过水断面面积越大断面平均流速越大。　（　　）

2　恒定总流连续性方程应用举例

【案例 2.3】 图 2.9 为变直径的恒定管流，已知过水断面 1—1 的直径 $d=150\text{mm}$，过水断面 2—2 的直径 $D=300\text{mm}$，已测得过水断面 2—2 的平均流速 $v_2=0.25\text{m/s}$，试计算过水断面 1—1 的平均流速 v_1。

【分析与计算】

根据题意，圆管中为有压流，先计算两过水断面面积。

$$A_1=\frac{\pi}{4}\times d^2, A_2=\frac{\pi}{4}\times D^2$$

由式（2.4）可得：$v_1=\dfrac{A_2 v_2}{A_1}=\dfrac{\frac{\pi}{4}D^2 v_2}{\frac{\pi}{4}d^2}=\left(\dfrac{300}{150}\right)^2\times 0.25=1(\text{m/s})$

任务自测（选择题）

（1）在某渠道中选取两个过水断面 1—1 和 2—2，过水断面 1—1 面积 $A=3\text{m}^2$，断面平均流速 $v=2\text{m/s}$，过水断面 2—2 平均流速 $v=3\text{m/s}$，则过水断面 2—2 面积 A 为（　　）m^2。

A. 2　　B. 3　　C. 4　　D. 5

（2）利用恒定总流连续性方程不可以直接求解（　　）

A. 动水压强　　B. 过水断面面积　　C. 断面平均流速　　D. 以上都不对

（3）诗句“流水不争先，争的是滔滔不绝”描述的是水流的（　　）。

A. 连续性　　B. 黏滞性　　C. 惯性　　D. 压缩性

（4）“峡江东流水迅疾，平湖开阔水自缓”，这句诗描述的水流现象反映了恒定总流的哪个方程。（　　）

A. 能量方程　　B. 连续性方程　　C. 动量方程　　D. 都不是

任务3　恒定总流能量方程

1　运动水流机械能形式及其转换

恒定总流能量方程是能量守恒规律在液体中的表现，液体运动时机械能形式与静止时机械能形式相比，除了具有位置势能、压力势能外，还具有动能，它们之间是可以相互转化的。如溢流坝泄流过程中就是位置势能转化为动能，有压管道在侧壁开口水流喷出瞬间是压力势能转化为动能，水流喷出上升过程中是动能转化为位置势能，不同形式机械能在转化过程中伴随有能量损失。

2　恒定总流能量方程式

D2.10

水流机械能形式及其转化

恒定总流能量方程是反映运动水流位置势能、压力势能、动能及能量损失关系的表达式，通过图 2.11 分析恒定总流能量方程式表达形式。

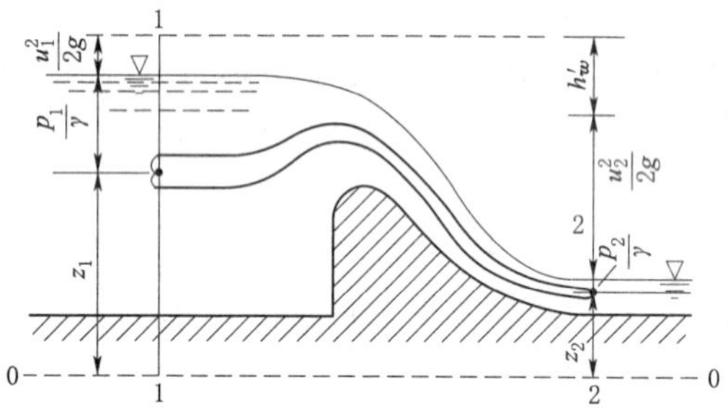

图 2.11

在图 2.11 溢流坝上游渐变流过水断面 1—1 上任意选取一点，此点质量为 m，动水压强为 p_1，点流速为 u_1，该点距水平基准面 0—0 位置高度为 z_1。此点位置势能为 mgz_1，单位重量液体具有的位置势能（简称单位位能）为 z_1，此点动能为 $\frac{1}{2}mu_1^2$，单位重量液体具有的动能（简称单位动能）为 $\frac{u_1^2}{2g}$，此点压力势能为 $mg\frac{p_1}{\gamma}$，单位重量液体具有的压力势能（简称单位压能）为 $\frac{p_1}{\gamma}$，该点单位重量液体具有的机械能（简称单位机械能或单位总能量）用 e_1 表示，则 $e_1=z_1+\frac{p_1}{\gamma}+\frac{u_1^2}{2g}$。同理，在下游渐变流过水断面 2—2 上选取一点，此点动水压强为 p_2，点流速为 u_2，该点距水平基准面 0—0 位置高度为 z_2，该点在过水断面 2—2 上单位机械能 $e_2=z_2+\frac{p_2}{\gamma}+\frac{u_2^2}{2g}$。

水流质点从过水断面 1—1 流到 2—2，实际液体有能量损失，单位重量液体能量损失用 h'_{w1-2} 表示。根据能量守恒，质点从过水断面 1—1 流到 2—2，这束微小水流能量方程式可写为

$$z_1+\frac{p_1}{\gamma}+\frac{u_1^2}{2g}=z_2+\frac{p_2}{\gamma}+\frac{u_2^2}{2g}+h'_{w1-2} \tag{2.6}$$

具有一定边界尺寸的实际水流称为总流，总流可以认为是由无限多个微小流束水流组成的。根据微小流束水流能量方程式，下面分析从过水断面 1—1 到过水断面 2—2 恒定总流能量方程。

因为过水断面水流是渐变流，在渐变流同一过水断面上各点单位势能（测压管水

头）相等，所以可以用过水断面上任一点单位势能 $z+\dfrac{p}{\gamma}$ 表示，因为过水断面上各点流速不同，不能用任一点点流速对应的单位动能表示过水断面上的单位动能，而且不同边界条件各点流速表达式不一样，而每个断面平均流速 v 可以确定，为此用断面平均流速 v 计算过水断面上的单位动能$\dfrac{v^2}{2g}$，但$\dfrac{v^2}{2g}$小于该过水断面上实际单位动能，因此对$\dfrac{v^2}{2g}$进行修正，过水断面单位动能可表示为$\dfrac{\alpha v^2}{2g}$，α 称为动能修正系数。均匀流或渐变流时，α 一般取 1.05～1.1，工程中为计算简便，通常取 $\alpha=1.0$。

W2.11

恒定总流能量方程

根据上面分析，过水断面 1—1 单位总能量 $E_1=z_1+\dfrac{p_1}{\gamma}+\dfrac{\alpha_1 v_1^2}{2g}$，过水断面 2—2 单位总能量 $E_2=z_2+\dfrac{p_2}{\gamma}+\dfrac{\alpha_2 v_2^2}{2g}$，总流从过水断面 1—1 到过水断面 2—2 单位能量损失用 h_{w1-2} 表示，恒定总流的能量方程式可写为

$$z_1+\frac{p_1}{\gamma}+\frac{\alpha_1 v_1^2}{2g}=z_2+\frac{p_2}{\gamma}+\frac{\alpha_2 v_2^2}{2g}+h_{w1-2} \tag{2.7}$$

式（2.7）是不可压缩液体恒定总流的能量方程，由瑞士科学家伯努利提出的，因此也称伯努利方程。它表达了恒定总流单位能量转化和守恒的规律。单位机械能用 E 表示，则

$$E_1=E_2+h_{w1-2}$$

3 恒定总流能量方程式各项意义——能量方程图示

恒定总流的能量方程式中每项都是单位重量液体具有的能量，每项都具有物理意义，每项都是长度单位，所以又具有几何意义。

式（2.7）中

z——过水断面任一点处单位重量的液体所具有的位置势能，称单位位能，它又表示任一点距基准面的垂直高度，所以又称为位置水头；

$\dfrac{p}{\gamma}$——过水断面任一点单位重量的液体所具有的压力势能，称单位压能，它又反映了过水断面任一点压强大小，所以又称为压强水头；

$z+\dfrac{p}{\gamma}$——单位位能与单位压能之和，表示过水断面上任一点单位重量液体所具有的势能，称单位势能，它又表示测压管液面距基准面的垂直高度，又称为测压管水头；

$\dfrac{\alpha v^2}{2g}$——过水断面上单位重量的液体所具有的动能，称单位动能，它又反映流速大小，又称为流速水头；

$z+\dfrac{p}{\gamma}+\dfrac{\alpha v^2}{2g}$——过水断面上单位重量的液体所具有的机械能，称单位机械能，它又是位置水头、压强水头与流速水头之和，又称为总水头；

h_{w1-2}——总流从过水断面 1—1 流到 2—2，单位重量液体能量损失，又称为水头损失。

沿流程若两过水断面总水头分别为 H_1 和 H_2，根据能量方程得 $H_1=H_2+h_{w1-2}$，对于无能量输入或输出的实际水流，沿流程总水头总是下降的，通过计算两断面总水头，能判断水流方向。

W2.12
恒定总流能量方程意义

恒定总流的能量方程式中各项都具有长度单位，因此可以用几何线段的长度将水流沿流程能量的相互转化形象地表示出来。

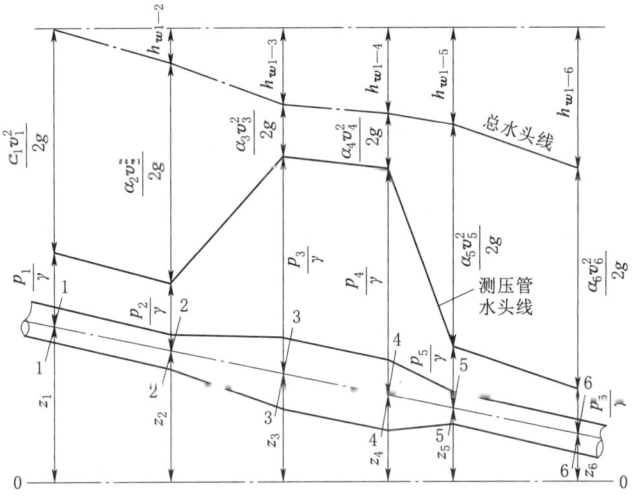

图 2.12

图 2.12 为充满液体管道。先选取基准面 0—0，并作出管轴线，管道各断面中心点距基准面的高度，为该断面的位置水头 z；从各断面的中心点向上作长度等于相应断面压强水头$\frac{p}{\gamma}$大小的铅直线，就得到了各断面的测压管水头 $z+\frac{p}{\gamma}$；在测压管水头以上再分别作线段长度等于相应断面流速水头$\frac{\alpha v^2}{2g}$大小的铅直线，这样就可以得到各断面的总水头 $H=z+\frac{p}{\gamma}+\frac{\alpha v^2}{2g}$。

各断面测压管水头的连线构成测压管水头线，总水头的连线构成总水头线。由图 2.12 可以看出：

（1）管轴线表示了位置水头 z 沿程的变化。

（2）管轴线与测压管水头线的铅直距离，反映了沿程各断面的压强水头的变化。测压管水头线沿程可以下降也可以上升，当测压管水头线在管轴线以上时，该断面压强为正值；反之，压强为负值。

（3）总水头线与测压管水头线之间的铅直距离反映了沿程各断面上流速水头的变化情况，距离越大，流速水头越大，流速不变的流段，总水头线和测压管水头线平行。

(4) 两过水断面间总水头线下降的铅直高度为两断面间的水头损失。对于无外界能量输入或输出的实际水流在流动过程中有水头损失，因而总水头线沿程总是下降的。

总水头线沿程变化情况，可用水力坡度 J 表示，沿流程单位长度上的水头损失称为水力坡度。若总水头线为直线时，水力坡度为

$$J=\frac{H_1-H_2}{L}=\frac{h_{w1-2}}{L} \tag{2.8}$$

式中 L——两断面之间沿流程的长度；

H_1、H_2——沿流程上、下游过水断面的总水头；

h_{w1-2}——相应的水头损失。

若总水头线为曲线时，水力坡度沿程是变化的，某一断面处的水力坡度可表示为

$$J=-\frac{\mathrm{d}H}{\mathrm{d}l}=\frac{\mathrm{d}h_w}{\mathrm{d}l} \tag{2.9}$$

式中 $\mathrm{d}H$——总水头沿程的增量，总是负值。

根据总水头线沿程变化特点，实际运动水流中水力坡度总是大于零的。

测压管水头线沿程变化情况，可用测压管坡度 J_p 表示，沿流程单位长度上的测压管水头差值称为测压管坡度。若测压管水头线为直线时，测压管坡度为

$$J_p=\frac{\left(z_1+\frac{p_1}{\gamma}\right)-\left(z_2+\frac{p_2}{\gamma}\right)}{L} \tag{2.10}$$

根据测压管水头线沿程变化特点，实际运动水流中测压管坡度可能大于零，也可能小于零。

练一练（判断题）

(1) 运动水流机械能形式只有位能与动能两种形式。 ( )

(2) 在水力分析与计算中，"水头"具有长度单位，可反映水流能量的大小。 ( )

(3) 外界无能量输入或输出时，总水头线沿程可以上升也可以下降。 ( )

(4) 水流总是从流速大的地方流向流速小的地方。 ( )

4 恒定总流能量方程使用条件及注意问题

4.1 恒定总流能量方程使用条件

由能量方程式分析可以看出，从微小流束的能量方程推广到总流时，水流满足恒定、不可压缩连续性；并用断面平均流速计算单位动能。所以恒定总流能量方程应用时，必须满足以下条件：

(1) 水流必须是恒定流。

(2) 两个过水断面必须是均匀流或渐变流断面。这样就可以取过水断面上任一点来计算该断面上的单位势能$\left(z+\frac{p}{\gamma}\right)$值。至于两个断面之间水流，可以存在急变流。

(3) 两个断面之间，流量应保持不变，即没有流量的流入或流出。

(4) 式 (2.7) 表示两个断面之间没有外界能量的输入或能量的输出；如果有外界

能量的输入（如水泵抽水），则能量方程应加入输入的单位机械能，见图 2.13（a）。

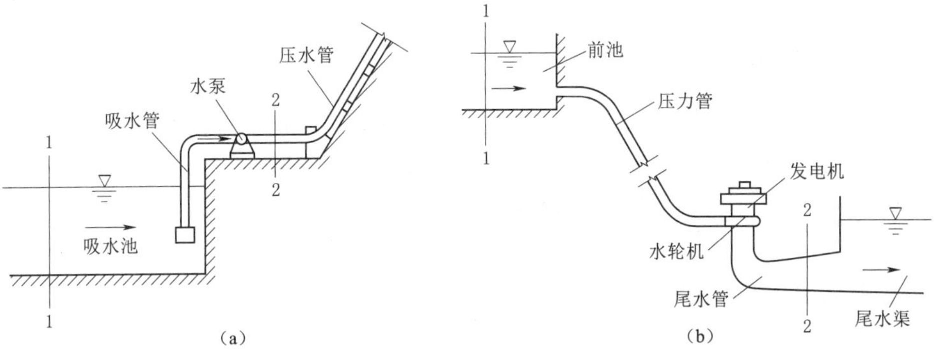

图 2.13

$$z_1+\frac{p_1}{\gamma}+\frac{\alpha_1 v_1^2}{2g}+H=z_2+\frac{p_2}{\gamma}+\frac{\alpha_2 v_2^2}{2g}+h_{w1-2} \tag{2.11}$$

式中 H——单位重量水流从水泵获得的能量。

如果有能量的输出（如水轮机发电），则能量方程应减去输出的单位机械能，见图 2.13（b）。

$$z_1+\frac{p_1}{\gamma}+\frac{\alpha_1 v_1^2}{2g}-H=z_2+\frac{p_2}{\gamma}+\frac{\alpha_2 v_2^2}{2g}+h_{w1-2} \tag{2.12}$$

式中 H——单位重量水流对水轮机输出的能量。

4.2 恒定总流能量方程应用需注意的问题

W2.13 恒定总流能量方程“三选”

（1）选好过水断面：恒定总流能量方程反映了两个过水断面能量关系，所以列能量方程之前首先选两个过水断面，过水断面的选择，一方面必须符合均匀流或渐变流断面的条件；另一方面尽量选在未知量较少及与待求物理量有关的断面上，这样便于求解问题。

（2）选好代表点：恒定总流能量方程中的过水断面是均匀流或渐变流断面，方程中 z 和 p 是针对选好的过水断面上的任意点的，均匀流或渐变流同一过水断面上任意一点的 $z+\frac{p}{\gamma}$ 值是相等的，因此，常在过水断面上选代表点来计算 $z+\frac{p}{\gamma}$ 值，具体选择哪一点是以计算方便为原则。通常，对于充满水的管道选过水断面所在的形心点为代表点；对于明渠水流选过水断面所在的自由水面上的点为代表点。

（3）选好基准面：恒定总流能量方程中 z 为位置水头，计算位置水头 z 就要选一水平基准面为计算标准。基准面 0—0 可以任意选取，并不影响计算结果。以计算方便为原则，为避免位置水头 z 出现负值的情况，基准面一般不宜选的过高，在同一能量方程中，在计算两断面的位置水头时，必须采用统一基准面。

（4）方程两边压强水头 $\frac{p}{\gamma}$ 值，用相对压强或绝对压强计算都可以，但在同一方程中必须采用同一标准。计算中多采用相对压强计算。

（5）能量方程解题过程中，要注意与连续性方程联合应用。

(1)～(3) 常称为恒定总流能量方程“三选”，“三选”选好后就可以利用能量方程求解问题。

练一练（判断题）

(1) 两过水断面列能量方程，过水断面的代表点一般选在水面处。（　　）

(2) 恒定总流中两过水断面列能量方程，基准面一定是同一水平面。（　　）

(3) 恒定总流中两过水断面列能量方程，要求两过水断面间水流为渐变流。（　　）

5　恒定总流能量方程应用举例

5.1　恒定总流能量方程求解问题

根据式（2.7）可以看出，利用恒定总流能量方程可以判断水流方向，求解断面平均流速，计算代表点位置高度或代表点动水压强，下面举例讲解利用恒定总流能量方程计算水头损失和求解断面平均流速的案例。

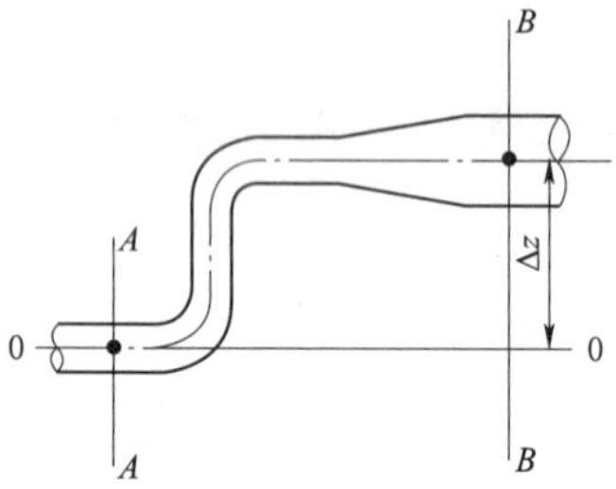

图2.14

W2.14

恒定总流能量方程应用举例1

【案例2.4】 图2.14为一连通的变直径水管，已知小管直径 $d_A=0.15\text{m}$，A—A 断面中心点的相对压强 $p_A=68.6\text{kPa}$；大管直径 $d_B=0.3\text{m}$，B—B 断面中心点的相对压强 $p_B=58.8\text{kPa}$，大管断面平均流速 $v_B=1.5\text{m/s}$，两断面中心点高差 $\Delta z=0.6\text{m}$，求 A、B 两断面的总水头差及判断水流方向。

【分析与计算】

(1) 求两断面的总水头。能量方程解题之前要“三选”，根据已知条件和求解问题，首先分别选 A、B 所在的两个过水断面，然后在两个过水断面上选代表点。因为是充满水的管道，管中水流是有压流，代表点选在两个过水断面上的中心点，最后根据已知条件，选较低的 A 点所在水平面0—0为基准面。

A、B 两断面的总水头差即为两断面间的水头损失 h_w。因此，先要分别计算出 A、B 两个断面上的总水头 H。因为断面 A 上的平均流速未知，所以，首先应用连续性方程求 A 断面的平均流速 v_A。即

$$v_A=v_B\frac{d_B^2}{d_A^2}=1.5\times\frac{0.3^2}{0.15^2}=6.0(\text{m/s})$$

再计算 A、B 两断面的总水头。取断面 A 中心点的水平面为基准面，并取两断面的中心点为代表点，动能修正系数 α 取1.0，则断面 A、B 的总水头分别为

$$H_A=z_A+\frac{p_A}{\gamma}+\frac{\alpha_A v_A^2}{2g}=0+\frac{68.6}{9.8}+\frac{1\times6^2}{19.6}=8.84(\text{m})$$

$$H_B=z_B+\frac{p_B}{\gamma}+\frac{\alpha_B v_B^2}{2g}=0.6+\frac{58.8}{9.8}+\frac{1\times1.5^2}{19.6}=6.71(\text{m})$$

需要注意的是，计算过程中压强的单位为kPa，而对应水的容重要采用 $\gamma=9.8\text{kN/m}^3$，流速单位是m/s，流速水头 $\frac{v^2}{2g}$ 单位是m。

（2）确定管中的水流方向。由上述计算可知：$H_A > H_B$，因此，管中水流应由 A—A 断面流向 B—B 断面。

（3）求两断面的总水头差。根据能量方程 $H_A = H_B + h_w$ 可得

$$h_w = H_A - H_B = 8.84 - 6.71 = 2.13(\text{m})$$

上述计算结果说明：水流总是由单位机械能大（总水头高）的地方流向单位机械能小（总水头低）的地方，而不能单纯根据位置高低、压强或流速的大小来判别水流方向。

【案例 2.5】 图 2.15 为一水库的溢流坝，坝下游河床高程为 105.0m，当库水位为 120.0m 时，坝址处收缩断面 c—c 处的水深 $h_c = 1\text{m}$。设溢流坝的水头损失 $h_w = 0.1\dfrac{v_c^2}{2g}$，求断面 c—c 的平均流速 v_c。

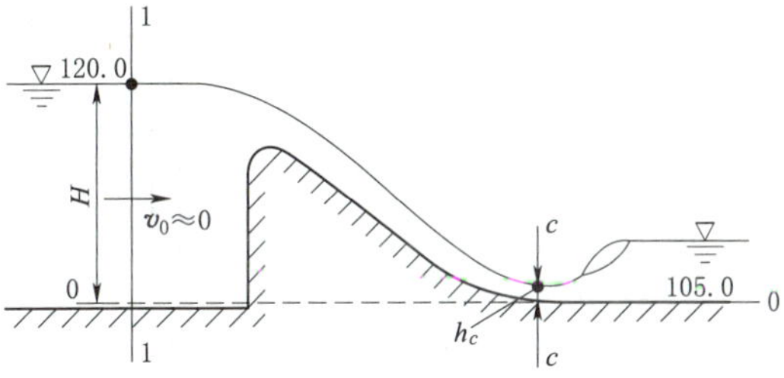

图 2.15

W2.15
恒定总流能量方程应用举例2

【分析与计算】

（1）选过水断面。根据题意及求解问题，分别在溢流坝上下游选两个过水断面，因坝面水流为急变流，第一个过水断面应选在距坝上游最近的渐变流断面 1—1，因水库面积大，可认为行近流速 v_0 约等于零。因坝下游收缩断面处的水流流线近似平行，水流为渐变流，该断面的流速正是待求的未知量，所以，将断面 c—c 选为第二个过水断面。

（2）选代表点。由于所选的两个过水断面均为渐变流断面，且水流为明渠水流，因此，两个过水断面上的代表点均选在过水断面与水面交点处，其相对压强 p_1、p_2 均为零。

（3）选基准面。以通过下游河床的水平面 0—0 为基准面。

（4）断面 1—1、c—c 列能量方程求流速 v_c。

$$z_1 + \frac{p_1}{\gamma} + \frac{\alpha_1 v_1^2}{2g} = z_2 + \frac{p_2}{\gamma} + \frac{\alpha_2 v_2^2}{2g} + h_{w1-2}$$

根据“三选”代入上式化简，则

$$H + \frac{\alpha_0 v_0^2}{2g} = h_c + \frac{\alpha_c v_c^2}{2g} + h_w$$

$$H + 0 = h_c + \frac{\alpha_c v_c^2}{2g} + 0.1\frac{v_c^2}{2g}$$

$$v_c = \frac{1}{\sqrt{\alpha_c + 0.1}}\sqrt{2g(H - h_c)} = \frac{1}{\sqrt{1 + 0.1}}\sqrt{2 \times 9.8 \times [(120 - 105) - 1]} = 16.32(\text{m/s})$$

练一练（判断题）

（1）利用恒定总流能量方程可以判断水流方向。　　　　（　　）

(2) 利用恒定总流能量方程可以求解动水压强。　　(　　)

(3) 利用恒定总流能量方程可以求解断面平均流速。　　(　　)

(4) 利用恒定总流能量方程可以求解位置高度。　　(　　)

5.2　毕托管测点流速

毕托管是利用液流运动能量转化原理制作的测定液流点速度的仪器。毕托管测流速是微小流束能量方程的应用，现分析毕托管测流速原理。

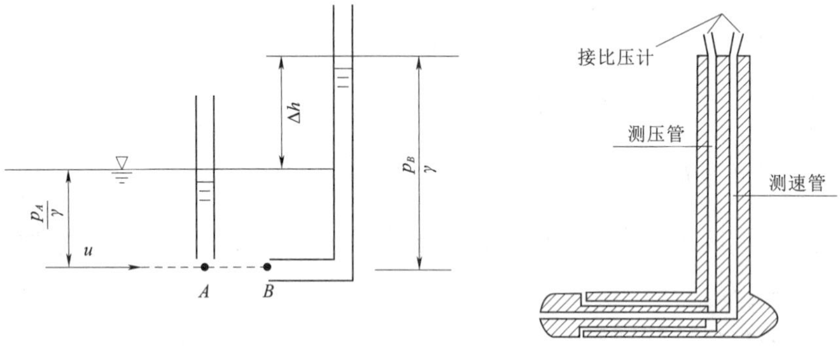

(a)　　(b)

图 2.16

如图 2.16 (a) 所示，在 A 点位置附近的管壁上装一测压管，即可测出 A 点的压强水头为$\frac{p_A}{\gamma}$，在过 A 点的同一水平流线的下游，取一与 A 点极为接近的 B 点，流速为 u。在 B 点放置一根一端弯成直角的两端开口的细管，即测速管。测速管的前端对准水流方向，另一端垂直向上，B 点水流受弯管的阻挡，流速变为零，这时 B 点称为液流的滞止点（或驻点），B 点动能全部转化为压能，使得测速管中水面上升高度为$\frac{p_B}{\gamma}$（即 B 点的压强水头）。A、B 两点列能量方程（A、B 两点相距很近，可忽略两者间能量损失），可得

$$\frac{p_A}{\gamma}+\frac{u^2}{2g}=\frac{p_B}{\gamma}$$

即

$$\frac{u^2}{2g}=\frac{p_B}{\gamma}-\frac{p_A}{\gamma}=\Delta h$$

则

$$u=\sqrt{2g\Delta h} \tag{2.13}$$

实际工程中采用的毕托管并不是用上述两根管进行两次测量，而是把两根管子并入同一根弯管当中［图 2.16 (b)］，其中与前端迎流孔相通的是测速管，与侧面测压孔相通的是测压管。考虑到前端孔与侧面孔的位置不同，测得的不是同一点上的能量，以及毕托管放入液流中所产生的扰动影响，所以使用时应引入修正系数 μ，即

$$u=\mu\sqrt{2g\Delta h} \tag{2.14}$$

μ 称为毕托管的修正系数，可由试验测定，一般 μ 为 0.98～1.0，在毕托管说明书上都给出了该值。当毕托管使用过久或测量精度要求较高时，μ 值应重新率定。

➢任务自测（选择题）

（1）某渐变流过水断面上的测压管水头 $z+\frac{p}{\gamma}=5\text{m}$，流速水头 $\frac{\alpha v^2}{2g}=3\text{m}$，则总水头 H 为（　　）m。

A. 5　　B. 2　　C. 8　　D. 4

（2）某渐变流过水断面上的位置水头 $z=1\text{m}$，压强水头 $\frac{p}{\gamma}=6\text{m}$，流速水头 $\frac{\alpha v^2}{2g}=2\text{m}$，则总水头 H 为（　　）m。

A. 1　　B. 6　　C. 2　　D. 9

（3）恒定总流能量方程不能直接求解（　　）。

A. 断面平均流速　　B. 位置水头　　C. 判断水流方向　　D. 动水作用力

（4）下列说法正确的是（　　）。

A. 水流总是从位置高的地方流向位置低的地方

B. 水流总是从压强大的地方流向压强小的地方

C. 水流总是从流速水头大的地方流向流速水头小的地方

D. 水流总是从总水头高的地方流向总水头低的地方

（5）恒定总流中沿程无流量流入或流出时，则流量沿程（　　）。

A. 增大　　B. 减小　　C. 不变　　D. 不一定

（6）下面哪一个不是运动水流的机械能形式？（　　）

A. 动能　　B. 位置势能　　C. 压力势能　　D. 弹性势能

（7）"人往高处走，水往低处流"，这句谚语描述的水流是（　　）。

A. 有压流　　B. 无压流　　C. 均匀流　　D. 都适用

（8）"抽刀断水水更流"，唐代诗人李白诗句中描述的水流现象反映了哪个方程。（　　）

A. 能量方程　　B. 连续性方程　　C. 动量方程　　D. 都不是

水力探秘——飞机飞行的原理

飞机上升是根据伯努利（能量方程）原理，即流体（包括气流和水流）的流速越大，其压强越小；流速越小，其压强越大。

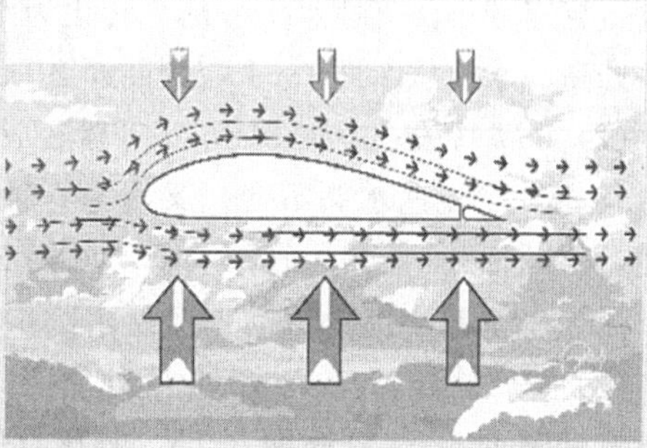

飞机上升时机翼形状就可以使通过机翼下方的流速低于上方的流速，从而产生了机翼上、下方的压强差（即下方的压强大于上方的压

强），因此就有了一个升力。这个压强差（或者说是升力的大小）与飞机的前进速度有关。

当飞机前进的速度越大，压强差即升力也就越大。所以飞机起飞时必须高速前行，这样就可以让飞机升上天空。当飞机需要下降时，它只要减小前行的速度，其升力自然会变小，当小于飞机的重量，它就会下降着陆了。

任务 4　水头损失分析与计算

1　水头损失现象及其分类

1.1　水头损失现象

实际水流在流动过程中有水头损失，通过下面案例分析，可以直观反映水头损失现象。

【案例 2.6】 分析图 2.17 中实际液体在流动过程中能量方程各项水头变化及转化。

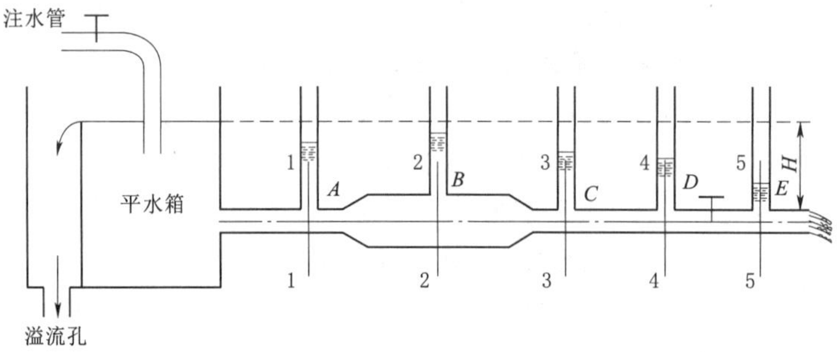

图 2.17

【分析】

分析图 2.17 可以看出，管道中水流为恒定流，各断面测压管中的水面连接起来就是该管段的测压管水头线。

（1）*AB* 管段：从 *A* 处到 *B* 处测压管水头升高了，原因是水流从 *A* 流到 *B*，直径增大，流速减小，流速水头一部分转化为水头损失，一部分转化为压强水头，使测压管水头升高；水流从断面 1—1 流到断面 2—2 时，产生了水头损失，使总水头下降。

（2）*CD* 管段：从 *C* 处到 *D* 处管径 d 不变，故两断面 3—3、4—4 的断面平均流速 v 均相等，流速水头不变。又因为管轴水平，两断面位置高度 z 也相等，位置水头不变，但断面 4—4 测压管液面低于断面 3—3 测压管液面，说明压强水头减小了，显然，压强水头减小值为流动中产生水头损失大小。

（3）*DE* 管段：从 *D* 处到 *E* 处管径 d 不变，流速水头不变，位置水头也不变，可以看到断面 4—4 到断面 5—5，测压管中测得的液面也呈下降趋势，压强水头减小量比等长段的 *CD* 段更大，这说明水流流经阀门又增加了水头损失，其水头损失往往要比相等长度边界无变化的直管段要大。

1.2　水头损失分类

通过案例 2.6 分析可以看出，水流流动过程中有水头损失，D 处到 E 处与 C 处到 D 处管长相等，但 D 处到 E 处因有阀门，边界条件急剧变化，额外又产生了水头损失，使水头损失增大。水流在不同边界情况下的流动情况是十分复杂的，为了便于计算水头损失，通常把水头损失分为两类：沿程水头损失和局部水头损失。

1.2.1　沿程水头损失

沿程水头损失是沿流程水流内部质点作相对运动时，摩擦阻力作功而损失的能量，用 h_f 表示，常发生在均匀流或渐变流中。

1.2.2　局部水头损失

局部水头损失是由于边界突然改变（如管道进出口、过水断面突然扩大、缩小、转弯或安装阀门处），在局部范围内，水流形态随着发生激烈变化而引起的能量损失，用 h_j 表示。产生局部水头损失处，往往有离解和漩涡，同时断面的流速分布急剧改变。漩涡的形成、运转和分裂，使摩擦力作功产生较大的能量损失。

液体流经整个流程的水头损失 h_w，等于液流各段沿程水头损失和全部流程上各个局部水头损失的总和，即

$$h_w=\sum h_f+\sum h_j \tag{2.15}$$

式中　$\sum h_f$——全流程上各段沿程水头损失之和；

$\sum h_j$——全流程上各个局部水头损失之和。

W2.16

水头损失分类及产生原因

2　水头损失产生的原因

2.1　水头损失产生内因

无论是沿程水头损失或局部水头损失，水头损失产生的内因是液体的黏滞性。由于实际液体黏滞性的存在，当水体在固体边界（管道、渠道）内流动时，紧贴固体壁面的很薄一层水和固体边壁没有相对运动，流速为零，而由边界至水流内部，流速由零变大，过水断面上的各点流速不相等，相邻两流层之间发生了相对运动，黏滞性的作用使有相对运动的两流层之间，产生了内摩擦力。水流在流动过程中为克服内摩擦阻力做功，消耗了自身的能量，所消耗的机械能转化为热能而散失，形成了能量损失，即能量方程中 h_w（水头损失）项。当固体边界发生突然变化，在这些地方水流容易脱离边界形成漩涡，在漩涡区水质点的相对运动加强会使摩擦阻力急剧增大，在局部区域造成额外的水头损失。

2.2　水头损失产生外因

水头损失产生的外因是液流固体边界纵向、横向轮廓的形状和外边界条件的变化。

反映液流横向边界形状、尺寸的水力要素有过水面积 A、湿周 χ。湿周是过水断面上液体与固体边壁接触的周长，常用 χ 表示，单位是 m。

把过水面积、湿周对水头损失的影响，综合用水力半径 R 表示

$$R=\frac{A}{\chi} \tag{2.16}$$

若圆管中充满水流，直径为 d，则

$$R=\frac{A}{\chi}=\frac{\frac{\pi}{4}d^2}{\pi d}=\frac{d}{4}$$

液流边界纵向轮廓的不同有均匀流与非均匀流两种液流，均匀流段只有沿程水头损失。非均匀流的渐变流段局部水头损失可忽略不计，只考虑沿程水头损失。非均匀流的急变流段既有沿程水头损失又有局部水头损失。

综上分析，液流边界横向轮廓影响水头损失的大小，液流边界纵向轮廓影响水头损失的种类。

练一练（判断题）

（1）产生水头损失的根本原因是边界形状。（　　）

（2）根据流道边界情况水头损失分为沿程水头损失和局部水头损失。（　　）

（3）液流边界横向轮廓影响水头损失的大小，液流边界纵向轮廓影响水头损失的种类。（　　）

3　液体流动的两种形态

水头损失与水流流动形态有关，英国物理学家雷诺通过试验揭示了流体在不同水流流动形态、断面流速分布及水头损失等方面的规律。

3.1　雷诺试验

D2.17

雷诺试验

图2.18为雷诺试验的示意图。在水箱侧面安装一根水平带喇叭口的玻璃管，管的下游末端装阀门 K 以调节管内流量，在喇叭口 A 处安有可注入颜色水的针形小管。水箱设有溢流板的平水装置，以保持试验时水箱水面不变，使管内水流为恒定流动。

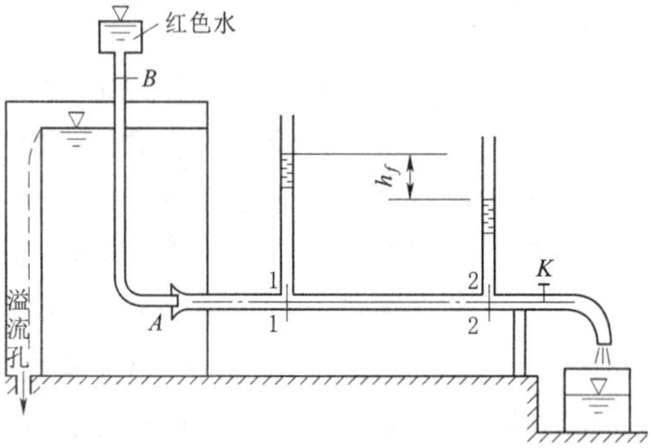

图2.18　雷诺试验示意图

试验时，先将阀门 K 慢慢开启，管内水流以很小的速度流动，然后将颜色水开关 B 打开。在 A 处颜色水流入玻璃管内，可以看到玻璃管内出现了一条细而直的红色水流，如图2.19（a）所示。此红色水流呈直线运动，相邻上下流层各液体质点不相互混掺仍为无色水，这种水流质点作分层流动的流动形态称为层流。

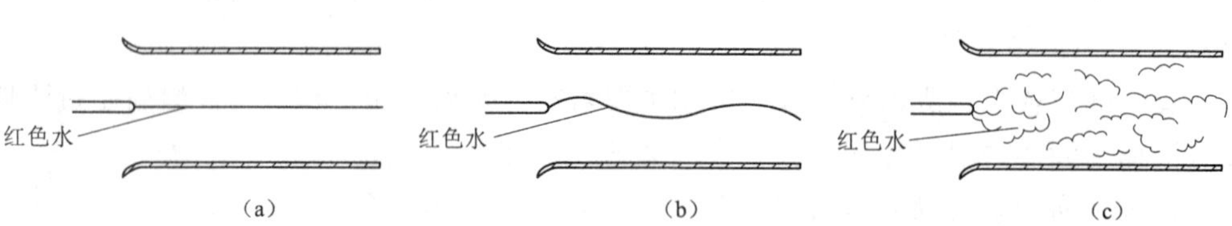

图2.19

将阀门 K 逐渐开大，管中水流的流速逐渐增大，红色的直线水流开始颤动，并弯曲成波浪形，如图 2.19（b）所示；阀门 K 继续逐渐开大，红色线逐渐变粗，先在个别地方出现断裂，失去原清晰形状；最后完全破裂形成漩涡，向四周扩散，使全部水流染色，如图 2.19（c）所示，上下流层水流质点在运动过程中相互混掺。这种上下流层水流质点相互混掺的流动形态称为紊流。

上述过程和观察到的现象是可逆的，阀门从大开度逐渐变成小开度，上述现象会反过来重复发生，水流从紊流状态逐渐过渡到层流状态。

雷诺试验清楚地表明，在管中流动的水流，当其流速不同时，水流具有层流和紊流两种不同的流动形态。

3.2　层流和紊流的判别

雷诺在充满液体的圆管中对不同种类的液体进行大量试验，发现影响流动形态因素有液流强度、液体流动边界条件和液体黏滞性，所以，雷诺选用反映液流强度（断面平均流速 v）、边界条件（管径 d）和液体黏滞性（运动黏滞系数 ν）的三个物理量，组成一个无单位的综合物理量——雷诺数 Re，来判别充满圆管有压液流的流态。

$$Re=\frac{vd}{\nu} \tag{2.17}$$

对于渠道和河道中的无压流，雷诺数可写为

$$Re=\frac{vR}{\nu} \tag{2.18}$$

式中　R——过水断面的水力半径。

层流和紊流转换时的雷诺数叫临界雷诺数，用 Re_k 表示。通过试验表明：临界雷诺数仅与边界条件有关，与液体种类、温度及流速大小无关，边界条件相同时，临界雷诺数为常数。

试验测得：对于圆管流动，临界雷诺数 $Re_k \approx 2000$；对于明槽流动，$Re_k \approx 500$。

当实际雷诺数 $Re > Re_k$ 时，水流流动形态为紊流；当实际雷诺数 $Re < Re_k$ 时，水流流动形态为层流。

人工渠道和天然河道中的水流、输水管中的水流，其水流流速和固体边界的几何尺寸均比较大，水流的流动形态一般都是紊流。只有在地下渗流、沉沙池和高含沙的浑水中，或输油的管道中，当水流速度很小时，水流的流动形态才有可能发生层流。

【案例 2.7】 某输水有压管道，直径 $d=50\text{mm}$，管道中流速 $v=1.5\text{m/s}$，水温 16℃，试判别管中水流流态。

W2.18

层流与紊流判别举例

【分析与计算】

查表 0.3，水温 16℃ 时，水的运动黏滞系数 $\nu=0.01118\text{cm}^2/\text{s}=1.118\times 10^{-6}\text{m}^2/\text{s}$。

根据充满圆管液流的雷诺数公式计算液流实际雷诺数 Re 为

$$Re=\frac{vd}{\nu}=\frac{1.5\times 0.05}{1.118\times 10^{-6}}=67458.2$$

计算管道中的实际雷诺数 $Re=67458.2$ 大于管道临界雷诺数 $Re_k=2000$，因此管道中水流流动形态是紊流。

练一练（判断题）

（1）雷诺数可以判别均匀流和非均匀流。　　（　　）

（2）明渠水流雷诺数 $Re=1560$，则水流流态为层流。　　（　　）

（3）有压管流水流雷诺数为 1561，则水流流态为紊流。　　（　　）

4　水头损失分析与计算

沿程水头损失的计算公式，有在一定理论基础上结合试验分析得出的公式，也有通过原型观测和工程实践得出的经验公式。

4.1　沿程水头损失的理论公式——达西-魏斯巴哈公式

W2.19

沿程水头损失分析与计算

在均匀流中，通过理论分析及不同试验条件下分析，得出影响沿程水头损失的因素主要包括流速水头、水力半径、流程长度、边界条件和水流形态，并得到沿程水头损失的计算公式：

$$h_f=\lambda \frac{L}{4R}\cdot\frac{v^2}{2g} \tag{2.19}$$

式中　λ——沿程水头损失系数，它反映了水流流动形态、边界粗糙度对水头损失的影响，是无单位的物理量。

式（2.19）就是沿程水头损失计算公式，即达西-魏斯巴哈公式。对于圆管，$R=\frac{d}{4}$，故圆管沿程水头损失的表达式可写为

$$h_f=\lambda \frac{L}{d}\cdot\frac{v^2}{2g} \tag{2.20}$$

利用达西-魏斯巴哈公式计算水头损失的关键是确定沿程水头损失系数 λ。

4.2　沿程水头损失系数的分析

4.2.1　黏性底层的厚度 δ 与当量粗糙度 Δ

水流紊流运动时，并不是整个水流都处于紊流状态。在靠近固体边界很薄的一层，由于固体边界对水的黏附，水的流速很缓，黏滞切应力很大，水流为层流，通常称该流层为黏性底层，在黏滞底层以外水流才是紊流。黏性底层的厚度 δ 随雷诺数 Re 的增大而减小，通常 δ 很小，只有几分之一毫米，见图 2.20。黏滞底层厚度虽然很小，但其存在对水流阻力和水头损失的影响却是很大的。

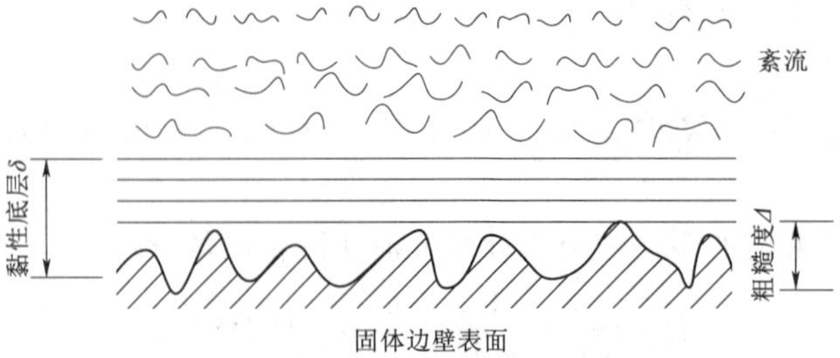

图 2.20

固体边壁的粗糙程度指边壁表面凹凸不平的状况，一般用 Δ 表示。由于实际固体壁面粗糙状况极不均匀，无法直接测量出其绝对粗糙程度，一般用当量粗糙度，就是与实际水流具有同一沿程水头损失系数 λ 值的人工贴砂加糙的当量粗糙度 Δ 来代表。表 2.1 是常用管道及明渠中的当量粗糙度 Δ 值。

表 2.1　　常用边壁材料当量粗糙度 Δ 值

序号	边壁材料种类	当量粗糙度 Δ/mm	序号	边壁材料种类	当量粗糙度 Δ/mm
1	新的无缝钢管	0.04～0.17	8	橡皮软管	0.01～0.03
2	一般状况的钢管	0.19	9	磨光的水泥管	0.33
3	旧的生锈钢管	0.60	10	木管	0.45～0.60
4	新的铸铁管	0.20～0.30	11	混凝土及钢筋混凝土管	1.8～3.5
5	旧的铸铁管	0.5～1.6	12	混凝土衬砌渠道	0.8～9.0
6	镀锌管、白铁皮管	0.15	13	土渠	4～11
7	铜或玻璃的无缝管	0.0015～0.01	14	卵石河床	30～60

4.2.2 沿程水头损失系数变化规律分析

根据对圆管和明渠中的大量试验资料的分析发现，水流随 Re 变化和相对粗糙度 $\frac{\Delta}{d}\left(\text{或}\frac{\Delta}{R}\right)$ 的不同，可分为四个流区。在不同的流区中，沿程水头损失系数 λ 遵循着不同的规律，下面以圆管流动为例加以说明。

（1）近壁层流区（$Re<2000$）整个水流都是层流，雷诺数小，黏性底层的厚度 δ 较大，绝对粗糙度 Δ 完全掩盖在黏性底层中。这时 λ 与绝对粗糙度 Δ 无关，而仅与 Re 有关，由管道试验资料得出 $\lambda=\frac{64}{Re}$。根据沿程水头损失公式分析，层流区水头损失与断面平均流速的一次方成正比。

（2）紊流水力光滑区 $\left(\frac{\Delta}{\delta}<0.4\right)$，水流是紊流，雷诺数增大，黏性底层的厚度 δ 变小，但此区绝对粗糙度 Δ 仍完全被淹没在黏性底层中，对外部紊流不产生影响。此时 λ 与绝对粗糙度 Δ 无关，仅与 Re 有关。在紊流水力光滑区，水头损失与断面平均流速的 1.75 次方成正比。

（3）紊流水力过渡区 $\left(0.4<\frac{\Delta}{\delta}<6\right)$，水流是紊流，雷诺数很大，黏性底层的厚度 δ 很小，δ 已不能完全掩盖住绝对粗糙度 Δ。这时 λ 既与 Re 有关，又与相对粗糙度 $\frac{\Delta}{d}$ 有关。在紊流过渡区，水头损失与断面平均流速的 1.75～2 次方成正比。

（4）紊流水力粗糙区 $\left(\frac{\Delta}{\delta}>6\right)$，水流是紊流。雷诺数 Re 已足够大，近壁黏性底层厚度 δ 比绝对粗糙度 Δ 小得多，近壁层流对边壁的粗糙不能掩盖。这种管道称为水力粗糙管，这时，λ 与 Re 无关，仅与相对粗糙度 $\frac{\Delta}{d}$ 有关。在紊流水力粗糙区，水头损失与断面平均流速的平方成正比，故水力粗糙区又称为阻力平方区。

由上述分析可知，水流所在区不同沿程水头损失系数 λ 影响因素不同，也就是说，沿程水头损失系数 λ 大小与水流所在区域有关，所以在计算确定 λ 时，必须考虑水流所处的区域，但由于实际工程中 δ、Δ 难以精确测定，因此，水流所在区也不容易确定，实际中往往根据试算法或查图确定，在此不再做具体介绍。

4.3　沿程水头损失计算的经验公式——谢才公式

沿程水头损失计算常用经验公式——谢才公式。1769 年，法国工程师谢才总结了大量工程实践经验，对明渠均匀流观测资料进行分析，得到了明渠均匀流的经验公式，称为谢才公式：

$$v=C\sqrt{RJ} \tag{2.21}$$

式中　v——断面平均流速；

R——水力半径；

J——水力坡度，即单位流程上的水头损失；

C——谢才系数。

因均匀流不考虑局部水头损失，故将式（2.21）中的水力坡度 J 用沿程水头损失与流段长度比表示，则上式可改写为

$$h_f=\frac{v^2}{C^2R}L \tag{2.22}$$

式（2.22）中的谢才系数常用的计算公式是曼宁公式：

$$C=\frac{1}{n}R^{1/6} \tag{2.23}$$

式中　R——水力半径，m；

n——粗糙系数，简称糙率，它是衡量边界形状不规则和边壁粗糙度对水流阻力影响的一个无单位的物理量。

目前 n 值已积累了较多资料，为工程界所采用。不同输水管道边壁的 n 值列表（表 2.2）以供查用。曼宁公式形式简单，计算方便，且能获得较满意的结果，因此受到较广泛的采用。

表 2.2　　不同输水管道边壁的糙率 n 值

输水道表面性质	表面粗糙程度		
	较光滑	中等	较粗糙
1. 玻璃管、有机玻璃管	0.0075～0.0083	—	—
2. 铸铁管、钢管	0.011	0.0125	0.014
3. 木质管道、木槽	0.011	0.013	0.015
4. 陶土管（缸瓦管）	0.012	0.013	—
5. 混凝土管道或渠道			
抹灰的混凝土或钢管混凝土护面	0.011	0.012	0.013
不抹灰的混凝土	0.013	0.014～0.015	0.017
喷浆面	0.016	0.018	0.021

需要注意的是，式（2.22）中的谢才系数由曼宁公式计算，而曼宁公式是由紊流水力粗糙区的大量实测资料求得，所以，式（2.22）只适用于紊流的水力粗糙区。工程中大多数水流都属于紊流的水力粗糙区，都可以直接利用式（2.22）计算沿程水头损失。但在进行管道计算时，根据经验，如果管道流速 $v \geqslant 1.2\text{m/s}$，可以直接采用式（2.22）计算沿程水头损失。如果管道的流速 $v < 1.2\text{m/s}$，式（2.22）需要加以修正，修正系数的确定在项目3中具体讲解。

谢才经验公式和达西-魏斯巴哈公式实质是一致的，由式（2.19）和式（2.22）可得出如下关系：

$$\lambda = \frac{8g}{C^2} \quad \text{或} \quad C = \sqrt{\frac{8g}{\lambda}} \tag{2.24}$$

【案例2.8】 如图2.21所示，某混凝土渠道断面为矩形，底宽 $b=5\text{m}$，水流为均匀流，当通过的流量 $Q=6\text{m}^3/\text{s}$ 时，水深 $h=1.5\text{m}$，渠道的沿程水头损失系数 $\lambda=0.0115$，求相距 $L=2000\text{m}$ 的两个断面的水面落差 Δz。

【分析与计算】

下面通过能量方程分析水面落差，选相距2000m两个过水断面1—1、2—2列能量方程，以过水断面水面上的点为代表点，选任一水平面为基准面，则

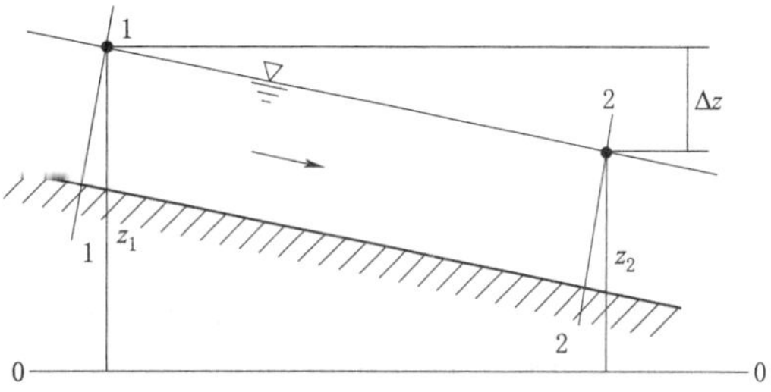

图2.21

$$z_1 + \frac{p_1}{\gamma} + \frac{\alpha_1 v_1^2}{2g} = z_2 + \frac{p_2}{\gamma} + \frac{\alpha_2 v_2^2}{2g} + h_{w1-2}$$

$p_1 = p_2 = 0$，水流为均匀流，$v_1 = v_2$，$h_{w1-2} = h_{f1-2}$，取 $\alpha_1 = \alpha_2 = 1.0$，则水面落差为 $\Delta z = z_1 - z_2 = h_{f1-2}$，也就是说，明渠均匀流时水面落差等于沿程水头损失大小。

根据已知条件，先计算水力半径、平均流速，然后利用 $h_f = \lambda \dfrac{L}{4R} \cdot \dfrac{v^2}{2g}$ 计算沿程水头损失 h_{f1-2}。

过水断面面积：　$A = bh = 5 \times 1.5 = 7.5(\text{m}^2)$

湿周：　$\chi = b + 2h = 5 + 2 \times 1.5 = 8(\text{m})$

水力半径：　$R = \dfrac{A}{\chi} = \dfrac{7.5}{8} = 0.94(\text{m})$

流速：　$v = \dfrac{Q}{A} = \dfrac{6}{7.5} = 0.8(\text{m/s})$

代入式（2.19）得

$$h_f = \lambda \frac{L}{4R} \cdot \frac{v^2}{2g} = 0.0115 \times \frac{2000}{4 \times 0.94} \times \frac{0.8^2}{2 \times 9.8} = 0.2(\text{m})$$

因此，相距2000m两断面的水面落差 Δz 为0.2m。

【案例2.9】 有一混凝土衬砌的引水隧洞，洞径 $d=2.0\text{m}$，洞长 $L=2000\text{m}$，求

引水隧洞通过流量 $Q=5.65\text{m}^3/\text{s}$ 时的沿程水头损失，并求其对应的 λ。

【分析与计算】

根据题意，利用 $h_f=\dfrac{v^2}{C^2R}L$ 计算沿程水头损失，首先计算公式中水力半径、平均流速、谢才系数等水力要素，然后计算沿程水头损失。

（1）计算隧洞的水力要素。

$$A=\frac{\pi}{4}d^2=\frac{3.14}{4}\times 2^2=3.14(\text{m}^2)$$

$$R=\frac{A}{\chi}=\frac{d}{4}=0.5(\text{m})$$

$$v=\frac{Q}{A}=\frac{5.65}{3.14}=1.80(\text{m/s})>1.2\text{m/s}$$

（2）求谢才系数 C。混凝土衬砌的引水隧洞，查表 2.2 选用 $n=0.014$，由式（2.23）得

$$C=\frac{1}{n}R^{1/6}=\frac{1}{0.014}\times 0.5^{1/6}=63.6$$

（3）求 h_f。

$$h_f=\frac{v^2}{C^2R}L=\frac{1.8^2}{63.6^2\times 0.5}\times 2000=3.204(\text{m})$$

（4）求 λ。

$$\lambda=\frac{8g}{C^2}=\frac{8\times 9.8}{63.6^2}=0.0194$$

W2.20

局部水头损失计算

4.4　局部水头损失的分析和计算

局部水头损失是指水流边界突然改变，由于水流的惯性导致水流与边壁的脱离现象而产生的水头损失。边界分离现象在水利工程中经常遇到。边界突然变化的形式是多种多样的，如图 2.22 所示，例如管道或渠道的突然扩大、突然缩小、转弯和连续扩大等，都会产生局部水头损失。局部水头损失产生处边界条件不同，但在水流结构上都具有两个共同的特点：

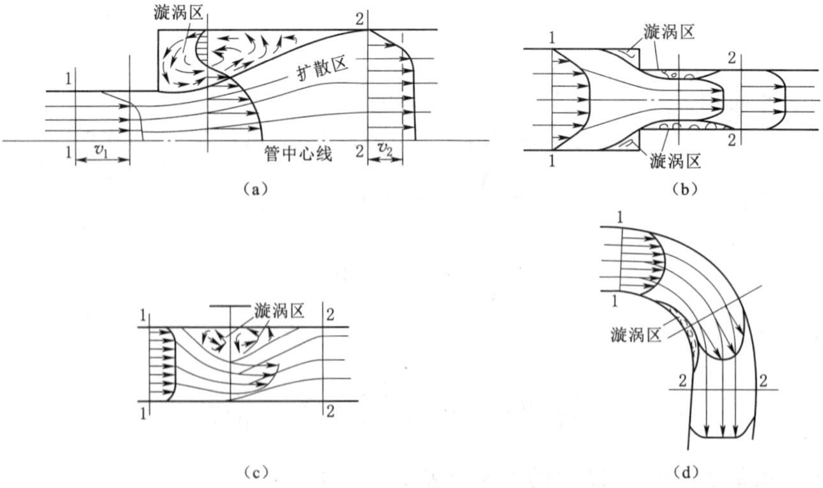

图 2.22

（1）凡在局部水头损失的地方，都有水流脱离边界层的现象，产生漩涡加大能量的消耗。

（2）凡在局部水头损失的地方，都有流速分布的急剧改变、调整，因而质点内部相对运动加剧，碰撞、摩擦作用加剧，相应地加大了能量损失。

产生局部水头损失机理很复杂，常借助实验方法确定局部水头损失，局部水头损失大小与边界形式及流速水头有关，目前通常用流速水头与局部水头损失系数的乘积来表示，即

$$h_j=\zeta\frac{v^2}{2g}\tag{2.25}$$

式中　ζ——局部水头损失系数，由实验测定，不同边界条件下局部水头损失系数列于表 2.3。

值得注意的是，式（2.25）中 ζ 是对应于某一流速水头而言，与 ζ 相应的流速水头在表 2.3 中已标明，若不加特殊标明者，该 ζ 值皆相应于局部阻力后的流速水头而言。

表 2.3　　　　管路各种局部水头损失系数表

局部水头损失公式：$h_j=\zeta\frac{v^2}{2g}$，式中 v 如图说明

部位	简　图		局部水头损失系数 ζ 值
断面突然扩大	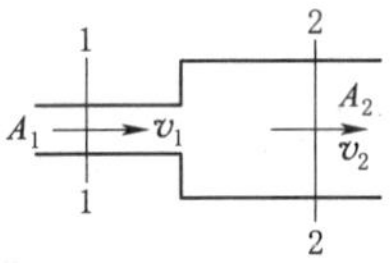		$\zeta'=\left(1-\frac{A_1}{A_2}\right)^2$ $\left(应用公式 h_j=\zeta'\frac{v_1^2}{2g}\right)$ $\zeta''=\left(\frac{A_2}{A_1}-1\right)^2$ $\left(应用公式 h_j=\zeta''\frac{v_2^2}{2g}\right)$
断面突然缩小	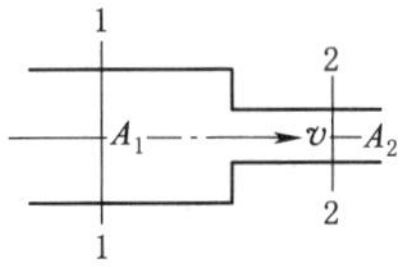		$\zeta=0.5\left(1-\frac{A_2}{A_1}\right)$
进口	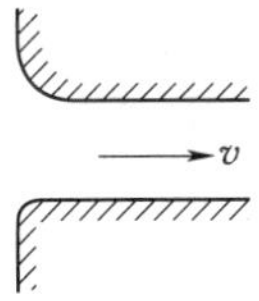	完全修圆	0.05～0.10
		稍微修圆	0.20～0.25
	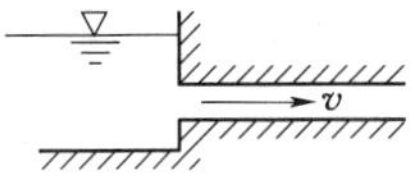	没有修圆	0.50
出口	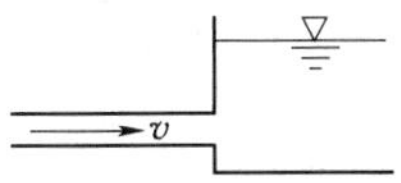	流入水库（池）	1.0
	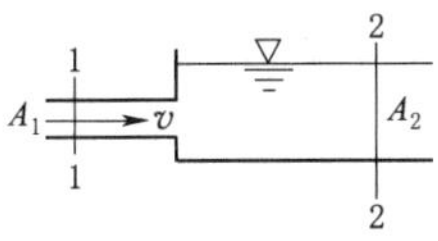	流入明渠	见下表

A_1/A_2	0.1	0.2	0.3	0.4	0.5	0.6	0.7	0.8	0.9
ζ	0.81	0.64	0.49	0.36	0.25	0.16	0.09	0.04	0.01

续表

<table>
<tr><th>部位</th><th colspan="2">简　图</th><th>局部水头损失系数ζ值</th></tr>
<tr><td rowspan="2">急转弯管</td><td rowspan="2">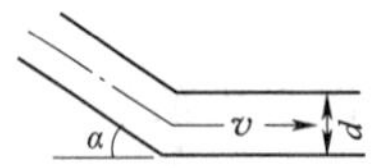
</td><td>圆形</td><td><table>
<tr><td>α/(°)</td><td>30</td><td>40</td><td>50</td><td>60</td><td>70</td><td>80</td><td>90</td></tr>
<tr><td>ζ</td><td>0.20</td><td>0.30</td><td>0.40</td><td>0.55</td><td>0.70</td><td>0.90</td><td>1.10</td></tr>
</table></td></tr>
<tr><td>矩形</td><td><table>
<tr><td>α/(°)</td><td>15</td><td>30</td><td>45</td><td>60</td><td>90</td></tr>
<tr><td>ζ</td><td>0.025</td><td>0.11</td><td>0.26</td><td>0.49</td><td>1.20</td></tr>
</table></td></tr>
<tr><td>弯管</td><td>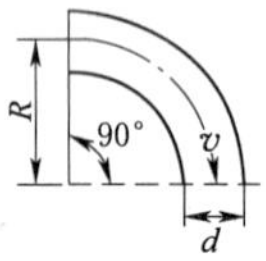
</td><td>90°</td><td><table>
<tr><td>R/d</td><td>0.5</td><td>1.0</td><td>1.5</td><td>2.0</td><td>3.0</td><td>4.0</td><td>5.0</td></tr>
<tr><td>$\zeta_{90°}$</td><td>1.2</td><td>0.80</td><td>0.60</td><td>0.48</td><td>0.36</td><td>0.30</td><td>0.29</td></tr>
</table></td></tr>
<tr><td>弯管</td><td>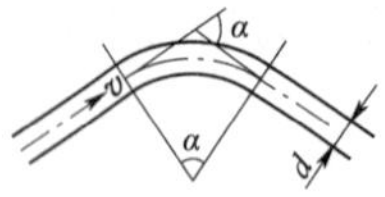
</td><td>任意角度</td><td>$\zeta_\alpha = a\zeta_{90°}$<table>
<tr><td>α/(°)</td><td>20</td><td>30</td><td>40</td><td>50</td><td>60</td><td>70</td><td>80</td></tr>
<tr><td>a</td><td>0.40</td><td>0.55</td><td>0.65</td><td>0.75</td><td>0.83</td><td>0.88</td><td>0.95</td></tr>
</table><table>
<tr><td>α/(°)</td><td>90</td><td>100</td><td>120</td><td>140</td><td>160</td><td>180</td></tr>
<tr><td>a</td><td>1.00</td><td>1.05</td><td>1.13</td><td>1.20</td><td>1.27</td><td>1.33</td></tr>
</table></td></tr>
<tr><td>闸阀</td><td>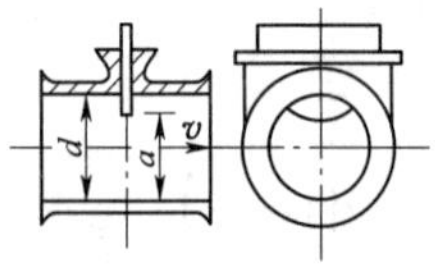
</td><td>圆形管道</td><td>当全开时（a/d=1）<table>
<tr><td>d/mm</td><td>15</td><td>20～50</td><td>80</td><td>100</td><td>150</td></tr>
<tr><td>ζ</td><td>1.5</td><td>0.5</td><td>0.4</td><td>0.2</td><td>0.1</td></tr>
</table><table>
<tr><td>d/mm</td><td>200～250</td><td>300～450</td><td>500～800</td><td>900～1000</td></tr>
<tr><td>ζ</td><td>0.08</td><td>0.07</td><td>0.06</td><td>0.05</td></tr>
</table>当各种开启度时<table>
<tr><td>a/d</td><td>7/8</td><td>6/8</td><td>5/8</td><td>4/8</td><td>3/8</td><td>2/8</td><td>1/8</td></tr>
<tr><td>$A_{开启}/A_{总}$</td><td>0.948</td><td>0.856</td><td>0.740</td><td>0.609</td><td>0.466</td><td>0.315</td><td>0.159</td></tr>
<tr><td>ζ</td><td>0.15</td><td>0.26</td><td>0.81</td><td>2.06</td><td>5.52</td><td>17.0</td><td>97.8</td></tr>
</table></td></tr>
<tr><td>截止阀</td><td>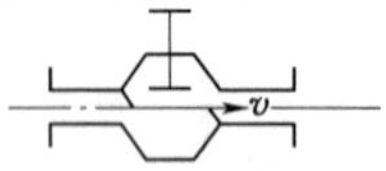
</td><td>全开</td><td>4.3～6.1</td></tr>
<tr><td rowspan="2">莲蓬头（滤水网）</td><td>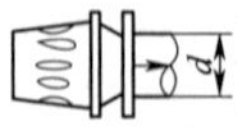
</td><td>无底阀</td><td>2～3</td></tr>
<tr><td>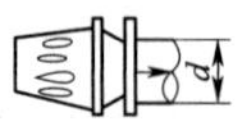
</td><td>有底阀</td><td><table>
<tr><td>d/mm</td><td>40</td><td>50</td><td>75</td><td>100</td><td>150</td><td>200</td></tr>
<tr><td>ζ</td><td>12</td><td>10</td><td>8.5</td><td>7.0</td><td>6.0</td><td>5.2</td></tr>
</table><table>
<tr><td>d/mm</td><td>250</td><td>300</td><td>350</td><td>400</td><td>500</td><td>750</td></tr>
<tr><td>ζ</td><td>4.4</td><td>3.7</td><td>3.4</td><td>3.1</td><td>2.5</td><td>1.6</td></tr>
</table></td></tr>
<tr><td>平板门槽</td><td>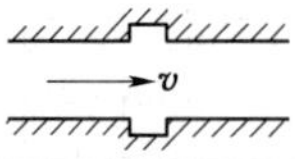
</td><td></td><td>0.05～0.20</td></tr>
</table>

续表

<table>
<tr><th>部位</th><th>简　图</th><th>局部水头损失系数 ζ 值</th></tr>
<tr><td>拦污栅</td><td>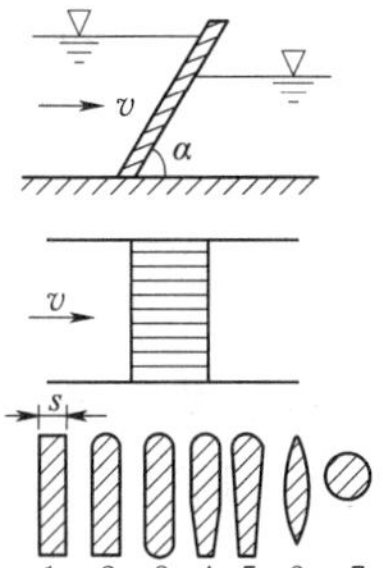
</td><td>

$$\zeta=\beta\left(\frac{s}{b}\right)^{4/3}\sin\alpha$$

式中　s——栅条宽度；
b——栅条间距；
α——倾角；
β——栅条形状系数，用下表确定

<table>
<tr><td>栅条形状</td><td>1</td><td>2</td><td>3</td><td>4</td><td>5</td><td>6</td><td>7</td></tr>
<tr><td>β</td><td>2.42</td><td>1.83</td><td>1.67</td><td>1.035</td><td>0.92</td><td>0.76</td><td>1.79</td></tr>
</table>
</td></tr>
<tr><td>圆形渐扩管</td><td>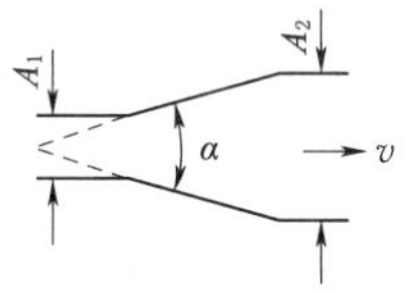
</td><td>

$$\zeta=k\left(\frac{A_2}{A_1}-1\right)^2$$

<table>
<tr><td>α</td><td>8°</td><td>10°</td><td>12°</td><td>15°</td><td>20°</td><td>25°</td></tr>
<tr><td>k</td><td>0.14</td><td>0.16</td><td>0.22</td><td>0.30</td><td>0.42</td><td>0.62</td></tr>
</table>
</td></tr>
<tr><td>圆形渐缩管</td><td>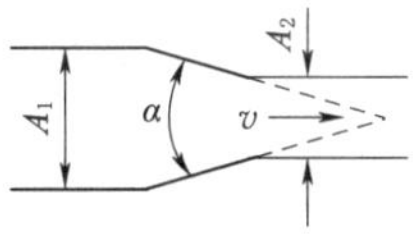
</td><td>

$$\zeta=k_1k_2$$

<table>
<tr><td>α</td><td>10°</td><td>20°</td><td>40°</td><td>60°</td><td>80°</td><td>100°</td><td>140°</td></tr>
<tr><td>k_1</td><td>0.40</td><td>0.25</td><td>0.20</td><td>0.20</td><td>0.30</td><td>0.40</td><td>0.60</td></tr>
</table>
<table>
<tr><td>A_2/A_1</td><td>0.10</td><td>0.20</td><td>0.30</td><td>0.40</td><td>0.50</td></tr>
<tr><td>k_2</td><td>0.40</td><td>0.38</td><td>0.36</td><td>0.34</td><td>0.30</td></tr>
<tr><td>A_2/A_1</td><td>0.60</td><td>0.70</td><td>0.80</td><td>0.90</td><td>1.00</td></tr>
<tr><td>k_2</td><td>0.27</td><td>0.20</td><td>0.16</td><td>0.10</td><td>0</td></tr>
</table>
</td></tr>
<tr><td>矩形变圆形渐缩管</td><td>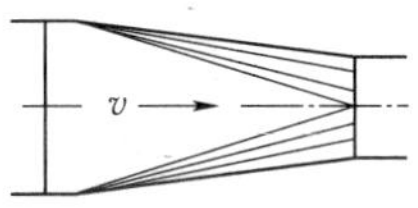
</td><td>ζ=0.05（相应于中间断面的流速水头）</td></tr>
<tr><td>圆形变矩形渐缩管</td><td>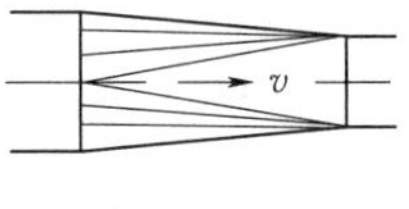
</td><td>ζ=0.1（相应于中间断面的流速水头）</td></tr>
</table>

【案例 2.10】 从水箱引出直径不同的管道，如图 2.23 所示。已知 $d_1=150\text{mm}$，$L_1=30\text{m}$，$\lambda_1=0.036$，$d_2=125\text{mm}$，$L_2=20\text{m}$，$\lambda_2=0.038$，第二段管子上有一平板闸阀，其开度为 $a/d=0.5$，当输送流量 $Q=25\text{L/s}$ 时，求：沿程水头损失 $\sum h_f$，局部水头损失 $\sum h_j$，水箱水头 H。

W2.21 水头损失计算

【分析与计算】

$$Q=25\text{L/s}=0.025\text{m}^3/\text{s}$$

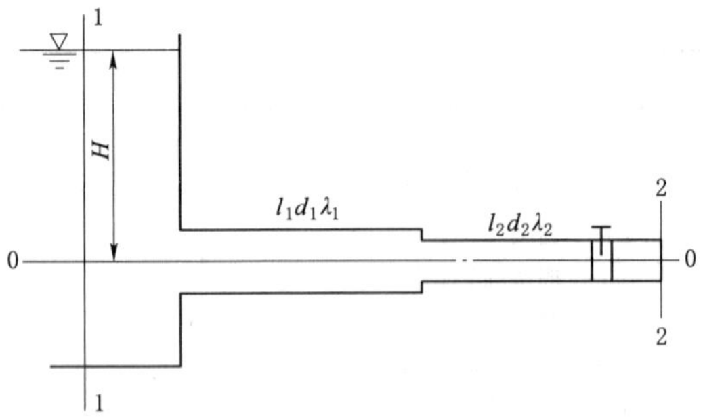

图 2.23

计算粗管和细管断面平均流速 v_1 和 v_2：

$$v_1=\frac{Q}{A_1}=\frac{4\times0.025}{3.14\times0.15^2}=1.42(\mathrm{m/s})$$

$$v_2=\frac{Q}{A_2}=\frac{4\times0.025}{3.14\times0.125^2}=2.04(\mathrm{m/s})$$

（1）沿程水头损失分析计算。

第一管段粗管沿程水头损失：

$$h_{f1}=\lambda_1\frac{L_1}{d_1}\cdot\frac{v_1^2}{2g}=0.036\times\frac{30}{0.15}\times\frac{1.42^2}{19.6}=0.741(\mathrm{m})$$

第二管段细管沿程水头损失：

$$h_{f2}=\lambda_2\frac{L_2}{d_2}\cdot\frac{v_2^2}{2g}=0.038\times\frac{20}{0.125}\times\frac{2.04^2}{19.6}=1.291(\mathrm{m})$$

总的沿程水头损失：

$$\sum h_f=h_{f1}+h_{f2}=0.741+1.291=2.032(\mathrm{m})$$

（2）局部水头损失分析计算。

进口损失：查表 2.3 中直角进口 $\zeta_{进}=0.50$，则

$$h_{j1}=\zeta_{进口}\frac{v_1^2}{2g}=0.50\times\frac{1.42^2}{19.6}=0.051(\mathrm{m})$$

缩小处：根据表 2.3 计算，得

$$\frac{A_2}{A_1}=\left(\frac{d_2}{d_1}\right)^2=0.694$$

$$\zeta_{缩}=0.50\times\left(1-\frac{A_2}{A_1}\right)=0.50\times(1-0.694)=0.153$$

$$h_{j2}=\zeta_{缩}\frac{v_2^2}{2g}=0.153\times\frac{2.04^2}{19.6}=0.032(\mathrm{m})$$

闸阀处：由平板闸阀，开度 $a/d=0.5$，查表 2.3 得 $\zeta_{闸}=2.06$，则

$$h_{j3}=\zeta_{闸}\frac{v_2^2}{2g}=2.06\times\frac{2.04^2}{19.6}=0.437(\mathrm{m})$$

$$\sum h_j=h_{j1}+h_{j2}+h_{j3}=0.051+0.032+0.437=0.520(\mathrm{m})$$

（3）水箱的水头 H。根据能量方程计算水箱的水头 H。

$$z_1+\frac{p_1}{\gamma}+\frac{\alpha_1v_0^2}{2g}=z_2+\frac{p_2}{\gamma}+\frac{\alpha_2v_2^2}{2g}+h_{w1-2}$$

以管轴线 0—0 为基准面，取水箱内断面 1—1 和管道出口断面 2—2 列能量方程。水箱内断面代表点取水面点，其位置高度为 H，压强为大气压，流速近似为零。出口断面代表点取中心点，位置高度为零，因断面四周为大气压强，故中心点也近似为大气压强，流速为 $v_2=2.04\text{m/s}$，代入能量方程后得

$$H=\frac{\alpha v_2^2}{2g}+h_w=\frac{\alpha v_2^2}{2g}+\sum h_f+\sum h_j$$

$$H=\frac{1\times 2.04^2}{19.6}+2.032+0.520=2.77(\text{m})$$

练一练（判断题）

(1) 粗糙系数大小与边壁材料有关，为无单位物理量。 (　　)

(2) 局部水头损失大小与流程长度成正比。 (　　)

(3) 湿周是指过水断面上液体与固体边壁接触的周边长，其单位为“米”。 (　　)

(4) 沿程水头损失大小与过水断面的平均流速有关。 (　　)

(5) 沿程水头损失大小与流程长度无关。 (　　)

➢ 任务自测（选择题）

(1) 某有压输水管道，管长 $L=70\text{m}$，沿程水头损失 $h_f=0.5\text{m}$，局部水头损失 $h_j=0.5\text{m}$，则此管道水头损失 h_w 为 (　　) m。

A. 0.7　　B. 1　　C. 0.81　　D. 0.49

(2) 雷诺数是判别 (　　) 的重要物理量。

A. 急流和缓流　　B. 均匀流和非均匀流

C. 层流和紊流　　D. 恒定流和非恒定流

(3) 其他条件不变，液体雷诺数随温度的增大而 (　　)。

A. 增大　　B. 减小　　C. 不变　　D. 不定

(4) 明渠水流雷诺数 Re 的表达式为 (　　)。

A. $Re=\frac{v\rho g}{\nu}$　　B. $Re=\frac{vz}{\nu}$　　C. $Re=\frac{vA}{\nu}$　　D. $Re=\frac{vR}{\nu}$

(5) 某混凝土衬砌的引水隧洞，洞径 $d=1\text{m}$，洞长 $L=1000\text{m}$，断面平均流速 $v=4\text{m/s}$，沿程水头损失系数 $\lambda=0.03$，则引水隧洞的沿程水头损失 h_f 为 (　　) m。

A. 12.2　　B. 24.5　　C. 32.2　　D. 14.5

(6) 沿程水头损失系数 λ 与谢才系数 C 的关系是 (　　)。

A. λ 与 C 成正比　　B. λ 与 C 成反比　　C. λ 与 C^2 成正比　　D. λ 与 C^2 成反比

(7) 某简单有压管道中，管道进口处局部水头损失系数 $\zeta=0.5$，管中水流断面平均流速水头 $\frac{\alpha v^2}{2g}=0.2\text{m}$，则进口处局部水头损失 h_j 为 (　　) m。

A. 0.3　　B. 0.5　　C. 0.2　　D. 0.1

任务5　恒定总流动量方程*

水力分析计算中的动量方程反映了水流的动量变化与水流和固体壁面之间作用力的关系。如需要确定输水管中水流对弯管的作用力、射流的冲击力、运动水流对闸门的作用力等动水作用力问题，就需要利用动量方程求解。

1　恒定总流动量方程及应用条件

1.1　恒定总流动量方程

水流的动量方程可由物理学中的动量定理推导得出。动量定律指出：在某时段内物体动量的增量，等于同一时段内作用于物体上合外力的冲量，一个恒力的冲量指的是这个力与其作用时间的乘积。

图2.24为不可压缩的均质液体，选渐变流过水断面间1—1、2—2水体（脱离体）为研究对象，dt 时段流经过水断面1—1液体质量用 $\beta_1\rho v_1 dtA_1$ 表示，流出2—2过水断面质量用 $\beta_2\rho v_2 dtA_2$ 表示。上述中因用断面平均流速计算过水断面液体动量和按过水断面各点流速计算动量积分求和的大小不一样，故用一个大于1.0的动量修正系数 β 进行修正，β 一般取1.02～1.05，β_1、β_2 分别为进、出口动量修正系数，计算时在满足工程要求基础上，为计算简便常取 $\beta_1=\beta_2=\beta=1.0$。依据动量定律可推求水流运动的动量方程：

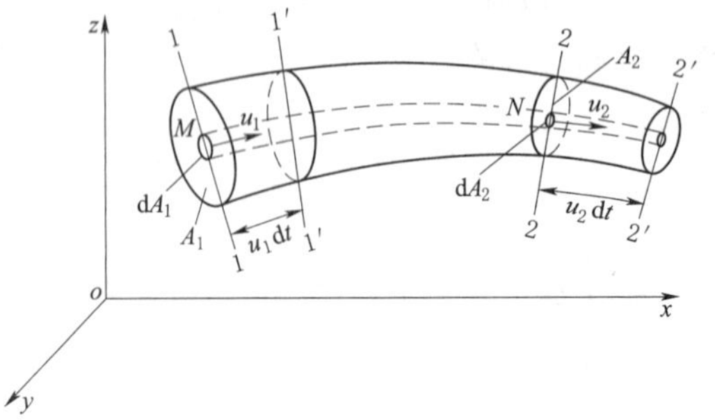

图2.24

$$\sum\vec{F}=\rho Q\beta(\vec{v}_2-\vec{v}_1) \tag{2.26}$$

式（2.26）为不可压缩液体恒定总流的动量方程。它表明恒定流中，单位时间内研究流段动量的变化量等于作用于该流段上所有外力的合力。

作用在脱离体上的外力包括：作用于流段两端断面的动水压力 P、重力 G 和边界对脱离体的作用力 R。

式（2.26）为矢量式，其中的力和速度都是矢量，为了便于计算，必须建立坐标系。在三维正交坐标系中，式（2.26）可以写成三个投影表达式

$$\left.\begin{aligned}\sum F_x&=\rho Q(\beta_2 v_{2x}-\beta_1 v_{1x})\\ \sum F_y&=\rho Q(\beta_2 v_{2y}-\beta_1 v_{1y})\\ \sum F_z&=\rho Q(\beta_2 v_{2z}-\beta_1 v_{1z})\end{aligned}\right\} \tag{2.27}$$

式中　v_{1x}、v_{1y}、v_{1z}、v_{2x}、v_{2y}、v_{2z}——v_1 和 v_2 在三个坐标方向上的投影；

$\sum F_x$、$\sum F_y$、$\sum F_z$——作用在脱离体上所有外力在三个坐标轴上投影的代数和。

1.2 动量方程应用的条件

根据动量方程上述分析，可以知道恒定总流动量方程应用时，必须满足以下要求。

（1）水流为恒定流。

（2）水流是连续的、不可压缩的均质液体。

（3）脱离体两端的断面必须是渐变流断面，以便保证同一过水断面上平均流速与点流速方向相同，但脱离体内部水流可以是急变流。

2 动量方程的解题步骤

应用动量方程求解水流作用力的一般方法步骤：

（1）选脱离体为研究对象进行受力分析。根据具体问题的要求，把所研究的两个渐变流断面之间的流段（水体）取出作为脱离体，并对其进行受力分析。脱离体常受力有：两个渐变流断面上的动水总压力 P_1、P_2，脱离体的水重 G，边界作用于脱离体上的外力 R。

（2）选直角坐标系，将流速、力投影到各坐标轴上。根据流速求解力，选定坐标轴 x、y、z 的方向，并把流速和各力投影到各坐标轴上，确定它们的大小和方向。注意，根据求解力的方向确定选几个坐标轴，常求解的力为某一轴向力或平面力，选定一个坐标方向或两个坐标方向即可。

（3）选定动量方程的投影式代入求解。根据求解的力选合适的投影式，并代入投影式求解。注意，代入投影式时，当外力、流速与坐标轴方向相同时为正，与坐标方向相反时为负，对未知力可先假定方向，如未知力解出后为正，说明假设方向正确；如未知力解出为负，说明假设的方向与实际方向相反。

另外，在利用动量方程解题时常需要与能量方程式及连续性方程联合应用；边界对水流的作用力 R 与水流对边界的作用力 R' 互为作用力与反作用力，它们大小相等，方向相反。

3 动量方程的应用举例

【案例 2.11】 水泵站压力水管的渐变流段如图 2.25（a）所示。直径 $D_1=2$m，$D_2=1.0$m，渐变段起点断面管道中心处压强 $p_1=392$kPa，管中通过的流量 $Q=1.8\text{m}^3/\text{s}$，$\alpha=\beta=1.0$。求渐变段支座承受的轴向力（不计渐变流段能量损失）。

【分析与计算】

（1）取脱离体为研究对象进行受力分析。取渐变流段起始断面 1—1 和渐变流段出口断面 2—2 间的水体为脱离体，并对其进行受力分析：脱离体两个渐变流断面上的动水总压力 P_1、P_2；管壁对水流的轴向作用力 R_x；脱离体的水重 G（此题只计算轴向力，铅垂方向的重力对其不影响，不考虑重力），如图 2.25（b）所示。

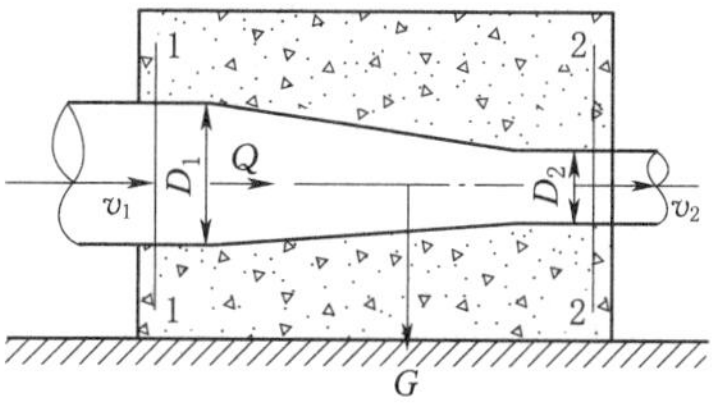

（a）

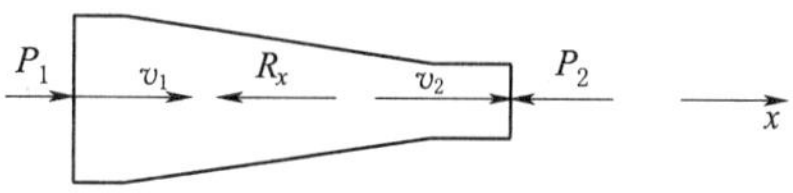

（b）

图 2.25

W2.22

恒定总流动量方程应用*

(2) 选直角坐标系，将流速、力投影到各坐标轴上。因为案例只涉及水平方向的作用力。所以选择水流方向为 x 坐标方向，如图 2.25 (b) 所示。各流速和各力方向已在 x 坐标轴上，力、流速与坐标轴方向相同时为正，与坐标方向相反时为负。

(3) 列能量方程求断面 2—2 的动水压强。本题中过水断面 1—1 和 2—2 动水压力需要通过动水压强确定，断面 2—2 动水压强未知，可以通过 1—1、2—2 两断面列能量方程求得（以管轴为基准面，代表点选在管轴线上）：

$$\frac{p_1}{\gamma}+\frac{v_1^2}{2g}=\frac{p_2}{\gamma}+\frac{v_2^2}{2g}$$

$$v_{1x}=v_1=\frac{Q}{A_1}=\frac{1.8}{\frac{\pi}{4}\times 2^2}=0.573(\text{m/s})$$

$$v_{2x}=v_2=\frac{Q}{A_2}=\frac{1.8}{\frac{\pi}{4}\times 1.0^2}=2.293(\text{m/s})$$

$$\frac{p_2}{\gamma}=\frac{p_1}{\gamma}+\frac{v_1^2}{2g}-\frac{v_2^2}{2g}=\frac{392}{9.8}+\frac{0.573^2}{19.6}-\frac{2.293^2}{19.6}=39.75(\text{m})$$

则　$$p_2=9.8\times 39.75=389.54(\text{kPa})$$

(4) 选动量方程的投影式代入求解。因为只求轴向力，为水平方向的力，所以只列水平方向的动量投影式：

$$\sum F_x=\rho Q\beta(v_{2x}-v_{1x})$$

$$\sum F_x=P_1-P_2-R_x=p_1A_1-p_2A_2-R_x$$

根据以上计算结果代入动量方程的投影式求 R_x 为

$$\begin{aligned}R_x&=p_1A_1-p_2A_2-\rho Q(v_{2x}-v_{1x})\\&=392\times 3.14-389.54\times 0.785-1\times 1.8\times(2.293-0.573)\\&=921.99(\text{kN})\end{aligned}$$

需要注意的是力的单位使用 kN，动量方程式的 ρ 采用 1.0t/m^3，如果力的单位使用 N，则 ρ 采用 1000kg/m^3。

渐变段支座承受的轴向力与 R_x 大小相等，方向向反。

【案例 2.12】 某压力管道有一水平放置的渐缩弯管，见图 2.26 (a)。弯管进口 1—1 断面中心点的压强 $p_1=123.0\text{kPa}$，断面直径 $d_1=200\text{mm}$，弯管出口 2—2 断面

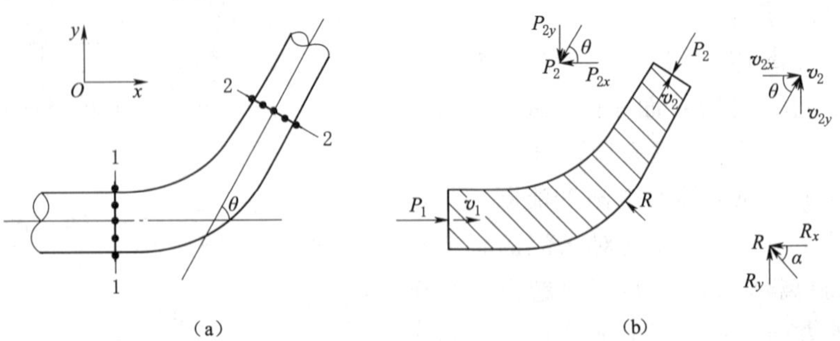

(a)　　(b)

图 2.26

直径 $d_2=150\text{mm}$，转角 $\theta=60°$，管道中通过流量为 $0.1\text{m}^3/\text{s}$。若不计弯管水头损失，计算水流对弯管的作用力。

W2.23

恒定总流动量方程应用举例*

【分析与计算】

（1）取脱离体。选取 1—1 和 2—2 以及弯道边壁之间的水体为脱离体。

（2）选取直角坐标系。取水平面为 xOy 坐标平面，为简单起见，设 Ox 方向与进口水流方向一致。因弯道水平放置，所以重力在 xOy 平面上没有分力，所以整个脱离体所受到的外力为进、出口水压力 P_1、P_2，管壁对水流的作用力 R，设 R 在 Ox、Oy 方向的分力为 R_x、R_y，水流流速 v_1、v_2 未知，各矢量方向如图 2.26（b）所示。运用动量方程计算 R 之前首先计算确定 p_2 和 v_1、v_2。

（3）根据水流连续方程和能量方程计算进、出口断面流速和 2—2 断面压强 p_2。

$$A_1=\frac{1}{4}\pi d_1^2=\frac{1}{4}\times 3.14\times 0.2^2=0.0314(\text{m}^2)$$

$$A_2=\frac{1}{4}\pi d_2^2=\frac{1}{4}\times 3.14\times 0.15^2=0.0177(\text{m}^2)$$

$$v_1=\frac{Q}{A_1}=\frac{0.1}{0.0314}=3.18(\text{m/s})$$

$$v_2=\frac{Q}{A_2}=\frac{0.1}{0.0177}=5.65(\text{m/s})$$

设管道基准面通过管轴线，因不考虑弯管水头损失，列 1—1 与 2—2 断面能量方程：

$$z_1+\frac{p_1}{\gamma}+\frac{\alpha_1 v_1^2}{2g}=z_2+\frac{p_2}{\gamma}+\frac{\alpha_2 v_2^2}{2g}+h_{w1-2}$$

其中：$z_1=0$，$z_2=0$，$h_{w1-2}=0$。

$$\frac{p_2}{\gamma}=\frac{p_1}{\gamma}+\frac{\alpha_1 v_1^2}{2g}-\frac{\alpha_2 v_2^2}{2g}=\frac{123.0}{9.8}+\frac{3.18^2}{2\times 9.8}-\frac{5.65^2}{2\times 9.8}=11.44(\text{m})$$

2—2 断面形心处的压强为

$$p_2=9.8\times 11.44=112.09(\text{kPa})$$

1—1 断面平均压力为

$$P_1=p_1A_1=123.0\times 0.0314=3.86(\text{kN})$$

2—2 断面平均压力为

$$P_2=p_2A_2=112.09\times 0.0177=1.98(\text{kN})$$

（4）选动量方程的投影式计算。取 $\beta_1=\beta_2=1.0$，则

$$\sum F_x=\rho Q\beta(v_{2x}-v_{1x})$$

$$\sum F_x=P_1-P_2\cos\theta-R_x$$

$$\rho Q\beta(v_{2x}-v_{1x})=\rho Q\beta(v_2\cos\theta-v_1)$$

$$\begin{aligned}R_x&=P_1-P_2\cos\theta-\rho Q\beta(v_2\cos\theta-v_1)\\&=3.86-1.98\cos 60°-1\times 0.1\text{d}(5.65\times\cos 60°-3.18)\\&=2.91(\text{kN})\end{aligned}$$

$$\sum F_y=\rho Q\beta(v_{2y}-v_{1y})$$

$$\sum F_y=0-P_2\sin\theta+R_y$$

$$\rho Q\beta(v_{2y}-v_{1y})=\rho Q\beta(v_2\sin\theta-0)$$

$$R_y=P_2\sin\theta+\rho Q\beta v_2\sin\theta=1.98\times\sin60°+1\times0.1\times5.65\times\sin60°=2.20(\text{kN})$$

得到的 R_x 与 R_y 都是正值，表示假设方向正确，合力大小为

$$R=\sqrt{R_x^2+R_y^2}=\sqrt{2.91^2+2.20^2}=3.65(\text{kN})$$

外力 R 方向

$$\alpha=\arctan\frac{R_y}{R_x}=\arctan\frac{2.20}{2.91}=37.1°$$

水流对弯管的作用力与 R 大小相等方向相反。

技　能　训　练

1. 汇交管路如题图 2.2 所示，已知管径 $d_1=d_2=200\text{mm}$，$d_3=100\text{mm}$，$v_1=1\text{m/s}$，$v_3=2\text{m/s}$，求 v_2。

2. 一弯曲水管如题图 2.3 所示，已知：A、B 两点高差 $\Delta z=6\text{m}$，$d_A=150\text{mm}$，$d_B=300\text{mm}$，$p_A=78.4\text{kN/m}^2$，$p_B=49\text{kN/m}^2$，$v_A=1\text{m/s}$，试判别 A、B 两点间的水流方向，并求出两断面间的水头损失 h_w。

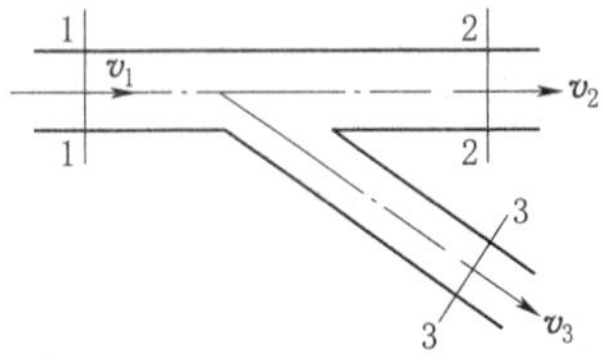

题图 2.2

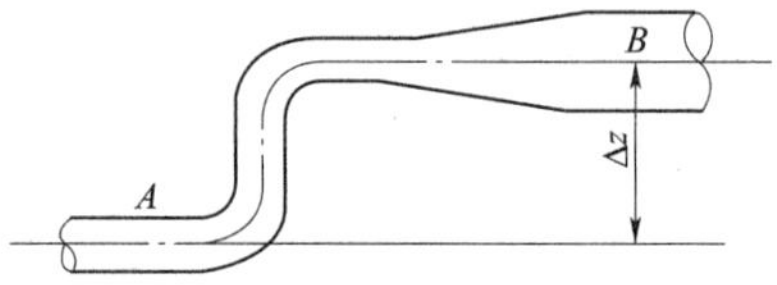

题图 2.3

3. 如题图 2.4 所示，一输水管道当阀门 K 完全关闭时，A 点处的压力表的读数为 0.5 个工程大气压，打开阀门 K，压力表的读数降低至 0.3 工程大气压，若水箱中水面高度 H 保持不变，管道中压力表前的水头损失为 0.5m，求管道中的平均流速。

4. 如题图 2.5 所示，已知 $H=10\text{m}$，坝趾断面 $c—c$ 处水深 $h_c=1.2\text{m}$，下游河床断面 2—2 的水深 $h=3.57\text{m}$，上下游河底高程相同，通过的单宽流量为 $q=10\text{m}^3/(\text{s}\cdot\text{m})$。试求：①断面 1—1、$c—c$、2—2 处水流的单位势能、单位动能和单位总能量；②断面 1—1 至 $c—c$，断面 $c—c$ 至 2—2 的水头损失；③绘总水头线。

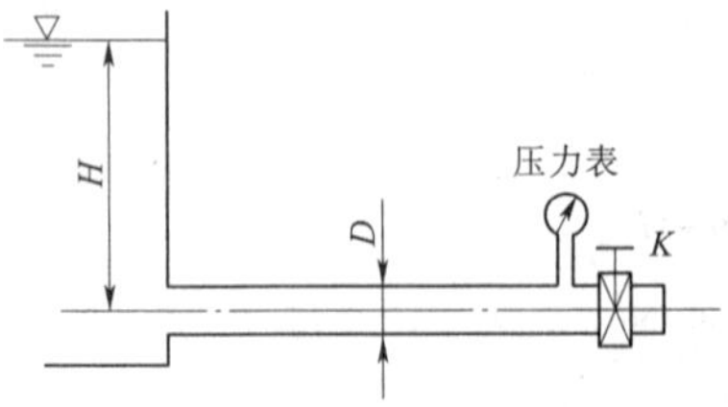

题图 2.4

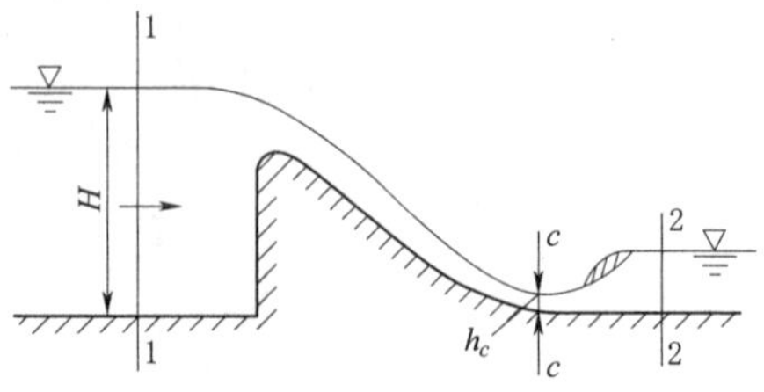

题图 2.5

W2.24

恒定总流能量方程计算动水压强*

5. 水轮机的直锥形尾水管（题图 2.6）。已知断面 $A—A$ 的直径为 0.6m，流速 $v_A=6\text{m/s}$，出口断面 $B—B$ 直径为 0.9m，两断面间的水头损失为断面 $A—A$ 流速水头的 0.15 倍。试求：当 $z=5\text{m}$ 时，断面 $A—A$ 处的压强水头。

6. 有一矩形断面渠道，水深 $h=15\text{cm}$，底宽 $b=20\text{cm}$，断面平均流速 $v=$

0.15m/s，水温为 15℃，试判渠道中的流态。

7. 坚实的黏土渠道，有一梯形断面，已知：底宽 $b=10\text{m}$，均匀流水深 $h=3\text{m}$，边坡系数 $m=1$，土壤的粗糙系数 $n=0.020$，通过的流量 $Q=39\text{m}^3/\text{s}$。试求：在 1000m 渠道长度上的水头损失。

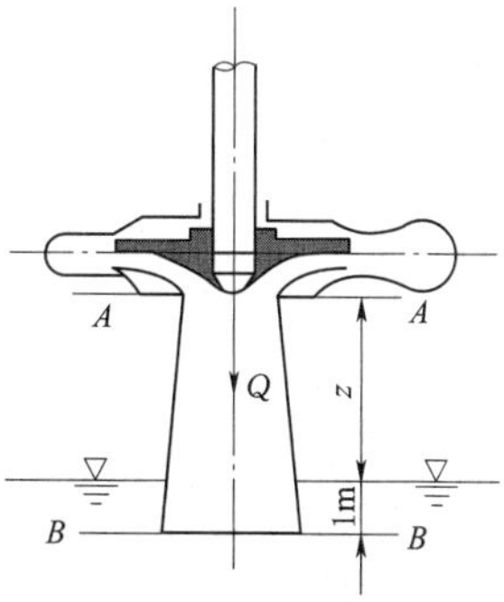

题图 2.6

8. 为测定 90°弯管的局部水头损失系数 ζ 值，可采用如题图 2.7 所示的装置。已知 AB 管长 L 为 10m，管径 $d=50\text{mm}$，该管段的沿程水头损失系数 $\lambda=0.03$，今测得实验数据：①A、B 两测压管的水头差为 0.629m；②经 2min 流入量水箱的水量为 0.329m^3。试求弯管的局部水头损失系数 ζ 值。

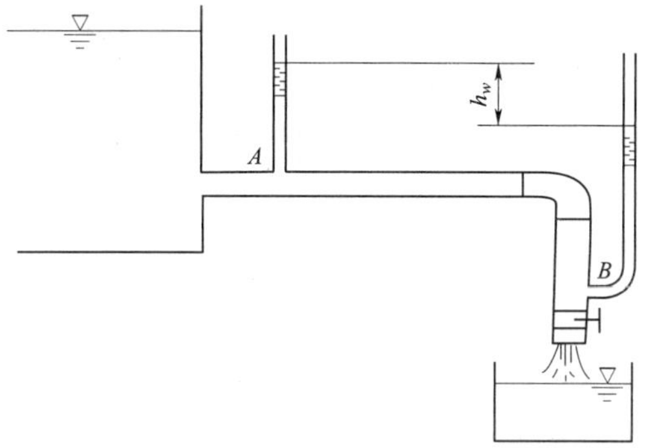

题图 2.7

9. 如题图 2.8 所示，一设置镇墩的水平放置的压力钢管的渐缩段，已知：$D_1=1.5\text{m}$，$D_2=1\text{m}$，渐变段起点断面中心点的压强 $p_1=400\text{kPa}$，流量 $Q=2\text{m}^3/\text{s}$。若不计水头损失，求镇墩上所受的轴向推力为多少？

10. 如题图 2.9 一弯曲渐缩压力管道，管轴线位于水平面内，两端用法兰分别与 A、B 两管相连。A、B 管的直径分别为 $d_A=200\text{mm}$，$d_B=150\text{mm}$，A、B 两管轴线的夹角 $\theta=60°$。已知通过的流量 $Q=0.085\text{m}^3/\text{s}$，$A$ 端中心处压强 $p_A=123\text{kPa}$。若不计水头损失，求水流对弯管的作用力。

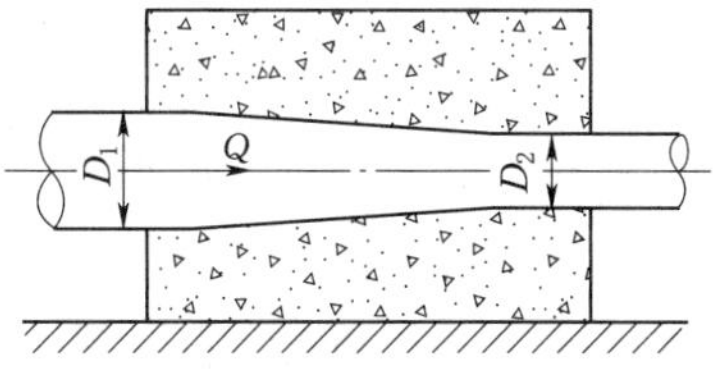

题图 2.8

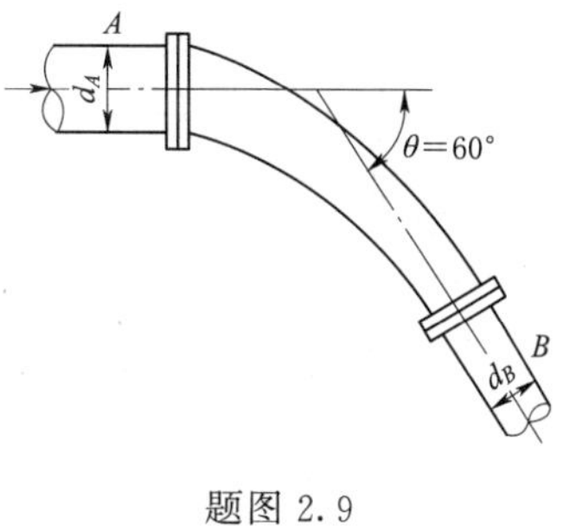

题图 2.9

拓展阅读——科学家欧拉的故事

1. 人物生平

莱昂哈德·欧拉（1707 年 4 月 15 日—1783 年 9 月 18 日），出生于瑞士巴塞尔，毕业于巴塞尔大学，瑞士数学家、自然科学家，18 世纪数学界最杰出的人物之一。

1720 年，13 岁的欧拉靠自己的努力考入了巴塞尔大学；15 岁，在巴塞尔大学获学士学位，翌年得硕士学位。他从 19 岁开始发表论文，1731 年成为物理教授，1733 年，年仅 26 岁的欧拉担任了彼得堡科学院数学教授。1735 年，28 岁的欧拉用自己发明的方法，三天便完成了一个天文学的难题（计算彗星轨道），然而过度的工作使他得了眼病，并且不幸右眼失明了。1741 年，欧拉到柏林担任科学院物理数学所所长，直到 1766 年。1767 年，年届六十的欧拉重返彼得堡工作，他为了研究计算彗星轨道的新方法，招致眼疾恶化，使欧拉仅有的左眼亦复失明。然而，双目失明的厄运没有使欧拉消沉，“如果命运是块顽石，我就化作大铁锤，将它砸得粉碎！”这就是这位名人数学家的钢铁誓言。

W2.25

课程涉及的主要科学家

1771 年当时正在潜心计算的欧拉家里遭遇了一场大火，仆人冒着生命危险从火海中救出这位 64 岁高龄的数学家。可他的藏书及部分研究成果都化为灰烬。天灾人祸没压倒这位科学巨人，失去了光明的欧拉与黑暗搏斗了 17 年，他凭借超人的才智、渊博的知识、惊人的记忆力，用口授记录的办法又发表了专著多部、论文 400 多篇。

欧拉很重视人才培养。法国数学家拉格朗日 19 岁开始，就和当时 48 岁的数学大师欧拉通信讨论世界性高难课题。为了解答拉格朗日的难点，欧拉依靠一只眼睛，查遍了各大图书馆的资料，为拉格朗日一一作答。欧拉压下自己同类课题的论文，使拉格朗日的论文得以发表。他推荐拉格朗日继任柏林科学院物理数学所所长的职位。拉格朗日得到欧拉的精心指导，获得了举世瞩目的成就。水力学中描述运动水流的流线法和迹线法就是欧拉和拉格朗日分别提出的。

2. 主要成就

欧拉是伟大的数学家，几乎每一个数学领域都可以看到欧拉的名字——初等几何的欧拉线、多面体的欧拉定理、立体解析几何的欧拉变换公式、数论的欧拉函数、变分法的欧拉方程、复变函数的欧拉公式等。欧拉还创造了一批数学符号，例如 π、i、e、sin、cos、tan、Δx、

$\sum$、$f(x)$ 等，使得数学更容易表述、推广。在数学、几何、物理、力学、天文学、航海、大地测量等各领域都有欧拉的贡献，他是典型的全才数学家。

欧拉还是数学史上最多产的数学家，他一生写下 886 本（篇）书籍论文，平均每年写出 800 多页。彼得堡科学院为了整理他的著作，足足忙碌了 47 年。他的著作《无穷小分析引论》《微分学》《积分学》是 18 世纪欧洲标准的微积分教科书。欧拉著作的惊人多产并不是偶然的，他可以在任何不良的环境中工作，他常常抱着孩子在膝上完成论文，也不顾孩子在旁边喧哗。他那顽强的毅力和孜孜不倦的治学精神，使他在双目失明以后，也没有停止对数学的研究。

3. 人物评价

欧拉的著述浩瀚，他给后人留下了极其丰富的科学遗产。他后期虽然双目失明，但在学术上却独具慧眼，以顽强的毅力战胜了黑暗，在科学的花园里采撷了大量瑶草奇葩奉献给人类。欧拉的一生，是为数学发展而奋斗的一生，他那杰出的智慧、顽强的毅力、孜孜不倦的奋斗精神、高尚的科学道德，以及为科学献身的精神，永远值得后人学习。

项目3　恒定管流水力分析与计算

在水利水电工程中有压管道常用来泄洪、引水发电和灌溉等，并广泛应用于城市给排水、石油化工、矿业开采等行业。南水北调中线穿黄工程是我国第一次采用内径7m隧洞穿越黄河的有压输水工程。

本项目主要任务是利用恒定总流能量方程，分析计算有压管道过流能力和压强沿程变化，为有压管道布设提供计算依据，确保有压管道输水安全及正常运行。

任务1　简单有压管道水力分析与计算

1　有压管道分类

在水利工程和日常生活中，为满足生产、生活的需要，常需将水从一处输送到另一处，常用的方法就是铺设有压管道。有压管道是指管道的整个横断面均被水体所充满，管内水流没有自由水面，管道的边壁处处受到水流压力的作用，过水断面上各点的压强一般不等于大气压强。有压管道中的水流称为管流，也称有压流。管流有恒定流及非恒定流两种，本项目主要分析和计算有压管道中的恒定流。

W3.1

有压管道特点及分类

根据有压管道中水流的沿程水头损失、局部水头损失及流速水头所占的比重不同，有压管道可分为长管和短管。

(1) 长管是指管道中水流的水头损失以沿程水头损失为主，而局部水头损失和流速水头较小，两项之和小于沿程水头损失的5%，在进行水力计算时，局部水头损失和流速水头可以忽略不计的管道。

(2) 短管是指管道中局部水头损失与流速水头较大，其两项之和大于沿程水头损失的5%，在进行水力计算时，局部水头损失和流速水头不能忽略不计的管道。

注意，长管和短管不能简单地用管道的绝对长度判别，当管道中的局部水头损失较大时，即使管道很长，利用能量方程计算也要考虑局部水头损失和流速水头，必须按短管计算。一般水利工程中的有压隧洞以及常见的虹吸管、倒虹吸管、水泵吸水管等多按短管计算，生活和生产中的给水管道大部分按长管计算。

根据管道的布设情况，有压管道又可分为简单管道和复杂管道。简单管道是指流量、管径、糙率沿程均不变且没有分支的管道，如图3.1 (a) 所示；复杂管道是指管径不同或流量不同或有分汊的管道，串联管道、分汊管道、并联管道和环状管网等都属于复杂管道，如图3.1 (b)～(e) 所示。

无论是长管、短管，还是简单管道、复杂管道，它们都是利用能量方程进行水力分析计算的，计算内容主要有确定有压管道泄流量、管径、作用水头及分析压强沿程变化。

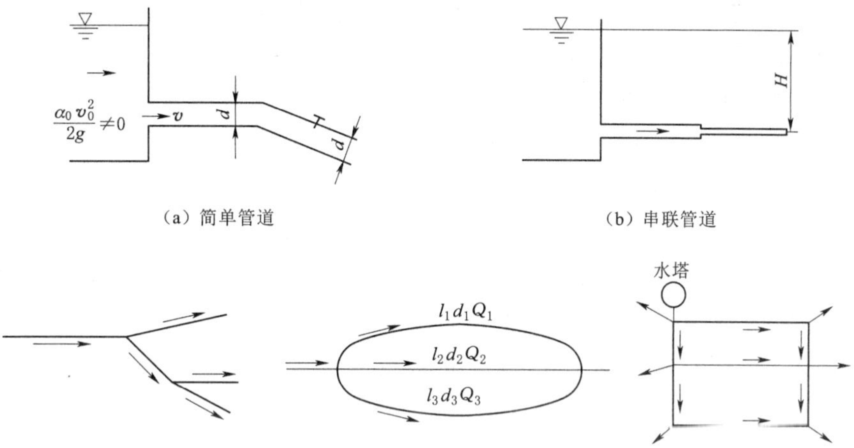

(a) 简单管道　(b) 串联管道

(c) 分汊管道　(d) 并联管道　(e) 环状管网

图 3.1

练一练（判断题）

(1) 南水北调穿黄工程为输水有压管道。（　　）

(2) 有压管道横断面的周界就是湿周。（　　）

(3) 有压管道水流主要靠压力流动。（　　）

(4) 管径、流量、粗糙系数沿程不变，且无分支的有压管道是简单管道。（　　）

(5) 管道很长的管道就是长管。（　　）

2　有压简单短管水力分析与计算

2.1　有压简单短管水力分析与计算公式

根据管道出口的情况，短管的水力计算又可分为自由出流和淹没出流两种。

2.1.1　自由出流

如图 3.2 所示，管道出口的水流直接流入大气的是自由出流。

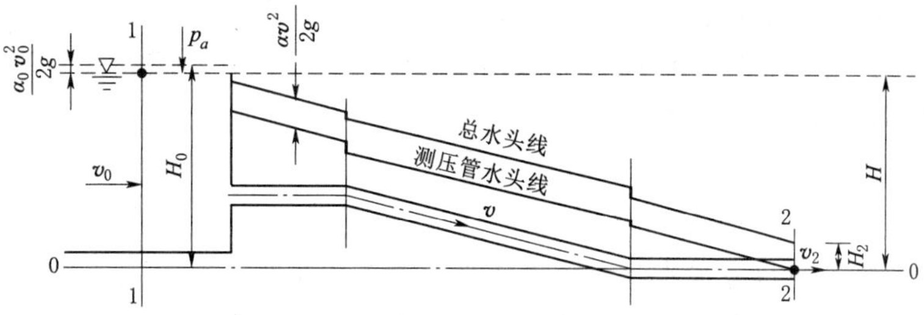

图 3.2

W3.2

简单有压短管水力计算

简单有压短管水力计算主要内容是计算流量，一般可先利用能量方程推导出相应公式，使用公式进行水力计算，也可直接利用能量方程进行水力分析与计算。下面通过能量方程推导简单有压短管的水力计算公式。

选距管道进口有一定距离、水流满足渐变流条件的上游断面 1—1 和管道出口断面 2—2 为计算断面，选 1—1 断面水面处的点和出口断面 2—2 中心点为代表点，选管道出口断面中心点所在的水平面 0—0 为基准面，在“三选”基础上，对断面 1—1 和断面 2—2 列能量方程式。

$$z_1+\frac{p_1}{\gamma}+\frac{\alpha_0 v_0^2}{2g}=z_2+\frac{p_2}{\gamma}+\frac{\alpha_2 v^2}{2g}+h_{w1-2}$$

因为 $z_1=H$，$p_1=p_2=0$，$z_2=0$，上式可写为

$$H+0+\frac{\alpha_0 v_0^2}{2g}=0+0+\frac{\alpha_2 v^2}{2g}+h_{w1-2}$$

令 $H_0=H+\frac{\alpha_0 v_0^2}{2g}$，$h_{w1-2}=h_f+\sum h_j=\lambda\frac{L}{d}\frac{v^2}{2g}+\sum\zeta\frac{v^2}{2g}$，上式可变为

$$H_0=\left(\alpha_2+\lambda\frac{L}{d}+\sum\zeta\right)\frac{v^2}{2g}$$

取 $\alpha_2=1.0$，代入上式得

$$v=\frac{1}{\sqrt{1+\lambda\frac{L}{d}+\sum\zeta}}\sqrt{2gH_0}$$

令 $\mu_c=\frac{1}{\sqrt{1+\lambda\frac{L}{d}+\sum\zeta}}$，为管道流量系数，$\sum\zeta$ 为有压管道局部水头损失系数之和。注意，$\sum\zeta$ 中不包括出口处局部水头损失系数，则

$$Q=vA=\mu_c A\sqrt{2gH_0} \tag{3.1}$$

式中　A——管道过水断面面积；

H——上游水面到管道出口中心点的距离，称作用水头；

H_0——包括行近流速水头在内的作用总水头。

式（3.1）即为简单管道自由出流的泄流量公式，当进口前断面 1—1 的断面平均流速 v_0 很小时，设 $v_0\approx0$，则

$$Q=\mu_c A\sqrt{2gH} \tag{3.2}$$

2.1.2　淹没出流

图 3.3 中管道出口淹没在下游水面以下，为淹没出流，管道过流量受下游水位的影响。同样利用能量方程推导出相应公式，使用公式进行淹没出流流量计算。选距管道进口有一定距离、水流满足渐变流条件的断面 1—1 和距出口有一定距离，水流满足渐变流条件的断面 3—3 为计算断面，分别选 1—1 断面、3—3 断面上水面处的点为

代表点，选管道出口下游水面为基准面，对断面 1—1 和断面 3—3 建立能量方程得：

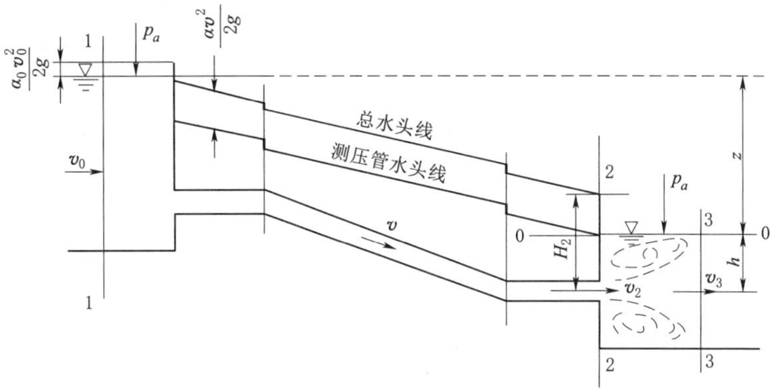

图 3.3

$$z_1+\frac{p_1}{\gamma}+\frac{\alpha_0 v_0^2}{2g}=z_3+\frac{p_3}{\gamma}+\frac{\alpha_3 v_3^2}{2g}+h_{w1-3}$$

因为 $z_1=z$，$p_1=p_3=0$，$z_3=0$，上式可写为

$$z+0+\frac{\alpha_0 v_0^2}{2g}=0+0+\frac{\alpha_3 v_3^2}{2g}+h_{w1-3}$$

令 $z_0=z+\frac{\alpha_0 v_0^2}{2g}$，$h_{w1\text{-}3}=h_f+\sum h_j=\lambda\frac{L}{d}\cdot\frac{v^2}{2g}+\sum\zeta\frac{v^2}{2g}$，$v_3$ 很小忽略不计，上式可变为

$$z_0=\left(\lambda\frac{l}{d}+\sum\zeta\right)\frac{v^2}{2g}$$

$$v=\frac{1}{\sqrt{\lambda\frac{L}{d}+\sum\zeta}}\sqrt{2gz_0}$$

令 $\mu_c=\frac{1}{\sqrt{\lambda\frac{L}{d}+\sum\zeta}}$，为管道流量系数，$\sum\zeta$ 为有压管道局部水头损失系数之和，$\sum\zeta$ 包括出口处局部水头损失系数，则

$$Q=vA=\mu_c A\sqrt{2gz_0} \tag{3.3}$$

式中　z——上下游水位差，称为作用水头；

z_0——包括行近流速水头在内的上下游水位差，称为作用总水头。

式（3.3）即为简单管道淹没出流的泄流量公式，当进口前断面 1—1 的断面平均流速 v_0 很小时，$v_0\approx 0$，则

$$Q=\mu_c A\sqrt{2gz} \tag{3.4}$$

由上面分析可知，对于管道布设相同、仅出流情况不同的管道，一种是自由出流，一种是出口淹没在水面以下的淹没出流，当淹没出流下游水流速度近似为零时，μ_c 值大小相同。两者泄流量公式主要区别就在于作用水头不同。自由出流时

的作用水头 H 为上游水面到管道出口中心点的距离，淹没出流时的作用水头 z 为上下游水位差。分析图 3.3 可以看出，同样条件下自由出流泄流量大于淹没出流的泄流量。

W3.3

简单短管作用水头计算举例

2.2 有压简单短管水力计算实例

利用恒定总流能量方程或简单短管流量公式，可以计算流量、作用水头及确定管径。

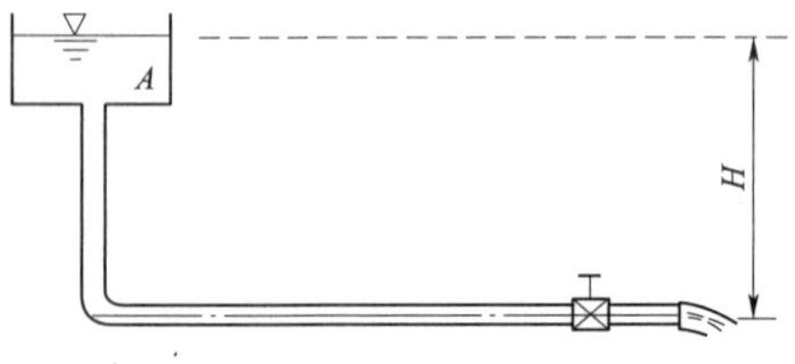

图 3.4

【案例 3.1】 一输水铸铁管路，如图 3.4 所示，已知管长 $L=250\text{m}$，管径 $d=100\text{mm}$，管路进口为直角进口，进口的局部损失系数 $\zeta_{进}=0.5$，有一个弯头和一个闸阀，弯头的局部损失系数 $\zeta_{弯}=0.8$，闸阀的局部损失系数 $\zeta_{阀}=1.2$。水塔的水面高度 $H=15\text{m}$，当闸门全开时，求输水管道的泄流量 Q。

【分析与计算】

本案例为已知管道尺寸、布置、材料及作用水头，计算过流能力 Q。

首先判断出流情况为自由出流或淹没出流，再使用相应公式求解或利用能量方程求解流量。

本案例为简单短管的自由出流，利用式（3.2）直接求流量 Q。取糙率 $n=0.0125$，管道进口前水塔内流速忽略不计。

计算流量首先要计算沿程水头损失系数 λ。

$$C=\frac{1}{n}R^{1/6}=\frac{1}{0.0125}\times\left(\frac{0.1}{4}\right)^{1/6}=43.3$$

据式（2.24）得：$\lambda=\dfrac{8g}{C^2}=0.042$

$$\sum\zeta=\zeta_{进}+\zeta_{弯}+\zeta_{阀}=0.5+0.8+1.2=2.5$$

$$\mu_c=\frac{1}{\sqrt{1+\lambda\dfrac{L}{d}+\sum\zeta}}=\frac{1}{\sqrt{1+0.042\times\dfrac{250}{0.1}+2.5}}=0.096$$

$$A=\frac{1}{4}\pi d^2=\frac{1}{4}\times3.14\times0.1^2=0.0079(\text{m}^2)$$

则：　$Q=\mu_c A\sqrt{2gH}=0.096\times0.0079\times\sqrt{2\times9.8\times15}=0.013(\text{m}^3/\text{s})$

【案例 3.2】 如图 3.5 所示，一路堤下布设有泄水有压管道。管长 $L=50\text{m}$，粗糙系数 $n=0.013$，路堤上游面与水平面的夹角为 30°，进出口局部水头损失系数分别为 $\zeta_{进}=0.91$、$\zeta_{出}=1.0$。若管内泄流量 $Q=10\text{m}^3/\text{s}$，上、下游水位差 $z=12.0\text{m}$，上、下游流速相等，试确定所需要的管道直径。

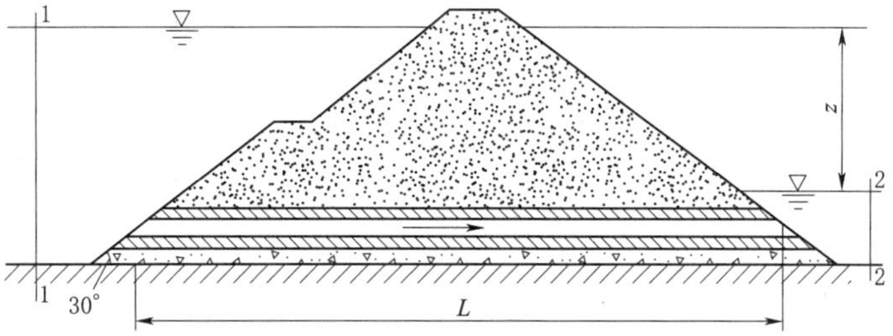

图 3.5

【分析与计算】

此案例为已知管道长度 L、流量 Q、作用水头，求所需要的管道直径 d。泄水有压管道出口淹没在下游水面以下，为淹没出流。

由于管道进口前 1—1 断面较大，不考虑行近流速。据式（3.4）得

$$Q=Av=\mu_c A\sqrt{2gz}=\frac{1}{\sqrt{\lambda\dfrac{L}{d}+\sum\zeta}}\times\frac{\pi}{4}d^2\times\sqrt{2gz}$$

因上式为关于管径 d 的一元多次方程，不易直接解方程求解，常用试算法求解管径 d。

（1）传统试算法确定管径。

试算步骤为：已知作用水头近似等于上下游水位差 $z=12$m，由粗糙系数 $n=0.013$ 可求沿程水头损失系数 λ，局部水头损失系数共两个，假设管径 d，计算过水面积 A，求流量 Q 是否等于 $10\text{m}^3/\text{s}$，如果不相等再调整直径。当所求流量等于已知流量，管径为所求，否则继续试算，直到求得流量与已知流量相等。具体试算步骤见下：

设 $d=1.0$m，　$A=\frac{1}{4}\pi d^2=\frac{1}{4}\times3.14\times1.0^2=0.785(\text{m}^2)$

$$C=\frac{1}{n}R^{1/6}=\frac{1}{0.013}\times\left(\frac{1.0}{4}\right)^{1/6}=61.054$$

$$\lambda=\frac{8g}{C^2}=\frac{8\times9.8}{61.054^2}=0.021$$

$$\mu_c=\frac{1}{\sqrt{\lambda\dfrac{L}{d}+\sum\zeta}}=\frac{1}{\sqrt{0.021\times\dfrac{50}{1.0}+0.91+1.0}}=0.581$$

$$Q=\mu_c A\sqrt{2gz}=0.581\times0.785\times\sqrt{2\times9.8\times12}=7.0(\text{m}^3/\text{s})$$

与设计流量不符，设的管径偏小，重新试算。

设 $d=1.15$m，按上述步骤可求得：$A=1.04\text{m}^2$，$C=62.49$，$\lambda=0.020$，$\mu_c=0.6$，$Q=9.55\text{m}^3/\text{s}$，与设计流量十分接近，可近似取 $d=1.2$m。

（2）Excel 一般试算法确定管径。

为减少上述一般试算方法带来的重复计算，水力计算中引入精确快捷的 Excel 水力试算，具体步骤如下：

W3.4

Excel 确定管径计算（上）

1）填写 Q、L、n、z、ζ 等已知条件（见表 3.1 中的 1、2 行）。

表 3.1　　　管径 d 试算表

	A	B	C	D	E	F	G
1	$Q=$	10	$L=$	50	$n=$	0.013	
2	$z=$	12	$\zeta_{进}=$	0.91	$\zeta_{出}=$	1.0	
3	d/m	A/m^2	C	λ	$\sum\zeta$	μ_c	$Q/(\mathrm{m}^3/\mathrm{s})$
4	1.00	0.79	61.05	0.02	1.91	0.58	7.00

2）按试算步骤填写试算表头（见表 3.1 中的第 3 行）。

3）在 A4 单元格中输入设定的管径值（假定 $d=1.0\mathrm{m}$），在 B4：G4 单元格中依次输入过水断面面积 A、谢才系数 C、沿程水头损失系数 λ、局部水头损失系数总和 $\sum\zeta$、流量系数 μ_c 等水力要素对应的 Excel 输入式进行计算，计算结果见表 3.1 第 4 行。表 3.1 中 B4：G4 单元格中水力计算式及对应的 Excel 输入式见表 3.2。

表 3.2　　　管径 d 试算表 Excel 主要输入式

序号	计算参数	单元格	Excel 输入式	水力计算式
1	A	B4	=PI( )/4 * A4^2	$\pi/4\times d^2$
2	C	C4	=1/F1 * (A4/4)^(1/6)	$1/n\times(d/4)^{1/6}$
3	λ	D4	=8 * 9.8/(C4^2)	$8g/C^2$
4	$\sum\zeta$	E4	=D2+F2	$\zeta_{进}+\zeta_{出}$
5	μ_c	F4	=1/SQRT(D4 * D1/A4+E4)	$\dfrac{1}{\sqrt{\lambda\dfrac{L}{d}+\sum\zeta}}$
6	Q	G4	=F4 * B4 * SQRT(2 * 9.8 * B2)	$\mu_c A\sqrt{2gz}$

在表 3.1 所示的 Excel 表中试算是十分方便的，只需改变引用单元格的数据，Excel 会自动完成新计算和填充工作。例如将表 3.1 中的 d 改为其他数值，所有引用该单元格的数据均自动更新。

（3）Excel 单变量求解确定管径。

在 n、z、L 等已知条件下，管径 d 与流量 Q 有一一对应关系，除试算外也可通过 Excel 单变量求解功能求管径 d。下面介绍 Excel 单变量计算管径 d。

在表 3.1 第 4 行中设管径 $d=1.0\mathrm{m}$，求出的流量不等于已知流量，需调整 A4 单元格中的管径数值，调整管径数值最终实现的目标就是使 G4 单元格中计算的流量等于已知流量，因此把 G4 单元格称目标单元格，A4 单元格称可变单元格。

Excel 单变量求解步骤如下：

1）选中目标单元格 G4。

2）选中工具菜单中“单变量求解”，弹出单变量求解对话框。

3）在弹出的对话框中的目标值一栏中输入已知流量“10”，可变单元格一栏中输入管径所在的可变单元格“A4”（图 3.6），然后点击“确定”按键。

4）在弹出的单变量求解状态对话框中，当看到所求的解为目标值时，按“确定”

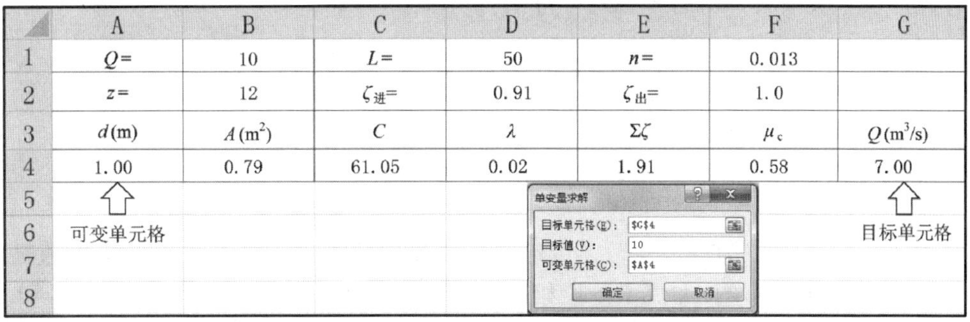

	A	B	C	D	E	F	G
1	Q=	10	L=	50	n=	0.013	
2	z=	12	ζ进=	0.91	ζ出=	1.0	
3	d(m)	A(m²)	C	λ	Σζ	μc	Q(m³/s)
4	1.00	0.79	61.05	0.02	1.91	0.58	7.00
5	⇧						⇧
6	可变单元格						目标单元格
7							
8							

图3.6

按键，单变量求解完成，管径 $d=1.2\text{m}$。

利用 Excel 能快捷试算确定管径，但 Excel 管径水力计算有一定难度。

案例3.2中是已知流量、管道布设材料和作用水头确定管径。在管道设计中，往往只给定输水量 Q 和管道长度 L，作用水头未知设计管道的断面尺寸。在这种情况下，一般要从技术方面和经济方面综合考虑选定管道的流速，再确定管道的断面尺寸。对圆管，则由下式求得管径：

W3.5

Excel 确定管径计算（下）

$$d=\sqrt{\frac{4Q}{\pi v_{允}}}$$

式中　$v_{允}$——管道允许流速，实际工程中根据经济技术要求确定管道允许流速，不同输水管道其允许流速可查《水力计算手册》，在此不再具体标明。

管径确定后，再根据管道出流情况，已知输水量 Q、管径 d 和管道材料 n、管长度 L 及管道布设，利用自由出流或淹没出流流量公式反求作用水头，也可以直接利用能量方程求作用水头，这里不再举例。

练一练（选择题）

（1）某水库泄洪洞为自由出流，出口管轴线中心点高程为15m，水库中水位32.5m，作用水头 H 为（　　）m。

A. 17.5　　B. 19　　C. 20.5　　D. 12.5

（2）某水库泄水压力管道为淹没出流，出口管轴线中心点高程为15m，上游水库中水位30m，下游水池水位为20m，则作用水头 z 为（　　）m。

A. 15　　B. 20　　C. 30　　D. 10

3　有压简单长管水力分析与计算*

长管水力计算时，不考虑流速水头和局部水头损失，对于图3.2、图3.3所示的管道，当按长管进行计算时，流速水头和局部水头损失可忽略不计，能量方程化简后可写为

$$H'=h_f$$

H' 为长管作用水头，对于自由出流 $H'=H$，对淹没出流 $H'=z$。

水利工程中有压输水管道中的水流一般属于紊流阻力平方区，可直接采用谢才公

式计算沿程水头损失，由谢才公式可得

$$Q=Av=AC\sqrt{RJ}=AC\sqrt{R\frac{h_f}{L}}$$

令 $K=AC\sqrt{R}$，则

$$H'=h_f=\frac{Q^2}{K^2}L \tag{3.5a}$$

W3.6

长管水力计算举例*

式（3.5a）中 K 为流量模数，它综合反映管道的断面形式、尺寸及边壁粗糙对过水能力的影响，其单位和流量单位相同，均为 m^3/s，其数值等于水力坡度 $J=1$ 时的流量。

当管道水流为紊流阻力平方区时，可由曼宁公式计算出不同直径、不同糙率对应的流量模数 K，见表 3.3。当管中流速比较小时（$v<1.2m/s$），水流一般位于紊流过渡区，严格来讲不符合曼宁经验公式使用条件，用曼宁公式求出的谢才系数及对应的流量模数，不能直接由式（3.5a）计算水头损失。工程实际中针对此种情况一般先对式（3.5a）修正再进行长管水力计算，即在式（3.5a）中乘以修正系数 k，得

$$H'=h_f=k\frac{Q^2}{K^2}L \tag{3.5b}$$

对于钢管和铸铁管，修正系数 k 可由表 3.4 查得。

表 3.3　　给水管道的流量模数 $K=AC\sqrt{R}$ 数值

直径 d /mm	K/(L/s)			直径 d /mm	K/(L/s)		
	清洁管 $1/n=90$ ($n=0.011$)	正常管 $1/n=80$ ($n=0.0125$)	污秽管 $1/n=70$ ($n=0.0143$)		清洁管 $1/n=90$ ($n=0.011$)	正常管 $1/n=80$ ($n=0.0125$)	污秽管 $1/n=70$ ($n=0.0143$)
50	9.624	8.460	7.403	500	4.467×10^3	3.927×10^3	3.436×10^3
75	28.37	24.94	21.83	600	7.264×10^3	6.368×10^3	5.587×10^3
100	61.11	53.72	47.01	700	10.96×10^3	9.632×10^3	8.428×10^3
125	110.80	97.40	85.23	750	13.17×10^3	11.58×10^3	10.13×10^3
150	180.20	158.40	138.60	800	15.64×10^3	13.57×10^3	12.03×10^3
175	271.80	238.90	209.00	900	21.42×10^3	18.83×10^3	16.47×10^3
200	388.00	341.10	298.50	1000	28.36×10^3	24.93×10^3	21.82×10^3
225	531.20	467.00	408.60	1200	46.12×10^3	40.55×10^3	35.48×10^3
250	703.50	618.50	541.20	1400	69.57×10^3	61.16×10^3	53.52×10^3
300	1.144×10^3	1.006×10^3	880.00	1600	99.33×10^3	87.32×10^3	76.41×10^3
350	1.726×10^3	1.517×10^3	1.327×10^3	1800	136.00×10^3	119.50×10^3	104.60×10^3
400	2.464×10^3	2.166×10^3	1.895×10^3	2000	180.10×10^3	158.30×10^3	138.50×10^3
450	3.373×10^3	2.965×10^3	2.594×10^3				

注　按 $C=\frac{1}{n}R^{\frac{1}{6}}$ 计算。

表 3.4　　　　　　　　**钢管及铸铁管修正系数 k 值**

v/(m/s)	k	v/(m/s)	k	v/(m/s)	k
0.20	1.410	0.50	1.150	0.80	1.060
0.25	1.330	0.55	1.130	0.85	1.050
0.30	1.280	0.60	1.115	0.90	1.040
0.35	1.240	0.65	1.100	1.00	1.030
0.40	1.200	0.70	1.085	1.10	1.015
0.45	1.175	0.75	1.070	1.20	1.000

注　表中 v 与 k 的关系可以拟合为：$k=-0.4\lg v+1.03$。

利用式（3.5）可进行简单有压长管的水力计算，计算类型有已知管长 L、管径 d、流量 Q 计算作用水头 H，或已知管长 L、作用水头 H、流量 Q，计算流量模数 K，由 K 查表 3.3 确定管径。

4　总水头线与测压管水头线绘制*

有压管道在输水过程中，除了进行过流能力计算、管径确定和作用水头计算外，还要分析压强沿程变化，了解并控制各断面上压强的大小，以免出现过大的真空值，危及管道的安全。要分析管流压强沿程变化则需要先绘制总水头线，然后绘制测压管水头线，通过测压管水头线分析确定管道各断面压强的大小。

4.1　定量绘制总水头线与测压管水头线*

图 3.7 为一泄水简单短管自由出流，以管道入口前渐变流 1—1 断面和管道中任一 i—i 断面两断面列能量方程，代表点分别选在 1—1 过水断面水面处和 i—i 过水断面管中心，以通过出口断面中心的水平面为基准面，1—1 断面的总水头为 H_1，当管道的流量和管径已知时，可求管道中各断面的平均流速，并由能量方程求出 1—1 断面至任一 i—i 断面之间的水头损失 h_{w1-i}。任一断面的总水头为

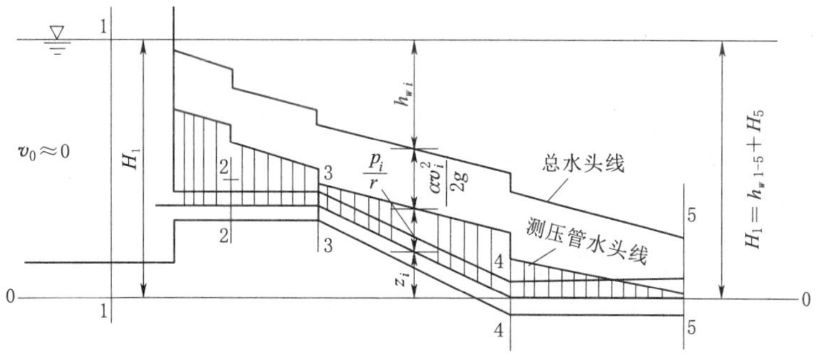

图 3.7

$$H_i=z_i+\frac{p_i}{\gamma}+\frac{\alpha_i v_2^2}{2g}=H_1-h_{w1-i} \tag{3.6}$$

$$z_i+\frac{p_i}{\gamma}=H_i-\frac{\alpha v_i^2}{2g} \tag{3.7}$$

$$\frac{p_i}{\gamma}=\left(z_i+\frac{p_i}{\gamma}\right)-z_i \tag{3.8}$$

任一断面的总水头减去该断面的流速水头为该断面的测压管水头，见式（3.7）；该断面的测压管水头减去该断面位置水头为该断面的压强水头，见式（3.8）。根据上面公式可以看出，当管道的管线布置一定时，如果能计算出断面总水头和测压管水头，分别定量绘制出总水头线和测压管水头线，就可确定沿管道各断面的压强大小及其变化。对于管径相同、材料相同，只有沿程水头损失的直管段，沿程水头损失与管道长度成正比，总水头线为直线，所以只要求出该管段两端断面的总水头，用直线连接，便可得到该管段的总水头线；在比总水头线降低一个流速水头处，作总水头线的平行线，就可得到测压管水头线。由式（3.8）可知，测压管水头线到过水断面管轴线距离就是该断面的压强水头，由压强水头就可确定管道各断面的压强。定量计算绘制总水头线和测压管水头线的步骤如下：

（1）计算管道进口前1—1断面的总水头H_1。

（2）在边界条件变化处作为分界断面将管道分若干段，计算出各段的流速水头、沿程水头损失和各处局部水头损失。

（3）按式（3.6）、式（3.7）计算出分界断面的总水头及测压管水头。例如图3.7中3—3断面转弯前的总水头$H_3=H_1-h_{w1-3}$（3—3断面转弯前的总水头也可用H_2-h_{w2-3}求得），3—3断面转弯后的总水头$H'_3=H_3-h_{j弯}$，依次类推计算出分界断面前后总水头；各分界断面的总水头减去该断面的流速水头即为该断面的测压管水头。

（4）以基准面为横坐标轴，各分界断面为纵坐标轴，在纵坐标轴上确定管道各分界断面处总水头位置，即可绘制出总水头线。以此类推，确定管道各分界断面处测压管水头位置，即可定量绘制出测压管水头线。

（5）根据定量绘制出的测压管水头线，按式（3.8）可计算确定有压管道各分界断面的压强水头。

W3.7 总水头线与测压管水头线定性绘制原则

4.2 定性绘制总水头线与测压管水头线

定量绘制总水头线与测压管水头线工作量较大，可根据需要只定性绘制总水头线和测压管水头线。定性绘制总水头线与测压管水头线时，要注意以下几方面：

（1）先绘制总水头线再绘制测压管水头线，绘制总水头线一般从上游进口断面开始，逐段向下游绘制，测压管水头线一般从出口断面开始，逐段向上游绘制。

W3.8 管道进口边界条件两线定性绘制方法

（2）测压管水头线低于总水头线，二者间距为对应流段的流速水头值。

（3）对于管径不变的管道，测压管水头线和总水头线为倾斜下降相互平行的直线。

W3.9 管道出口边界条件两线定性绘制方法

（4）在有局部水头损失断面处，假设局部水头损失集中在一个断面上，总水头线画成竖直下降的直线。

（5）管道出口为自由出流时，测压管水头线末端与出口断面中心重合，如图3.7所示。

（6）管道出口为淹没出流时，在管道出口处，下游流速$v_2\approx0$时，测压管水头线与下游水面齐平，如图 3.3 所示；下游流速 $v_2 \neq 0$ 时，测压管水头线一般情况下稍低于下游水面，图 3.8 所示。

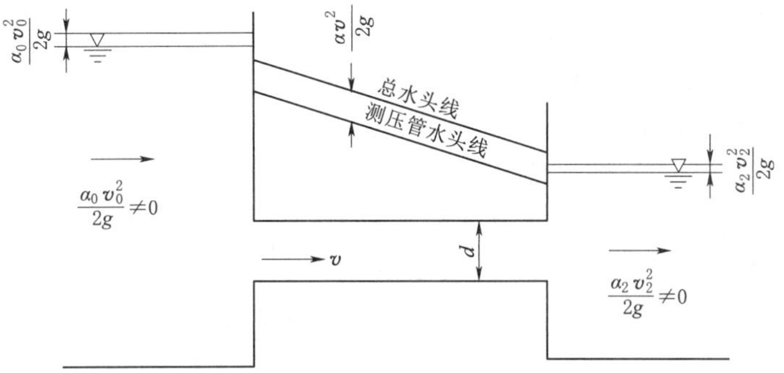

图 3.8

（7）对于管径不同的管段总水头线与测压管水头线陡缓程度及垂向间距离不同，管径越大的管段流速越小，总水头线越缓，两线的间距越小；管径越小的管段流速越大，总水头线越陡，两线的间距越大。

根据总水头线与测压管水头线定性绘制方法，对图 3.9 中两图进行总水头线与测压管水头线绘制举例。

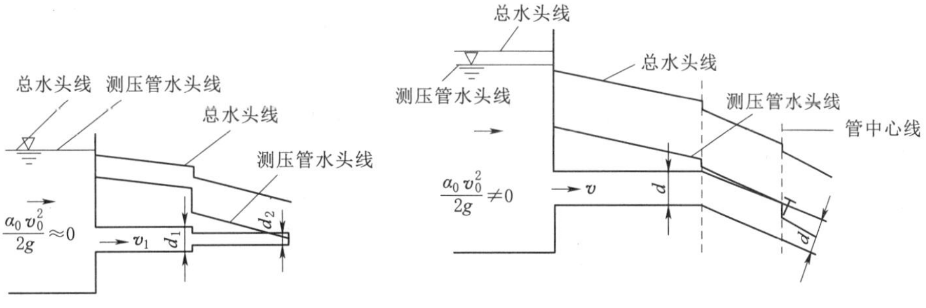

图 3.9

W3.10
总水头线与测压管水头线绘制举例

练一练

通过微课学习进行总水头线和测压管水头线定性绘制练习。

W3.11
总水头线与测压管绘制练习

W3.12
两线定性绘制方法练习

根据绘制的总水头线和测压管水头线很容易得出管道各断面的压强水头大小（图 3.7 中测压管水头线与管轴线间竖线）。由式（3.8）可以看出，根据测压管水头线与管轴线位置，可以判断任意过水断面是否出现负压（真空），如果测压管水头线在断面中心点的上方，则测压管水头大于位置水头，该断面中心点压强为正值；如果测压管水头线在断面中心点的下方，则测压管水头小于位置水头，该断面中心点的压强为负值。当管道内存在较大负压时，水流常处于不稳定状态，且有可能产生气蚀现象，使管道遭到破坏，应采取措施调整管道内的压强分布，减小负压。

分析式（3.6）～式（3.8）可以看出，如果水头 H_1、流速 v_i 和总水头损失 h_{wi}

一定，则位置水头 z_i 值越大，即管道位置越高，压强越小，相反位置水头 z_i 值越小，压强越大。因此改变管线布置，可以调整管道内水流压强的大小，改善负压。

➢ 任务自测（选择题）

（1）以下关于恒定管流测压管水头线和总水头线的叙述不正确的是（　　）。

A. 总水头线一定高于测压管水头线

B. 总水头线一定沿流程下降

C. 总水头线和测压管水头线都一定沿流程下降

D. 均匀流时测压管水头线和总水头线一定是流程倾斜下降的直线

（2）运动水流的总水头线与测压管水头线垂向间距为（　　）。

A. 一个流速水头　　B. 一个位置水头　　C. 两个流速水头　　D. 以上都对

（3）长管水力计算中（　　）。

A. 仅不考虑局部水头损失 h_j　　B. 不考虑沿程水头损失 h_f

C. 仅不考虑流速水头 $\frac{\alpha v^2}{2g}$　　D. 不考虑 $h_j+\frac{\alpha v^2}{2g}$

（4）三峡右岸地下电站引水隧洞为直径 13.5m 的圆形隧洞，则该隧洞的湿周 χ 为（　　）m。

A. 13.5　　B. 21.2　　C. 42.4　　D. 143.1

（5）三峡右岸地下电站引水隧洞为直径 13.5m 的圆形隧洞，则该隧洞的过水断面面积 A 为（　　）m^2。

A. 13.5　　B. 21.2　　C. 42.4　　D. 143.1

（6）下列哪项不是简单有压管道的特点？（　　）

A. 流量沿程不变　　B. 管径沿程不变

C. 管道材料沿程不变　　D. 管径沿程减小

（7）某简单有压管道，沿程水头损失 $h_f=15$m，局部水头损失 $h_j=0.4$m，流速水头 $\frac{\alpha v^2}{2g}=0.5$m，则该有压管道为（　　）。

A. 长管　　B. 短管　　C. 都不是　　D. 不能确定

任务2　虹吸管及水泵装置水力分析与计算

1　虹吸管水力分析与计算

D3.13

虹吸管工作原理

1.1　虹吸管水力分析

虹吸管是一种跨越河堤、土坝或高地，向低处输水的简单有压短管，其布置如图3.10所示。虹吸管工作原理是，工作前先将管内空气排出，使管内形成一定的真空（负压），而虹吸管进口处的压强大于大气压强，因此在管内外形成压强差，这样水流就会由压强大的地方流向压强小的地方。只要在虹吸管中保持有一定的真空值以及上、下游有一定的水位差，水流就会源源不断地由上游通过虹吸管流向下游。根据能量方程分析得出，虹吸管中最大真空一般发生在管道最高位置最后一个转弯断面前（图3.10中的2—2过水断面），为了保证虹吸管能正常工作，虹吸管内的真空值不能太大，允许最大真空高度一般限制在7～8m以下。

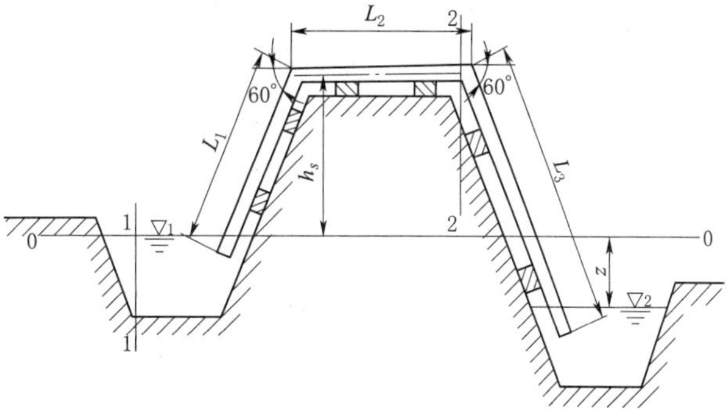

图3.10

1.2　虹吸管水力计算

虹吸管的水力计算主要内容如下：

（1）计算虹吸管的泄流量。虹吸管出流一般为淹没出流，当已知管道布设、尺寸、材料、作用水头，计算泄流量时可代入淹没出流公式（3.3）直接计算，也可利用能量方程求解。

W3.14 虹吸管水力计算内容

（2）根据最大允许真空值确定虹吸管的允许安装高度，或已知安装高度校核其真空度是否满足要求。虹吸管的安装高度（h_s）为虹吸管顶部管轴线到上游水面的距离。选虹吸管进口上游水池过水断面与虹吸管中最大真空位置所在过水断面（如图3.10中1—1、2—2两过水断面）列能量方程，可已知最大允许真空值确定虹吸管的允许安装高度，也可已知虹吸管的安装高度校核真空度是否满足要求。

【案例3.3】 有一渠道用混凝土虹吸管跨过山丘输水，如图3.10所示。已知直径$d=1.0\text{m}$，渠道上、下游水位差$z=1.5\text{m}$，虹吸管长度$L_1=8\text{m}$，$L_2=12\text{m}$，$L_3=15\text{m}$，中间有两个60°弯头，每个弯头的局部水头损失系数$\zeta=0.365$，若已知进口局部水头损失系数为$\zeta_{进}=0.5$，下游水池流速忽略不计，试确定：（1）虹吸管的泄流量；（2）当虹吸管允许安装高度是6.5m时，问虹吸管顶部2—2断面的压强水头是多少？

W3.15 虹吸管水力计算案例

【分析与计算】

（1）计算虹吸管的泄流量。

虹吸管可以按简单短管淹没出流进行计算，上下游水池流速近似为零。虹吸管的作用水头$z=1.5\text{m}$，混凝土管粗糙系数$n=0.014$，采用曼宁公式计算谢才系数：

$$C=\frac{1}{n}R^{1/6}=\frac{1}{0.014}\left(\frac{1}{4}\right)^{1/6}=56.7$$

沿程水头损失系数：

$$\lambda=\frac{8g}{C^2}=\frac{8\times9.8}{56.7^2}=0.024$$

$$\sum\zeta=\zeta_{进}+2\zeta_{弯}+\zeta_{阀}=0.5+2\times0.365+1.0=2.23$$

$$\begin{aligned}Q&=\mu_c A\sqrt{2gz}\\&=\frac{1}{\sqrt{\lambda\times\frac{L_1+L_2+L_3}{d}+\sum\zeta}}A\sqrt{2gz}\\&=\frac{1}{\sqrt{0.024\times\frac{35}{1}+2.23}}\times\frac{1}{4}\times3.14\times1^2\times\sqrt{19.6\times1.5}=2.43(\text{m}^3/\text{s})\end{aligned}$$

（2）计算虹吸管顶部2—2断面的压强水头。

计算2—2断面压强水头，可用能量方程。以上游渠道自由水面为基准面，对上游1—1断面及2—2断面列能量方程：

$$z_1+\frac{p_1}{\gamma}+\frac{\alpha_1 v_1^2}{2g}=z_2+\frac{p_2}{\gamma}+\frac{\alpha_2 v_2^2}{2g}+h_{w1-2}$$

$$0+0+\frac{\alpha_1 v_1^2}{2g}=h_s+\frac{p_2}{\gamma}+\frac{\alpha_2 v_2^2}{2g}+h_f+\sum h_j$$

取 $\alpha_1=\alpha_2=1.0$，$\frac{\alpha_1 v_1^2}{2g}\approx 0$，$v_2=\frac{Q}{A}=3.09(\mathrm{m/s})$

$$-\frac{p_2}{\gamma}=h_s+\left[1+\lambda\ \frac{(L_1+L_2)}{d}+\zeta_{进}+\zeta_{弯}\right]\frac{v_2^2}{2g}$$

$$=6.5+\left(1+0.024\times\frac{20}{1}+0.5+0.365\right)\times\frac{3.09^2}{2\times 9.8}=7.64(\mathrm{m})$$

$$\frac{p_2}{\gamma}=-7.64\mathrm{m}$$

虹吸管顶部2—2断面的压强水头小于零，也就是说相对压强为负值，2—2断面产生了真空。由能量方程分析可知，2—2断面为虹吸管中最大真空发生断面，允许最大真空高度一般限制在7～8m以下，计算值为7.64m在限制范围内，虹吸管安装高度满足要求。

练一练（判断题）

（1）虹吸管水流为无压流。　　（　　）

（2）虹吸管工作时先将管内空气排出，使管内形成一定的真空。　　（　　）

（3）虹吸管安装高度就是真空高度。　　（　　）

2　水泵装置水力分析与计算

2.1　水泵装置水力分析

D3.16

水泵工作原理

W3.17

水泵装置水力计算分析

水泵抽水系统由吸水管、压水管、水泵及其配套的动力机械和管道附件组成（图3.11）。由水源到水泵进口前的一段管道为吸水管，一般按有压短管计算，从水泵出口到末端水池的一段管道为压水管，根据管道布设及长度等不同情况按短管或长管计算，水泵是在其配套的动力机械带动下工作的。水泵吸水管工作原理同虹吸管，工作前先将吸水管及水泵内充满水，水泵工作时通过水泵叶轮转动，在水泵进口端形成真空，使水流在水面大气压作用下不断沿水管上升，水流流经水泵时从水泵获得新的能量，从而流入压水管，再流入水池。

水泵叶轮轴线到上游水面的垂直距离为水泵的安装高度。在水泵的作用下水流经过吸水管和压水管，水由低处流向高处，水流在流动过程中克服阻力产生能量损失，压水管、吸水管能量均由水泵提供，水泵向单位重量水体所提供的能量即水泵的扬程。水流经过水泵时，从水泵的动力装置获得了外加的机械能输入，即水泵对水流做了一定的功，而水泵是在动力机械的带动下转动的，单位时间内动力机械做的功为动力机械的功率。

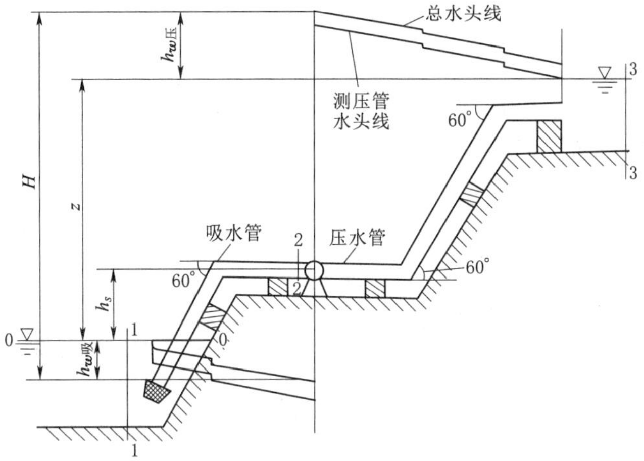

图 3.11

2.2　水泵装置水力计算

水泵装置水力计算主要有以下几方面：

2.2.1　确定吸水管、压水管管径

已知流量、管道布设及材料确定吸水管、压水管管径时，可根据压水管、吸水管允许流速及流量计算管径，再根据计算结果选大于或等于计算管径的标准管径为吸水管、压水管管径。

吸水管、压水管的直径 d 一般按下式确定：

$$d=\sqrt{\frac{4Q}{\pi v_{允}}} \tag{3.9}$$

其中吸水管允许流速为 0.7～1.5m/s，压水管允许流速为 0.8～2.5m/s。

2.2.2　计算水泵安装高度

水泵安装高度确定方法同虹吸管安装高度确定方法一样，都是利用能量方程计算，对图 3.11 中 1—1 断面和 2—2 断面列能量方程，确定水泵安装高度。

2.2.3　确定水泵扬程及动力机械功率

水泵下游水面与上游水面的水位差为水泵的提水高度，设水泵的提水高度为 z，吸水管水头损失为 $h_{w吸}$，压水管水头损失为 $h_{w压}$，水泵的扬程为 H，对图 3.11 中上游水池 1—1 断面和下游水池的 3—3 断面列能量方程，代表点选在过水断面水面处，基准面选在上游水面，上下游水池中流速忽略不计，单位重量水流从水泵获得能量为扬程 H，根据能量守恒可得扬程 H 为

$$z_1+\frac{p_1}{\gamma}+\frac{\alpha_1 v_1^2}{2g}+H=z_2+\frac{p_2}{\gamma}+\frac{\alpha_2 v_2^2}{2g}+h_{w1-2}$$

$$0+0+0+H=z+0+0+h_{吸}+h_{压}$$

$$H=z+h_{w吸}+h_{w压} \tag{3.10}$$

动力机械的功率可由下式计算：

$$N_p=\frac{\gamma QH}{\eta_p} \tag{3.11}$$

式中　Q——流量，m^3/s；

H——水泵的扬程，m；

η_p——水泵和动力机械的总效率；

γ——水的容重，kN/m^3；

N_p——功率，kW。

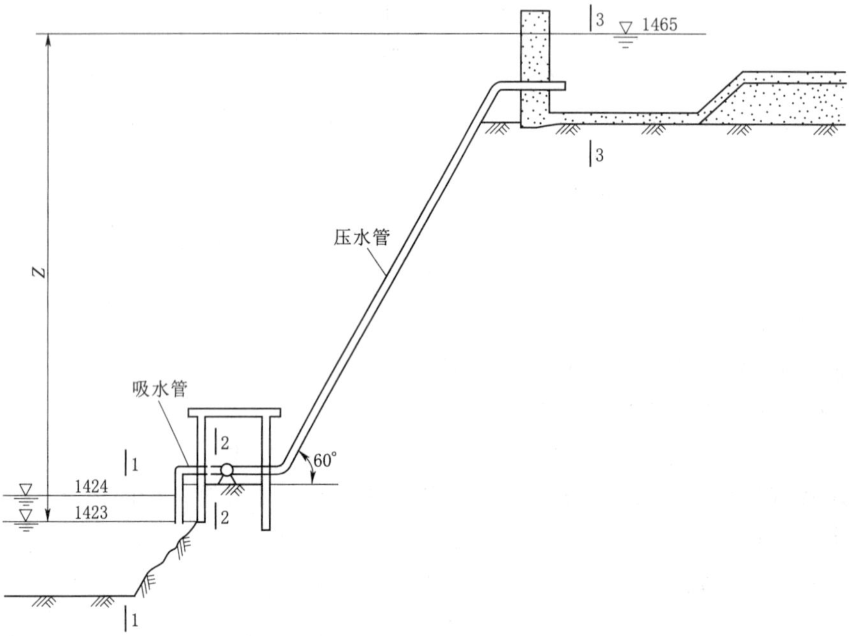

图 3.12

W3.18

水泵装置水力计算举例

【案例 3.4】 在黄河岸边修建某电力提灌站一座，水泵 2 台。为保证当地灌溉及人畜用水问题，计划从黄河提水流量为 $0.4m^3/s$。每年冬季枯水期，流量小水位低，水位为 1423m，每年夏天，洪水下泄流量大，水位升至 1424m，泵房修筑成防洪泵房，泵站附近的地形情况如图 3.12 所示，已知吸水管、压水管材料为铸铁管，糙率 $n=0.0125$，吸水管管径为 450mm，压水管管径为 400mm，吸水管管长 7.5m，压水管管长 48m。试求：(1) 确定水泵扬程；(2) 若水泵的允许真空高度 4.45m，确定水泵最大安装高度。

【分析与计算】

(1) 确定扬程。

由式 (3.10) 知，计算扬程时应先计算吸水管、压水管的水头损失。查局部水头损失系数表 2.3 取吸水管进口按无底阀滤水网考虑，其局部水头损失系数 $\zeta_{进}=2.5$，直角转弯处局部水头损失系数 $\zeta_{弯}=1.1$，两个 60°转弯处局部水头损失系数 $\zeta_{弯}=0.55$，出口处局部水头损失系数 $\zeta_{出}=1.0$。沿程水头损失系数 $\lambda=\frac{8g}{C^2}$，谢才系数 $C=\frac{1}{n}R^{1/6}$，计算得吸水管沿程水头损失系数 $\lambda_{吸}=0.0254$，压水管沿程水头损失系数

$\lambda_{压}=0.0264$，每台水泵抽水流量 $Q=0.4/2=0.2(m^3/s)$。

根据 $d_{吸}=450mm$，则

相应的面积为：$A=\frac{1}{4}\pi d^2=\frac{1}{4}\times 3.14\times 0.45^2=0.159(m^2)$

相应的流速为：$$v_{吸}=\frac{Q}{A}=\frac{0.2}{0.159}=1.26(m/s)$$

根据 $d_{压}=400mm$，则

相应的面积为：$A=\frac{1}{4}\pi d^2=\frac{1}{4}\times 3.14\times 0.4^2=0.126(m^2)$

相应的流速为：$$v_{压}=\frac{Q}{A}=\frac{0.2}{0.126}=1.59(m/s)$$

$$h_{w吸}=\left(\lambda\frac{L_{吸}}{d_{吸}}+\sum\zeta\right)\frac{v_{吸}^2}{2g}=\left(0.0254\times\frac{7.5}{0.45}+2.5+1.1\right)\times\frac{1.26^2}{2\times 9.8}=0.326(m)$$

$$h_{w压}=\left(\lambda\frac{L_{压}}{d_{压}}+\sum\zeta\right)\frac{v_{压}^2}{2g}=\left(0.0264\times\frac{48}{0.4}+0.55+0.55+1\right)\times\frac{1.59^2}{2\times 9.8}=0.679(m)$$

提水高度　　$z=1465-1423=42(m)$

按枯水位确定水泵扬程 H 为

$$H=z+h_{w吸}+h_{w压}=42+0.326+0.679=43.01(m)$$

(2) 确定水泵最大安装高度。

以上游水池水面为基准面，对进口 1—1 断面和水泵入口 2—2 断面列能量方程，忽略水池流速水头，得

$$z_1+\frac{p_1}{\gamma}+\frac{\alpha_1 v_1^2}{2g}=z_2+\frac{p_2}{\gamma}+\frac{\alpha_2 v_2^2}{2g}+h_{w1-2}$$

$$0+0+0=h_s+(-4.45)+\frac{\alpha v_{吸}^2}{2g}+h_f+\sum h_j$$

取 $\alpha=1.0$，则：

$$h_s=4.45-\left(\alpha+\lambda\frac{L_{吸}}{d_{吸}}+\sum\zeta\right)\frac{v_{吸}^2}{2g}$$

$$=4.45-\left(1+0.0254\times\frac{7.5}{0.45}+2.5+1.1\right)\times\frac{1.26^2}{2\times 9.8}=4.04(m)$$

故水泵最大安装高度为 4.04m。

练一练（判断题）

(1) 水泵的扬程是指水泵的提水高度。　　(　　)

(2) 水泵的扬程是指水泵向单位重量水体所提供的能量。　　(　　)

(3) 水泵安装高度与提水高度相同。　　(　　)

➢任务自测（选择题）

(1) 以下关于恒定管流测压管水头线和总水头线的叙述正确的是（　　）。

A. 总水头线一定低于测压管水头线

B. 总水头线沿流程可能上升，也可能下降

C. 总水头线和测压管水头线都一定沿流程下降

D. 均匀流时测压管水头线和总水头线一定是沿流程倾斜下降的直线

(2) 水泵的扬程等于（　　）。

A. 水泵提水高度

B. 水泵提水高度＋吸水管的水头损失

C. 水泵提水高度＋吸水管与压水管的水头损失

D. 以上都不对

(3) 长管水力计算中主要考虑（　　）。

A. 局部水头损失 h_j　　B. 沿程水头损失 h_f

C. 流速水头 $\frac{\alpha v^2}{2g}$　　D. $h_j+\frac{\alpha v^2}{2g}$

(4) 水泵的扬程是指（　　）。

A. 水泵的提水高度　　B. 水泵向单位重量水流提供的能量

C. 水泵的安装高度　　D. 吸水管和压水管的水头损失

(5) 下列关于虹吸管说法错误的是（　　）。

A. 虹吸管为有压短管

B. 虹吸管工作时先将管内空气排出，使管内形成一定的真空

C. 虹吸管的安装高度即为真空高度

D. 虹吸管顶部管轴线到上游水面的距离为虹吸管的安装高度

(6) 水泵自吸水井抽水，水泵叶轮轴线到上游水面的垂直距离为（　　）。

A. 水泵的安装高度　　B. 水泵的提水高度

C. 水泵的扬程　　D. 水泵的高程

(7) 定性绘制恒定管流测压管水头线和总水头线时，下列叙述不正确的是（　　）。

A. 对于管径不变的直管道，测压管水头线和总水头线为倾斜下降相互平行的直线

B. 有局部水头损失断面总水头线画成竖直下降的直线

C. 管道出口为自由出流时，测压管水头线末端与出口断面中心重合

D. 管道出口为淹没出流时，测压管水头线末端与下游水面齐平

(8) 某简单有压输水管道，出口条件为自由出流，作用水头 H 为 5m，行近流速 $v_0=1$m/s，问作用总水头 H_0 为（　　）m。

A. 5.05　　B. 5.13　　C. 6　　D. 20.32

水力探秘——虹吸马桶原理

虹吸式坐便器的结构特点是便器内有一个完整的管道，形状呈侧倒状“S”形，利用给水时的水位差促进虹吸作用的形成，由于凭借水力冲走污物，所以池壁坡度较缓，池底也扩大了存水面积，这解决了冲落

式噪声过大的缺点。

虹吸现象之所以能够产生，主要原因还是因为大气压强的存在，大气压强在我们生活中扮演着非常重要的角色，不仅仅是虹吸，许多机器都需要依靠压强而完成运作。

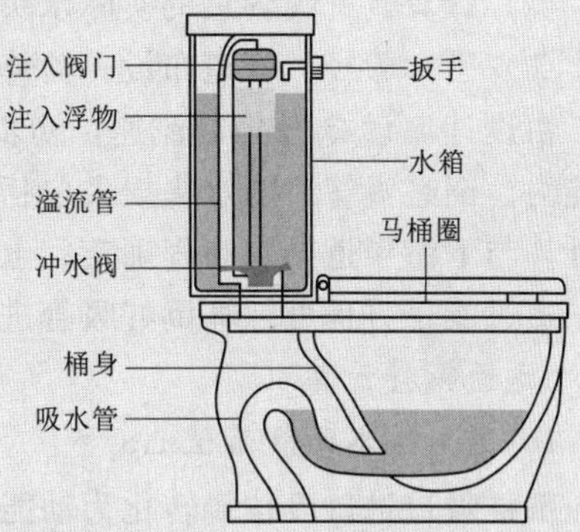

装置中管内最高点液体在重力作用下往低位管口处移动，在U形管内部产生负压，导致高位管口的液体被吸进最高点，从而使液体源源不断地流入低位置容器。

任务3　倒虹吸管水力分析与计算*

1　倒虹吸管水力分析

倒虹吸管为跨越河渠的交叉输水建筑物，倒虹吸管输水系统由进口、管身、出口组成，其布置形式见图3.13。

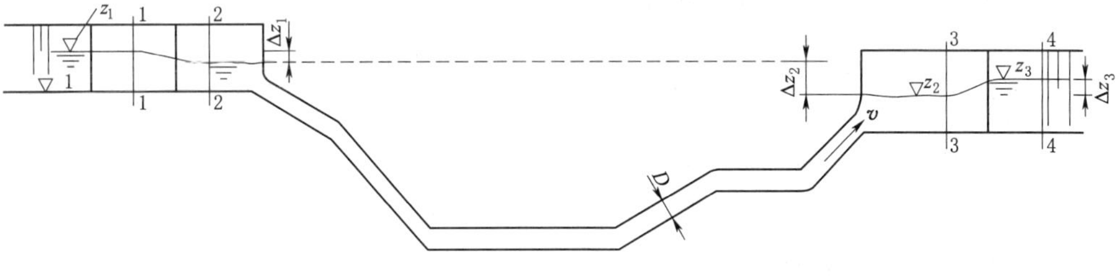

图3.13

W3.19

倒虹吸管过流能力校核*

倒虹吸管进口段包括进水口、拦污栅、闸门、沉沙池、渐变段。倒虹吸管进口前常设置闸门，因此计算时均应计入闸槽局部损失，倒虹吸管进口渐变段的作用在于使进口段与渠道平顺连接。倒虹吸管管身段均采用圆形断面，其布置有斜管式与竖井式两种。一般采用斜管式，小型的倒虹吸管可采用竖井式。倒虹吸管管身断面直径是根据管内控制流速确定，一般控制流速 $v=1.5\sim2.5\mathrm{m/s}$，最大不宜超过 $3.5\mathrm{m/s}$，对于含沙量较大的水流，其流速要大于不淤流速。为平稳倒虹吸管出口流态，在倒虹吸管出口处设置渐变段，为避免小流量时在进口处产生非淹没入流的情况，可在出口处设置节制闸，抬高水位，使进口形成淹没流态。

2　倒虹吸管水力计算

倒虹吸管水力计算主要有以下几方面：

（1）选择适宜的流速，确定管道直径。

（2）计算倒虹吸管道的实际水头损失，确定下游渠道水面和渠底高程。

（3）已知管径、管道布设，验算过流能力。

由设计流量 Q 及控制流速，初步拟定管径 d。拟定管径后根据管道布设，验算过流能力。倒虹吸管道的水头损失包括进、出口水头损失及管身段水头损失，其水头损失计算与下游渠道渠底高程确定、上下游水位变化水面衔接有关。

通过能量方程可计算倒虹吸管进出口水面落差及倒虹吸管过流能力。

2.1　水面衔接计算

2.1.1　进口段水面降落值 Δz_1

倒虹吸口进口段位能转化为动能，水面降落，由图 3.13 对进口渐变段首端 1—1 断面、末端 2—2 两断面列能量方程得

$$\Delta z_1=\frac{\alpha_2 v_2^2-\alpha_1 v_1^2}{2g}+h_{j1}+h_{f1} \tag{3.12}$$

$$h_{j1}=\zeta_1\frac{v_2^2-v_1^2}{2g} \tag{3.13}$$

式中　v_1、v_2——进口渐变段的首、末端断面平均流速；

h_{j1}——进口渐变段局部水头损失；

ζ_1——进口渐变段局部水头损失系数，查表 3.5 确定；

h_{f1}——进口渐变段沿程损失。

当忽略进口渐变段沿程损失时，式（3.12）可写为

$$\Delta z_1=(1+\zeta_1)\frac{v_2^2-v_1^2}{2g} \tag{3.14}$$

2.1.2　出口段水面回升值 Δz_3

倒虹吸出口段位能转化为动能，水面上升，由图 3.13 对出口渐变段首、末端 3—3、4—4 两断面列能量方程得

$$\Delta z_3=\frac{\alpha_2 v_3^2-\alpha_3 v_4^2}{2g}-h_{j2}-h_{f2} \tag{3.15}$$

$$h_{j2}=\zeta_2\frac{v_3^2-v_4^2}{2g} \tag{3.16}$$

式中　v_3、v_4——出口渐变段首端、末端断面平均流速；

h_{j2}——出口渐变段局部水头损失；

h_{f2}——出口渐变段沿程损失；

ζ_2——出口渐变段局部水头损失系数，取决于渐变段的形式，查表 3.5 确定。

取 $\alpha_2=\alpha_3=1.0$，当忽略出口渐变段沿程损失时，式（3.15）可写为

$$\Delta z_3=(1-\zeta_2)\frac{v_3^2-v_4^2}{2g} \tag{3.17}$$

表 3.5 **渐变段局部水头损失系数**

序号	渐变段形式	ζ_1	ζ_2
(1)	反弯扭曲面形	0.1	0.2
(2)	1/4 圆弧	0.15	0.2
(3)	方头形	0.3	0.7
(4)	直线扭曲面形	0.05～0.3	0.3～0.5

注 ζ_1、ζ_2 分别为进、出口渐变段局部损失系数，其值的大小分别与进口渐变段形式及其水面收敛角 θ_1、出口渐变段形式与水面扩散角 θ_2 有关，见图 3.14。表中（1）～（3）的 ζ_1、ζ_2 值，适用 $\theta<12.5°$；（4）项直线扭曲面形，当 $\theta_1=15°\sim37°$，$\zeta_1=0.05\sim0.3$；当 $\theta_2=10°\sim17°$，$\zeta_1=0.3\sim0.5$。

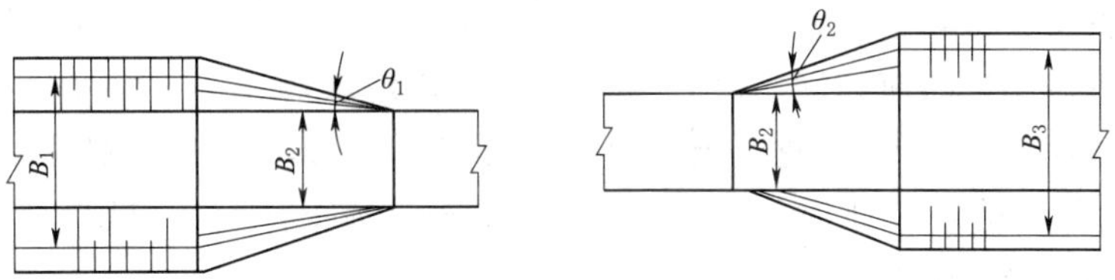

图 3.14

2.1.3 倒虹吸进、出口段水面落差 Δz_2

倒虹吸管水流流动过程中产生水头损失，水面降落，图 3.13 中，对进口渐变段末端断面 2—2 与管道出口断面列能量方程得

$$\Delta z_2=\left[\sum\zeta_i\left(\frac{A}{A_i}\right)^2+\sum\frac{2gL_i}{C_i^2R_i}\left(\frac{A}{A_i}\right)^2\right]\frac{v^2}{2g}+\frac{v^2-v_2^2}{2g} \tag{3.18}$$

若倒虹吸管为简单管道上式可简化为

$$\Delta z_2=\left(\sum\zeta_i+\sum\frac{2gL_i}{C_i^2R_i}\right)\frac{v^2}{2g}+\frac{v^2-v_2^2}{2g} \tag{3.19}$$

式中 v_2、v——进口渐变段末端、管道出口断面平均流速；

A——管道出口断面面积；

ζ_i——为管道某一局部水头损失系数，不包括进、出口渐变段及管道出口处局部损失系数；

A_i——相应 ζ_i 的计算断面面积；

C_i、R_i、L_i——管身计算段水流的谢才系数、水力半径和管长。

2.1.4 倒虹吸管的水面总落差 Δz

倒虹吸管水面总落差为上、下游渠道中水位落差，由图 3.13 可以看出，经倒虹吸管的水面总落差 Δz 为

$$\Delta z=\Delta z_1+\Delta z_2-\Delta z_3 \tag{3.20}$$

2.2 倒虹吸管流量计算

倒虹吸管可以按短管淹没出流进行计算。由 Δz_2 及 $Q=vA$，则

$$Q=\mu A\sqrt{2g\Delta z_2} \tag{3.21}$$

$$\mu=\frac{1}{\sqrt{\sum\zeta_i\frac{A^2}{a_i^2}+\sum\frac{2gL_i}{C_i^2R_i}\cdot\frac{A^2}{A_i^2}+1-\frac{A^2}{A_2^2}}} \tag{3.22}$$

若倒虹吸管道为简单管道时，$\frac{A}{A_i}=1$，流量系数可写为

$$\mu=\frac{1}{\sqrt{\sum\zeta_i+\frac{2gL}{C^2R}+1-\frac{A^2}{A_2^2}}} \tag{3.23}$$

W3.20

倒虹吸管水面衔接分析计算*

式（3.22）、式（3.23）中 A_2 为进口渐变段末端过水断面面积，其他符号意义同式（3.18）、式（3.19）。

【案例 3.5】* 某水库干渠工程与河流相交。由于洪水位过高，拟建长 200m 倒虹吸管（图 3.15）。其设计基本数据如下：设计流量 $Q=7.17\text{m}^3/\text{s}$；倒虹吸进口前设拦污栅，栅条形状系数为 1.83，管段有两弯段转角，第一、第二弯段转角均为 30°急转弯管；上下游渠道断面相同，底宽 $b=2.4\text{m}$，边坡系数 $m=1.5$，糙率 $n=0.014$，设计流量时水深 $h_0=2.1\text{m}$，进口渐变段末端底宽为 4.5m，拟设计双排混凝土管，管径 1.7m，上游渠道进口处河底高程 $\nabla_1=13.97\text{m}$。试求：（1）试校核渠道过流能力；（2）试确定倒虹吸下游渠道水位。

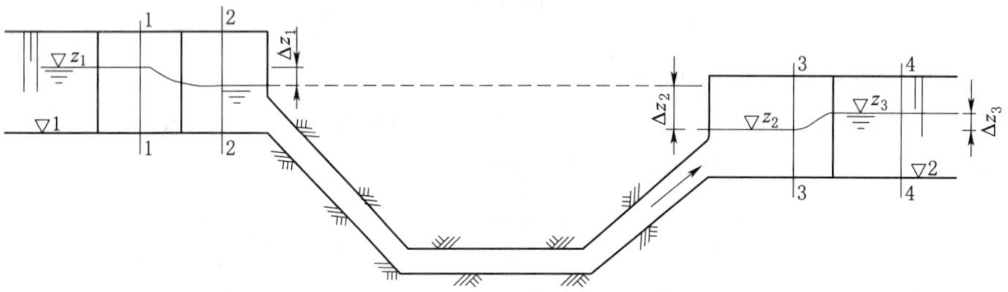

图 3.15

【分析与计算】

（1）计算各断面的平均流速，见表 3.6。

表 3.6　　各断面过水面积及平均流速

断面部位	上游渠道	进口渐变段末端	管身	下游渠道
过水断面面积 A_i/m^2	11.6	4.5×2.10=9.5	2.27	11.6
平均流速 $v_i/(\text{m/s})$	0.62	0.75	1.58	0.62

（2）确定局部及沿程损失系数。

1）进口渐变段为反弯扭曲面形 $\zeta_1=0.10$。

2）出口渐变段为直线扭曲面形 $\zeta_2=0.30$。

3）进口拦污栅损失系数，由表 2.3 得

$$\zeta_3=\beta(s/b)^{4/3}\sin\alpha$$

取栅条宽度 $s=1.6\text{cm}$，栅条间距 $b=18\text{cm}$，栅片形状系数 $\beta=1.83$，拦污栅水平倾角 $\alpha=80°$。

$$\zeta_3=1.83\times\left(\frac{1.6}{18}\right)^{4/3}\sin80°=0.072$$

$$\zeta_3\frac{A^2}{A_1^2}=0.072\times\frac{(2\times2.27)^2}{(4.5\times2.10)^2}=\frac{4.54^2}{9.5^2}\times0.072=0.22\times0.072=0.016$$

4）进闸损失，水流由渐变段末端经拦污栅进入闸孔，闸槽损失系数取 $\zeta_4=0.05$，$A_4=A$，$v_4=v$，$\frac{A^2}{A_4^2}\zeta_4=0.05$。

5）进口损失，水流由明渠进入管道，进口形状稍微修圆，其局部阻力系数取 $\zeta_5=0.25$，$A_5=A$，$v_5=v$，$\frac{A^2}{A_5^2}\zeta_5=0.25$。

6）第一、第二两弯头局部阻力系数为 ζ_6，由转角 $\alpha=30°$，查表2.3得

$$\zeta_6=\zeta_{6a}+\zeta_{6b}=0.2+0.2=0.4$$

$$\zeta_6\left(\frac{A^2}{A_6^2}\right)=\zeta_6=0.4$$

7）沿程损失，管长 $L=200\text{m}$，管径沿程不变，故有

$$\sum\frac{2gL}{C_i^2R_i}\left(\frac{A}{A_i}\right)^2=\frac{2gL}{C^2R}\left(\frac{A}{A}\right)^2=\frac{2gL}{C^2R}$$

$$R=\frac{D}{4}=\frac{1.7}{4}=0.425(\text{m}),\ n=0.014$$

$$C=\frac{1}{n}R^{1/6}=\frac{1}{0.014}\times0.425^{1/6}=61.94$$

$$\frac{2gL}{C^2R}=\frac{2\times9.8\times200}{(61.94)^2\times0.425}=2.40$$

（3）计算倒虹吸进口、管身段及出口水面降落值。

利用式（3.14）计算倒虹吸进口水面降落值 Δz_1 为

$$\Delta z_1=(1+\zeta_1)\frac{v_2^2-v_1^2}{2g}=(1+0.10)\times\frac{0.75^2-0.62^2}{19.60}=0.01(\text{m})$$

利用式（3.18）计算倒虹吸管身段水头损失 Δz_2 为

$$\Delta z_2=\left[\sum\zeta_i\left(\frac{A}{A_i}\right)^2+\sum\frac{2gL_i}{C_i^2R_i}\left(\frac{A}{A_i}\right)^2+1-\frac{A^2}{A_2^2}\right]\times\frac{v^2}{2g}$$

$$\sum\zeta_i\frac{A^2}{A_i^2}=0.016+0.05+0.25+0.4=0.716$$

$$\sum\frac{2gL}{C_i^2R_i}\left(\frac{A}{A_i}\right)^2=\frac{2gL}{C^2R}=2.40$$

$$1-\frac{A^2}{A_2^2}=1-\frac{(2\times2.27)^2}{9.5^2}=0.77$$

$$\Delta z_2=(0.716+2.40+0.77)\times\frac{1.58^2}{19.6}=0.495(\text{m})$$

利用式（3.17）计算倒虹吸出口水面上升值 Δz_3 为

$$\Delta z_3=(1-\zeta_2)\frac{v_3^2-v_4^2}{2g}=(1-0.30)\times\frac{1.58^2-0.62^2}{19.60}=0.075(\text{m})$$

$$\Delta z=\Delta z_1+\Delta z_2-\Delta z_3=0.01+0.495-0.075=0.43(\text{m})$$

（4）校算流量 Q。

倒虹吸为简单管道按式（3.23）求流量系数，再按式（3.21）计算流量：

$$\mu=\frac{1}{\sqrt{\sum\zeta_i+\frac{2gL}{C^2R}+1-\frac{A^2}{A_2^2}}}=\frac{1}{\sqrt{0.716+2.4+0.77}}=0.507$$

$$Q_{单}=\mu A\sqrt{2g\Delta z_2}=0.507\times2.27\times\sqrt{19.6\times0.495}\approx3.58(m^3/s)$$

因虹吸管双排布设，则总流量

$$Q=3.58\times2\approx7.17(m^3/s)$$

故取管径 $d=1.7$m 时过流能力满足要求。

（5）出口渠道水位。

1）上游水位 z_1（渠道水位）为

$$z_1=\nabla_1+h_0=13.97+2.1=16.07(m)$$

2）出口处水位 z_2 为

$$z_2=z_1-\Delta z_1-\Delta z_2=16.07-0.01-0.495=15.565(m)$$

3）出口渠道水位 z_3 为

$$z_3=z_2+\Delta z_3=15.565+0.075=15.64(m)$$

➢ 任务自测（选择题）

（1）下列关于倒虹吸说法错误的是（　　）。

A. 进口段有水面降落值 Δz_1

B. 出口段有水面回升值 Δz_3

C. 倒虹吸管段有水面落差 Δz_2

D. 倒虹吸管的水面总落差 $\Delta z=\Delta z_1+\Delta z_2+\Delta z_3$

（2）下面哪个不是倒虹吸管水力计算主要内容？（　　）

A. 选择适宜的流速，确定管道内径

B. 计算倒虹吸管道的实际水头损失，确定下游渠道水面和渠底高程

C. 已知管径、管道布设，验算过流能力

D. 推算水面线

任务4　有压隧洞水力分析与计算*

1　隧洞水流流态分析

由于隧洞上下游水位的变化，隧洞中水流流态会出现不同的情况，主要为有压流、无压流以及介于两者之间的半有压流。半有压流一般在低水头时才会出现，因此隧洞中水流的流态取决于上下游水位的高低。

当下游水位较高，隧洞出口被淹没时，全洞都是有压流动，见图3.16（a）。当下游水位较低，隧洞出口水流不受下游水流影响，为自由出流时，洞内的水流流态主要取决于上游水位。随着上游水位变化，可能出现有压流、半有压流和无压流三种情况。

当上游水位较高时，水流在流动过程中有较大的能量，虽然下游水位低于洞顶，但在出口断面附近，洞内仍具有一定的压能，使隧洞出口水流充满全管，为有压流，见图 3.16（b）。

当隧洞较长时，无论进口形状怎样，将会出现前一段为有压流后一段为有自由水面的无压流，隧洞处于半有压流状态，见图 3.16（c）。

当隧洞底坡为缓坡且出口为自由出流时，如果上游水位下降至某一数值时，洞内水流的能量减少到不足以维持全洞为有压流，首先出口断面的水流在重力作用下开始脱离洞顶，随着上游水位继续下降，脱离点逐渐上移。在脱离点以上为有压流，以下为明流，隧洞处于半有压流状态，见图 3.16（d）。

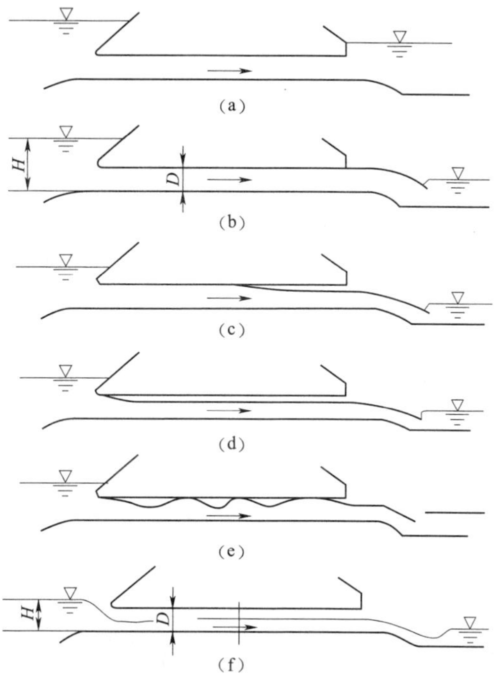

图 3.16

当脱离点达到洞的进口上缘时，若上游水位进一步降低，进洞水流将会脱离洞口，全洞成为明流，见图 3.16（f）。

一般情况下，当底坡较缓时上述隧洞内的流态才会随上游水位的变化平稳地由有压流转化为半有压流再转化为明流。当底坡较陡时，洞内的流态发生转换很不稳定，出现时而有压、时而无压的周期性变化，见图 3.16（e）。工程运行中，应尽可能避免这种不稳定流态发生。

隧洞的流态与隧洞进口两侧边墙的形式和尺寸、隧洞断面的形状和尺寸、隧洞的底坡以及泄流量等因素有关。实验证明，一般曲线形的隧洞进口，通过从进口底板算起的上游水深 H 与洞高 a 比值可判断流态，当$\frac{H}{a}<1.2$时为无压流；当$\frac{H}{a}>1.5$时，洞内发生有压流动；当$1.2<\frac{H}{a}<1.5$时为半有压流或不稳定流（应尽量避免）。

2　有压隧洞水力计算

2.1　有压隧洞水力计算公式

有压隧洞进出口均有渐变段，其过水断面尺寸沿程变化，有压隧洞工程中多按复杂管道短管计算。

复杂管道水力计算公式同简单管道计算公式推导思路一样，计算公式利用能量方程推导得出。有压隧洞一般采用圆形断面，如图 3.17 所示，通过上游 1—1 断面和隧洞出口处 2—2 断面［自由出流，图 3.17（a）］或上游 1—1 断面和 3—3 断面［淹没出流，图 3.17（b）］列能量方程，以过隧洞出口处洞底的水平面为基准面，并由连续性方程把隧洞各管段及渠道的流速转化为隧洞出口断面流速，可得

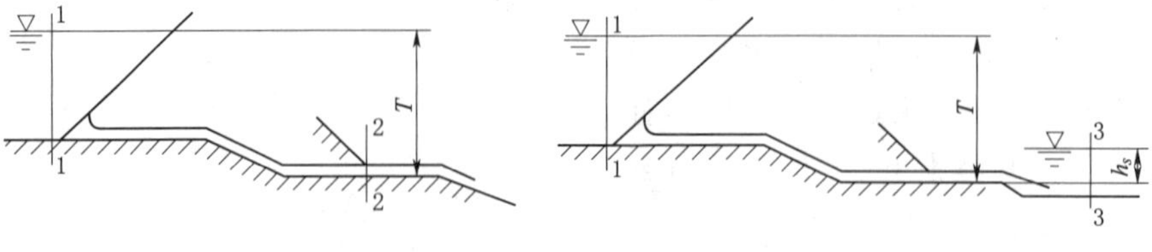

图 3.17

$$Q=\mu A\sqrt{2g(T_0-h_p)} \tag{3.24}$$

自由出流时：

$$\mu=\frac{1}{\sqrt{1+\sum\zeta_i\left(\frac{A}{A_i}\right)^2+\sum\frac{2gL_i}{C_i^2R_i}\left(\frac{A}{A_i}\right)^2}} \tag{3.25}$$

淹没出流时：

$$\mu=\frac{1}{\sqrt{\left(\frac{A}{A_3}\right)^2+\sum\zeta_i\left(\frac{A}{A_i}\right)^2+\sum\frac{2gL_i}{C_i^2R_i}\left(\frac{A}{A_i}\right)^2}} \tag{3.26}$$

式中　μ——流量系数；

A——隧洞出口断面过水断面面积；

A_i——隧洞第 i 段的过水断面面积；

A_3——下游渠道过水面积，当隧洞下游渠道水流速度很小可忽略时，A/A_3 可忽略不计；

T_0——上游水面与隧洞出口底板高程差 T 及上游 1—1 断面行近流速水头 $v_0{}^2/2g$ 之和，一般行近流速较小，其流速水头可忽略不计，可认为 $T_0\approx T$；

h_p——隧洞出口断面水流的平均单位势能，$h_p=0.5a+\frac{\overline{p}}{\gamma}$；

a——出口断面洞高；

$\frac{\overline{p}}{\gamma}$——出口断面平均单位压能；

ζ_i——隧洞第 i 段上的局部水头损失系数；

L_i、R_i、C_i——隧洞第 i 段上与之相应的长度、水力半径、谢才系数。

需要说明的是：

(1) 当隧洞出口为自由出流时，$\frac{\overline{p}}{\gamma}$其值大小取决于出口断面下游边界衔接情况，一般常小于 0.5a，若出口断面为逐渐收缩且与下游边界衔接较好，出口顶部不出现负压时，可近似按出口中心处静水压强水头$\frac{\overline{p}}{\gamma}=0.5a$ 计算；$\sum\zeta_i$ 包括由隧洞进口上游的渐变流 1—1 断面开始，至隧洞出口 2—2 断面之间的全部局部水头损失系数（不包括出口处局部水头损失系数）之和。

（2）当隧洞出口为淹没出流时，$h_p=h_s$，h_s 为下游水位高出隧洞出口底部高度，见图 3.16（b）所示，$\sum\zeta_i$ 包括由隧洞进口上游的渐变流 1—1 断面开始至下游渠道 3—3 断面之间的全部局部水头损失系数之和。

当有压隧洞为简单有压管道时，$\dfrac{A}{A_i}=1$，则式（3.25）、式（3.26）流量系数可写为如下形式。

自由出流时

$$\mu=\frac{1}{\sqrt{1+\sum\zeta_i+\dfrac{2gL}{C^2R}}} \tag{3.27}$$

淹没出流时

$$\mu=\frac{1}{\sqrt{\left(\dfrac{A}{A_3}\right)^2+\sum\zeta_i+\dfrac{2gL}{C^2R}}} \tag{3.28}$$

2.2　水力计算内容和方法

（1）已知隧洞形式、尺寸和上游水位，求泄流量。

有压隧洞流量计算，出流情况未知时，先假定隧洞出流为自由出流，由式（3.24）求出流量，再根据流量与下游水位的关系曲线查出下游水位，或由流量根据下游断面形式、尺寸按均匀流公式近似计算下游水深，确定下游水位，看是否为自由出流（下游水位低于出口洞顶为自由出流），若为自由出流，则流量即为所求。当下游水位高于洞顶为淹没出流时，此时可按以上得出的下游水位，求出 h_s，重新用式（3.24）计算流量，由流量得出相应的下游水位，然后再校核隧洞出流是否为淹没出流。如此反复试算，直到前后两次出流情况一致及计算泄流量基本相等时，此时流量为所求。

（2）已知隧洞形式、尺寸和泄流量，求上游的水位。

由已知流量，通过流量与下游水位的关系曲线查出下游水位，或由流量根据下游断面形式、尺寸按均匀流公式近似计算下游水深，确定下游水位，然后判断是自由出流还是淹没出流，继而计算对应出流情况的流量系数，再由式（3.24）计算 T_0，从而求出上游水位。

（3）已知上游水位及泄流量，求洞径。

由于洞径未知，流量系数也未知，因此需要试算。试算方法是，先设一个洞径，然后按上述（1）的步骤求泄流量，看是否满足已知的流量，不满足再试算，如此经过几次试算，当设的洞径计算出的流量与已知的流量相等或相差很小，此设的洞径即为所求。

同理，先设一个洞径，也可以按上述（2）的步骤求上游水位，看是否满足已知的水位，如此经过几次试算，当设的洞径算出的上游水位与已知的上游水位相等或相差很小，此设的洞径即为所求。

（4）计算绘制压坡线（即测压管水头线）。

有压隧洞的测压管水头线又称压坡线。为了避免由于负压导致隧洞中出现空蚀现象，需保证洞顶沿线有一定的正压力，一般要求相对压强水头不宜小于 2m 水柱高，为此，对于有压隧洞，在计算泄流量之后，还必须绘制沿洞的压坡线。当绘制压坡线后，如果发现不能满足上述对压力的要求时，则要改变设计，之后，再重新做水力计算。

定量绘制压坡线的方法如下：先找分界断面（边界条件突然变化断面），由分界断面把隧洞分为若干段，求出边界条件突然变化断面（分界断面）处的局部水头损失，并逐段算出沿程水头损失，然后以出口断面底板高程为基准面，从进口断面水流具有的总水头 T_0 开始，由上游至下游逐项逐段将各种损失水头累减，便得到各分界断面上的总水头，将各分界断面上的总水头线相连，便得总水头线；继而用各分界断面的总水头减去该分界断面的流速水头，可得出各分界断面的测压管水头（$z+p/\gamma$），将各分界断面的测压管水头连起即为测压管水头线，也称为压坡线，如图 3.18 所示。定量绘制压坡线的方法见案例 3.6。

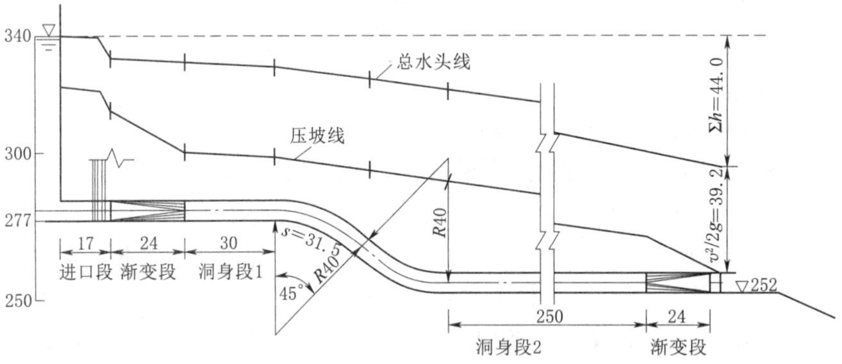

图 3.18

若洞身处于压坡线之上，则此洞段承受负压，为避免隧洞进出口的洞身出现负压，常将隧洞出口做成渐变段，以减小改善负压，案例 3.6 就要在流量计算的基础上，进行压坡线的定量绘制，为减小隧洞洞身负压，隧洞进出口做成渐变段。

W3.21

有压隧洞水力计算举例（上）*

W3.22

有压隧洞水力计算举例（下）*

【案例 3.6】* 某水库泄洪隧道如图 3.18 所示。洞身断面为圆形，内径为 6.0m。水库最高水位 340m。隧洞进口底板高程 277m，出口底板高程 252m，隧洞进口段长 17m（包括喇叭形进口和闸室），闸室为 6m×6m 的方形断面，中有两道闸门槽，接着为一由方变圆的渐变段，长 24m，后为圆形洞身，中有两段弯道，转弯半径 R 均为 40m，转弯角均为 45°，弯道中心线长均为 31.5m。出口前设一段由圆变方的收缩渐变段，长 24m，后设 5m×5m 弧形闸门。出口断面与下游边界衔接平顺，无回流的死角，全洞长 408m，各段长度见图 3.18。洞内为混凝土衬砌，糙率 $n=0.014$。下游水位较低，不影响泄流。试求：（1）下泄流量与库水位的关系；（2）计算并绘制库水位为 340m 时的总水头线及压坡线。

案例 3.6 讲解见微课。

➢任务自测（判断题）

（1）有压隧洞已知隧洞形式、尺寸和上游水位，可计算泄流量。 （ ）

（2）有压隧洞需要推算水面线。 （ ）

（3）有压隧洞需要计算绘制压坡线（即测压管水头线）。 （ ）

技 能 训 练

1. 绘图题

定性绘出题图 3.1 中各管道总水头线和测压管水头线

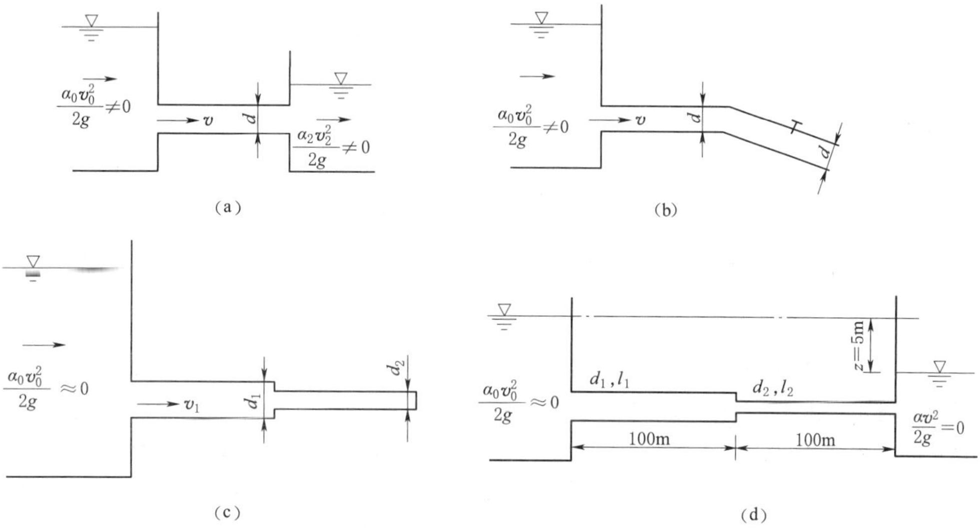

题图 3.1

2. 计算题

（1）某水库泄洪压力隧洞，如题图 3.2 所示。洞身断面为圆形，内径 $d=5.00$m，洞长 $L=160.00$m，进口有渐变段及闸门槽，其局部水头损失系数 $\zeta_1=0.2$，中间有一弯段，局部水头损失系数 $\zeta_2=0.15$，洞壁糙率 $n=0.0125$，隧洞出口底部高程 200.00m。水库水位 237.50m。试计算隧洞为自由出流时的泄流量。

（2）题图 3.3 为一输水管路，已知铸铁管的管长 $L=250$m，管径 $d=100$mm，管路进口为直角进口，有一个弯头和一个闸阀，弯头的局部损失系数 $\zeta_{弯}=0.8$。当闸门全开时，管路出口流速 $v=1.6$m/s，求水塔的水面高度 H。

（3）有一输水管路，由山上引泉水作生活用水，水管采用铸铁管，水源至用户距离 $L=280$m，作用水头 $H=30$m，流量 $Q=200$L/s。为了完全利用这一水头，问水管直径应为多大？

（4）从水箱引出一直径不同的管道，如题图 3.4 所示。已知 $d_1=150$mm，$L_1=30$m，$\lambda_1=0.036$，$d_2=125$mm，$L_2=20$m，$\lambda_2=0.038$，第二段管子上有一平板闸

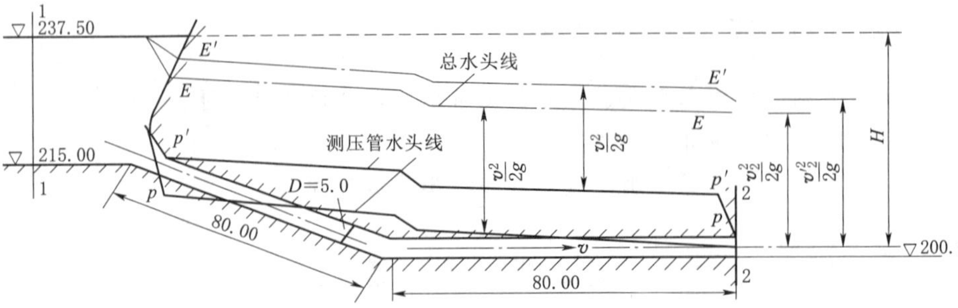

题图 3.2

阀，其开度为$\frac{a}{d}=0.5$。当输送流量$Q=25L/s$时，求：水箱的水头H。

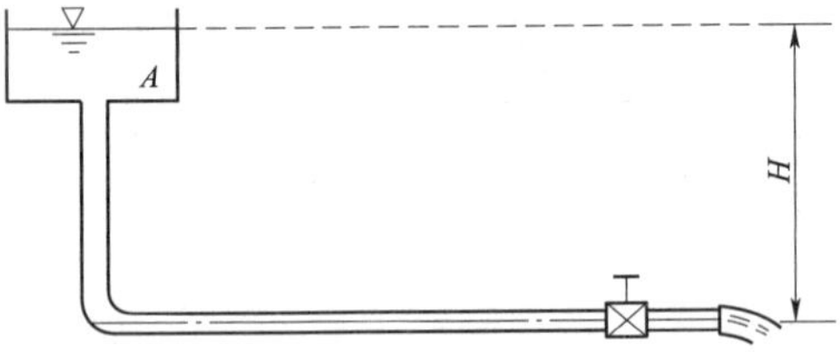

题图 3.3

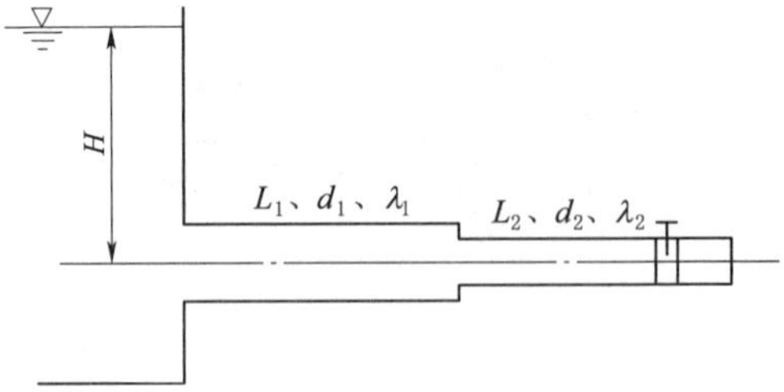

题图 3.4

(5) 有一灌溉渠道，利用直径$D=1m$的钢筋混凝土虹吸管自水源引水（题图 3.5），虹吸管上下游水位差$z=2m$，虹吸管全长$L=25m$，进口为有底阀的滤水网，虹吸管弯段的局部水头损失系数$\zeta=0.6$。试求：①虹吸管的流量；②当虹吸管第二弯管前断面的最大允许真空值为7m水柱，由进口至该断面的管长为13m时，虹吸管的最高点可以高出上游水面多少？

(6) 水泵自吸水井抽水，吸水井与蓄水池用自流管相接，其水位均不变，如题图 3.6 所示。水泵安装高度为$h_s=4.5m$，自流管长$L=20m$，直径$d=150mm$，水泵吸水管长$L_1=12m$，直径$d_1=150mm$，自流管与吸水管的沿程水头损失系数$\lambda=0.03$，自流管滤网的局部阻力水头损失系数$\zeta=2.0$，水泵底阀的局部阻力系数$\zeta=9.0$。90°弯头的局部阻力系数$\zeta=0.3$。试求：(1) 若水泵进口真空值不超过6m水柱，水泵的最大泄流量是多少？(2) 在这种流量下，水池与水井的水位差z。

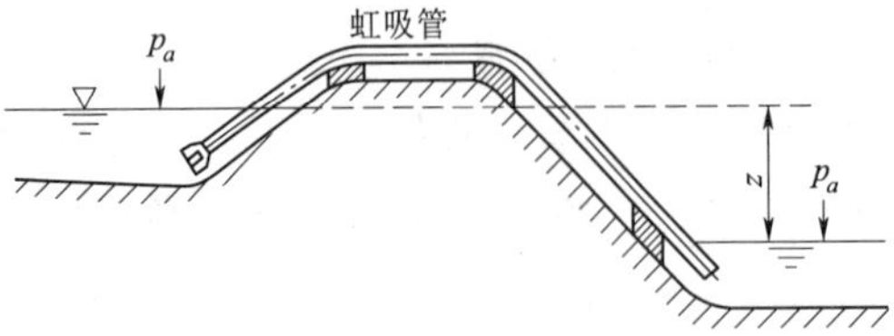

题图 3.5

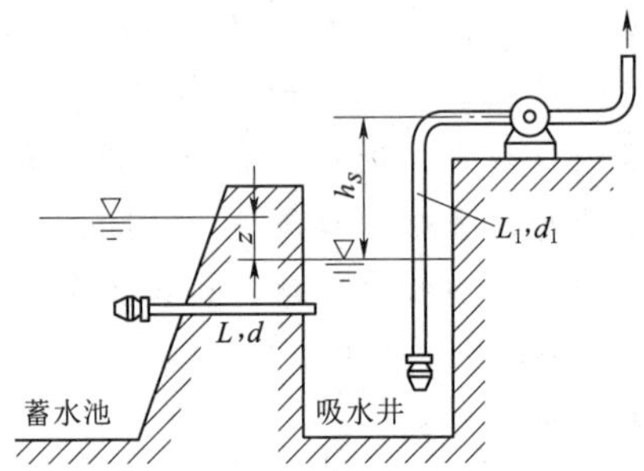

题图 3.6

(7) 穿黄工程是南水北调中线的关键工程，其中穿黄隧洞为双线有压输水隧洞，双线总设计流量为 $265m^3/s$，单个洞长 4250m。工程设计上下游水头差为 4m，隧洞主要分为邙山斜洞和过黄河隧洞，隧洞进口局部水头损失系数为 0.126，转弯处局部水头损失系数为 0.4，竖井及出口处局部水头损失系数为 0.337，试确定单个隧洞的管径 d。

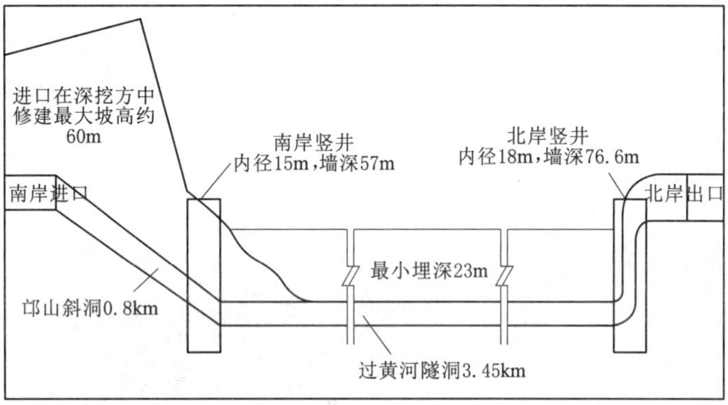

题图 3.7

拓展阅读——南水北调中线穿黄工程

甘甜的丹江水自邙山腹中俯冲而下，兵分两路潜入黄河。经过 3.45km 的潜伏，两条水龙冲破泥沙淤积的黄河滩区，在北岸焦作温县汇合入渠，一路北上京津。这就是南水北调中线穿黄工程。

总投资为 31.37 亿元的南水北调中线一期穿黄工程，位于郑州市以西约 30km 的河南荥阳市王村黄河孤柏嘴，于 2005 年 9 月 27 日开工建设，是南水北调工程中投资较大、施工难度最高、立交规模最大的控制工期建筑物。穿黄工程任务是将中线调水从黄河南岸输送到黄河北岸，向黄河以北地区供水，同时在水量丰沛时可向黄河相机补水。

南水北调中线穿黄工程由南岸明渠、穿黄隧洞及北岸明渠组成，黄河南岸明渠长 4.6km，穿黄隧洞全长 4.25km，北岸明渠长 9.3km。根据选定地形条件、建筑物布置及运行管理的要求，穿黄隧洞选定了南斜北竖、退水设施在南岸的双隧洞穿越布置方案，单洞直径 7m，最大埋深 35m。设计洪水标准为 300 年一遇，校核洪水标准为 1000 年一遇，一期工程设计流量为 $265m^3/s$，加大流量为 $320m^3/s$。穿黄隧洞水流为有压流，此流量大小与洞长、洞泾、材料及布设有关，可根据有压短管进行水力计算。

2007 年 7 月 8 日，国内首例用盾构方式穿越黄河的穿黄工程正式开始盾构掘进，作为南水北调中线技术含量最高、工程最复杂的项目，穿

拓展图 3.1

黄工程的动工意味着10多年来围绕南水北调中线如何穿黄的争论从此尘埃落定，被称为“飞龙在天”的渡槽方案落选，“隐身”地下的隧洞方案最终胜出。

南水北调中线穿黄工程是南水北调中线工程的“咽喉”，是中线总干渠穿越黄河的关键性、控制性工程。工程浩大，工作复杂，在建设过程中面临着很多难题与挑战。南水北调水利人发扬求真务实、开拓创新、一丝不苟、精益求精的精神，不但按设计要求圆满高质量完成了穿黄隧洞工程施工，而且在工程建设过程中还开创了我国的数个第一：第一次采用大直径隧洞穿越黄河，第一次在我国水利史上采用泥水加压平衡盾构进行隧洞施工，第一次应用双层衬砌的结构。

2014年12月12日南水北调中线工程正式通水，站在穿黄工程的荥阳观礼台上，向北看，黄河九曲十八弯摆动着腰身，浩荡东去；向南看，清澈的丹江水沿着地上明渠从南面奔腾而来。北上的长江通过两条穿黄隧洞与黄河立体交叉，穿越万古黄河，实现江河“相会而不汇”，使祖国的两大江河在此“会师握手”。

一种壮举总会孕育一种精神，一种精神必将铸就一种永恒。穿黄工程凝结着无数人的心血和智慧，孕育出团结协作、求实创新、担当奉献的精神意蕴。

项目 4　明渠恒定均匀流水力分析与计算

明渠是地球上最为生动、最富有创造力的生命纽带，川流不息的水流系统成就了人类文明和自然界万物生灵的繁茂。明渠作为输水的通道，广泛应用于水利水电工程中。我国著名的京杭大运河就是一条人工修建的明渠，在 2000 多年的历史过程中发挥了巨大的作用。

本项目的主要任务是科学分析明渠恒定均匀流水力现象及形成条件，利用明渠恒定均匀流公式精准进行水力计算，使明渠在保障水安全、修复水生态、优化水资源等方面发挥效益。

任务 1　明 渠 水 流 分 析

1　明渠和明渠水流

明渠是具有自由表面水流的渠道，灌渠、运河及天然河道等都属于明渠，见图 4.1。明渠根据形成原因可以分为天然河道和人工渠道。天然河道又分为山区河道和平原河道等，人工渠道是人为设计修建用来输水的建筑物。

S4.1

明渠水流

图 4.1

明渠中流动的水流为明渠水流，具有自由水面。自由水面上各点绝对压强均等于大气压强，相对压强为零，在自身重力作用下流动，所以明渠水流又称为无压流。天然河道、人工修建的渠道、无压隧洞及渡槽中的水流都属于明渠水流。

练一练（判断题）

（1）明渠水流的特点是具有自由水面。（　　）

（2）长江全长 6300 余 km，是我国第一长河，是人工渠道。（　　）

（3）明渠水流是有压流。（　　）

2　明渠横断面及水力要素

明渠的横断面有多种形式，人工渠道的横断面通常是对称的几何形状，常见的有梯形［图 4.2（a）］、矩形、圆形和 U 形等。而天然河道的横断面则常呈不规则的形状［图 4.2（b）］。

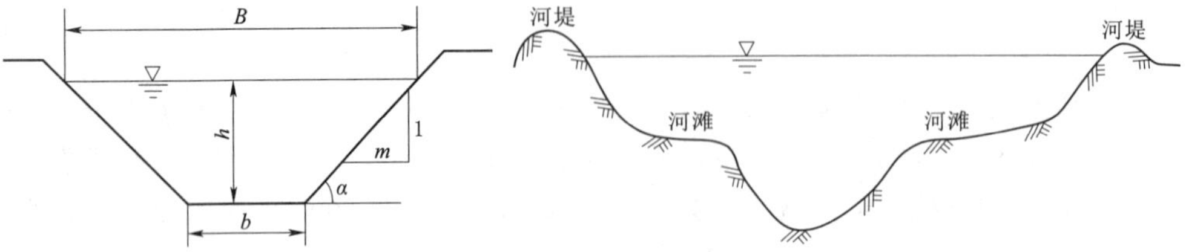

（a）人工渠道梯形横断面　　（b）天然河道横断面

图 4.2

水利工程中明渠修建在土质地基上时，通常采用梯形横断面，有利于渠道边坡稳定。渠道的底宽用 b 表示，水深用 h 表示，两岸边坡的倾斜程度用边坡系数 m 表示，边坡与水平面的夹角为 α，则定义 $m=\cot\alpha$，边坡系数 m 越大岸坡越缓，反之越陡，矩形过水断面边坡系数为零。边坡系数 m 的大小根据土的种类或护坡情况而定，具体选用时可以参照表 4.1 或有关技术资料。矩形横断面常用于岩石中开凿或两侧用条石砌筑而成的渠道，而圆形横断面常用于无压隧洞。

D4.2　梯形边坡系数

表 4.1　　梯形渠道的边坡系数 m 值

土 壤 种 类	边坡系数 m	土 壤 种 类	边坡系数 m
细沙土	3.0～3.5	一般黏土	1.0～1.5
沙壤土和松散壤土	2.0～2.5	密实的重黏土	1.0
密实壤土和轻黏壤土	1.5～2.0	半岩性抗水土壤	0.5～1.0
砾石和沙砾石土	1.5	风化的岩石	0.25～0.5
重黏壤土和密实的黄土	1.0～1.5	未风化的岩石	0～0.25

实际工程中最常见的明渠横断面为对称的梯形。根据几何知识可知梯形横断面［图 4.2（a）］相关水力要素如下：

水面宽度　$$B=b+2mh$$

过水断面面积　$$A=(b+mh)h$$

湿周　$$\chi=b+2h\sqrt{1+m^2}$$

水力半径　$$R=\frac{(b+mh)h}{b+2h\sqrt{1+m^2}}$$

常见明渠横断面形状的水力要素见表 4.2。

表 4.2 **常见明渠横断面水力要素**

横断面形状	水面宽度 B	过水断面面积 A	湿周 χ	水力半径 R
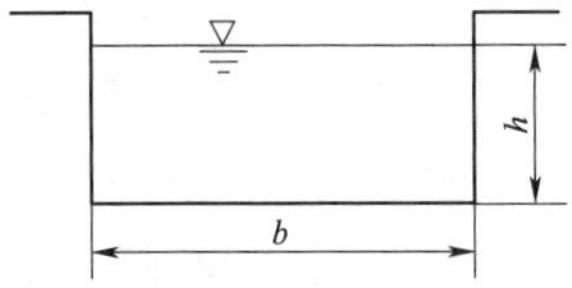	b	bh	$b+2h$	$\dfrac{bh}{b+2h}$
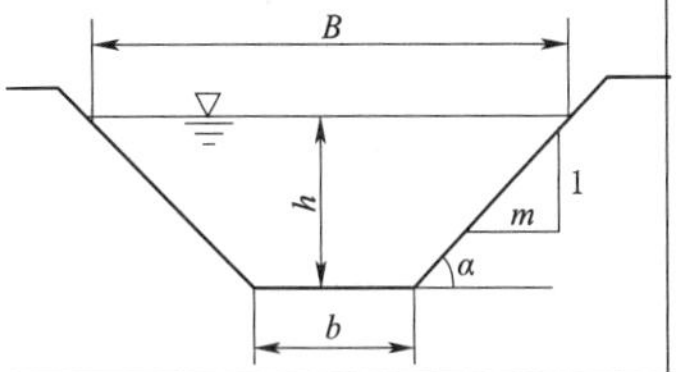	$b+2mh$	$(b+mh)h$	$b+2h\sqrt{1+m^2}$	$\dfrac{(b+mh)h}{b+2h\sqrt{1+m^2}}$
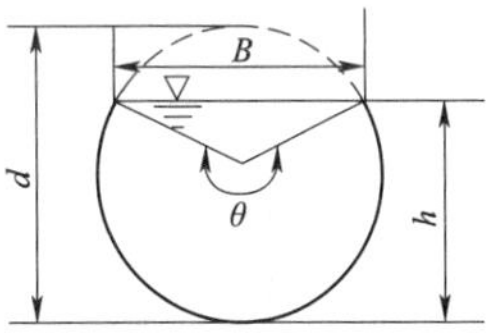	$2\sqrt{h(d-h)}$	$\dfrac{d^2}{8}(\theta-\sin\theta)$	$\dfrac{1}{2}\theta\cdot d$	$\dfrac{d}{4}\left(1-\dfrac{\sin\theta}{\theta}\right)$

注 圆形渠道中 θ 以弧度（rad）计。

练一练（判断题）

（1）明渠分为天然河道和人工渠道。（ ）

（2）在梯形横断面明渠中，边坡系数 m 越大，说明边坡越陡。（ ）

（3）明渠梯形横断面中水面宽度与底宽相同。（ ）

（4）明渠矩形过水断面的边坡系数为 1。（ ）

3 明渠的底坡及分类

沿水流运动的方向，明渠渠底单位流程下降的高度称为底坡，用 i 表示，i 为明渠渠底纵向高差 Δz 与沿流程渠道长度 L' 的比值，如图 4.3 所示。

$$i=\frac{\Delta z}{L'} \tag{4.1}$$

D4.3 渠道底坡定义及分类

当明渠的底坡很小时，可以近似认为明渠渠底线沿水流方向的长度 L' 等于它的水平投影长度 L。过水断面和水深可以近似沿铅直方向量取，即

$$i=\frac{z_1-z_2}{L}=\frac{\Delta z}{L} \tag{4.2}$$

根据明渠底坡的定义将底坡分为三种：

（1）当渠底高程沿流程下降时，即 $i>0$，称为正坡或顺坡。

（2）当渠底高程沿流程不变时，即 $i=0$，称为平坡。

（3）当渠底高程沿流程升高时，

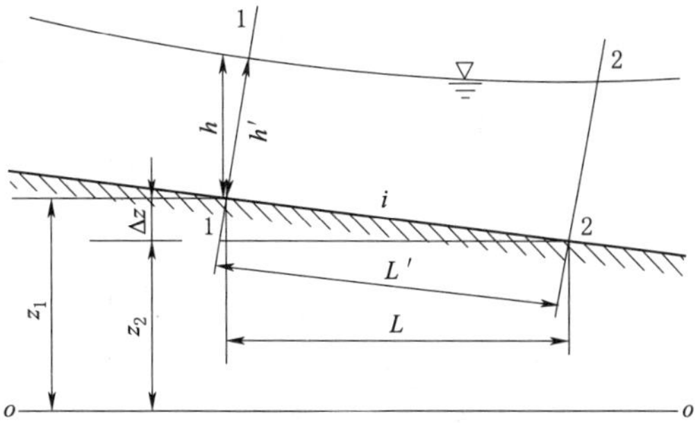

图 4.3

即 $i<0$，称为逆坡或负坡。

在水利工程中由于地形、地质条件的改变或水流运动条件的需要，在不同的渠段，横断面形状、尺寸或底坡并不完全相同。当横断面形状、尺寸及底坡沿流程不变，同时又无弯曲的渠道，称为棱柱体渠道，反之则称为非棱柱体渠道，如渡槽槽身段为棱柱体渠道，渡槽进出口段、水闸进出口渐变段为非棱柱体渠道。棱柱体渠道过水断面面积随水深变化而变化，即 $A=f(h)$；非棱柱体渠道过水断面面积随水深、流程而变化，即 $A=f(h, L)$。

练一练（判断题）

(1) 底坡一定为正值。　(　　)

(2) 当 $i=0$ 时，渠道底坡是水平的。　(　　)

(3) 渠道断面形状、尺寸和底坡沿程不变的顺直渠道为棱柱体渠道。　(　　)

(4) 棱柱体渠道的粗糙程度必须沿程不变。　(　　)

4　明渠恒定均匀流特性及形成条件

明渠恒定流中，若水力要素沿流程不变，这种水流称为明渠恒定均匀流，反之则称为明渠恒定非均匀流。

W4.4

明渠均匀流特点及形成条件

4.1　明渠恒定均匀流的特性

明渠恒定均匀流的运动要素沿流程不变，其流线是相互平行的直线。明渠恒定均匀流具有下列特征：

(1) 过水断面的形状和尺寸沿程保持不变。

(2) 过水断面的流速分布沿程保持不变，故断面平均流速 v、断面水深 h 和流速水头沿程保持不变。

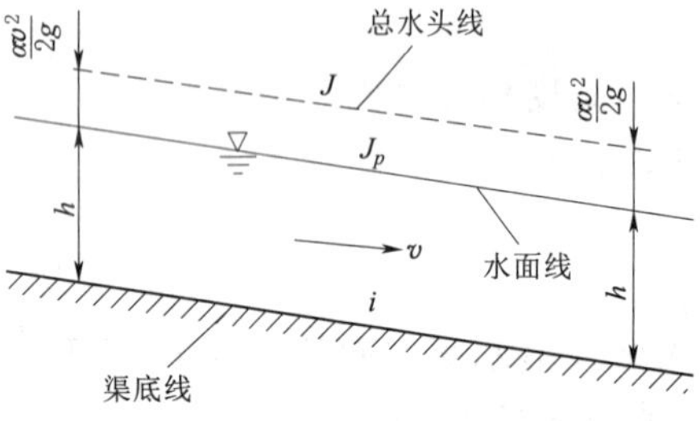

图 4.4

(3) 总水头线、水面线（测压管水头线）和渠底线三线相互平行，如图 4.4 所示。反映总水头线陡缓程度的水力坡度 J、反映测压管水头线（水面线）陡缓程度的水面坡度 J_p 和反映渠底线陡缓程度的底坡 i 三者相等，即 $J=J_p=i$。明渠恒定均匀流是一种等速直线流动，故作用在流动水体上的外力保持平衡，即重力沿流程方向的分力与边界对水流的阻力为平衡力。

4.2　明渠均匀流的形成条件

由于明渠恒定均匀流有上述特性，为了保证渠道内形成明渠恒定均匀流，则需要满足一定的条件：

(1) 水流必须是恒定流，沿程没有流量流出和汇入。

(2) 渠道必须是长直的棱柱体正坡渠道，且底坡沿程不变。

(3) 明渠的粗糙系数沿程不变。

(4) 渠段中不存在任何阻碍水流运动的建筑物。

渠道只有完全满足上述条件才能形成明渠恒定均匀流。因此，实际水利工程中真正意义上的明渠恒定均匀流是极少存在的，但一般对于人工顺坡渠道，渠线较顺直，过水断面形状、尺寸及底坡在较长流程保持不变，且边界条件无显著变化，基本上能满足均匀流的产生条件，则可按均匀流进行水力计算。对于天然河道的某些顺直且断面变化不大的河段，也可按均匀流近似估算。

练一练（判断题）

(1) 明渠恒定均匀流水面线与渠底线不一定平行。 ( )

(2) 非棱柱体渠道可以发生明渠恒定均匀流。 ( )

(3) 明渠恒定均匀流一定发生在顺坡上。 ( )

5 明渠恒定均匀流的计算公式

1769年，法国工程师谢才通过对明渠恒定均匀流进行研究，总结出明渠恒定均匀流水力计算的经验公式，称为谢才公式，即

$$v=C\sqrt{RJ} \tag{4.3}$$

因明渠恒定均匀流的水力坡度 J 等于底坡 i，则明渠恒定均匀流的流量公式可写为

$$Q=AC\sqrt{Ri} \tag{4.4}$$

为计算方便，令 $K=AC\sqrt{R}$，K 为单位底坡上的明渠均匀流流量，称为流量模数，与流量的单位相同。它综合反映了明渠断面形状、尺寸和粗糙程度对渠道过流能力的影响。则明渠均匀流流量公式也可写为

$$Q=K\sqrt{i} \tag{4.5}$$

W4-5 明渠均匀流公式及流量计算

实际工程中，明渠水流的流态多属于紊流阻力平方区，通常采用将曼宁公式代入明渠均匀流的流量公式，可得

$$Q=\frac{A}{n}R^{2/3}i^{1/2} \tag{4.6}$$

在水力计算中，为区别明渠非均匀流水深 h，通常将明渠均匀流的水深称为正常水深，以 h_0 表示。由式（4.4）可以看出，正常水深 h_0 大小与流量 Q、过水断面形状尺寸、粗糙系数 n 及底坡 i 有关。

粗糙系数 n 的选择对明渠水力计算结果和工程造价影响很大。在渠道设计时如果选择的 n 值小于实际值，则计算出的渠道横断面面积小于需要的过水断面面积，会导致渠道过水能力不足，实际流速偏小，不能满足工程需求。反之若 n 值大于实际值，则渠道断面偏大，导致工程量增大，同时实际流速过高可能引起渠道被冲刷导致破坏。

对于人工渠道的粗糙系数，由于生产实践已积累了丰富资料，因此计算时可参照表4.3或有关水力计算手册选取。对于十分重要的工程，其粗糙系数需要由实测资料来确定。

天然河道的粗糙系数比较复杂，往往与河道的组成、植被情况、农田、庄稼等因素有关，一般应根据实测资料来确定。无实测资料的情况下，可参照表4.4或有关资料选取。

表 4.3　　各种材料人工渠道的粗糙系数 n 值

明渠壁面材料情况及描述		表面粗糙情况		
		较好	中等	较差
1. 土渠	清洁、形状正常	0.020	0.0225	0.025
	不通畅、并有杂草	0.027	0.030	0.035
	渠线略有弯曲、有杂草	0.025	0.030	0.033
	挖掘机挖成的土渠	0.0275	0.030	0.033
	沙砾渠道	0.025	0.027	0.030
	细沙砾渠道	0.027	0.030	0.033
	土底、石砌坡岸渠	0.030	0.033	0.035
	不光滑的石底、有杂草的土坡渠	0.030	0.035	0.040
2. 石渠	清洁的、形状正常的凿石渠	0.030	0.033	0.035
	粗糙的断面不规则的凿石渠	0.040	0.045	
	光滑而均匀的石渠	0.025	0.035	0.040
	精细地开凿的石渠		0.02～0.025	
3. 各种材料护面的渠道	三合土（石灰、沙、煤灰）护面	0.014	0.016	
	浆砌砖护面	0.012	0.015	0.017
	条石砌面	0.013	0.015	0.017
	浆砌块石护面	0.017	0.025	0.030
	干砌块石护面	0.023	0.032	0.035
4. 混凝土渠道	抹灰的混凝土或钢筋混凝土护面	0.011	0.012	0.013
	无抹灰的混凝土或钢筋混凝土护面	0.013	0.014～0.015	0.017
	喷浆护面	0.016	0.018	0.021
5. 木质渠道	刨光木板	0.012	0.013	0.014
	未刨光木板	0.013	0.014	0.015

表 4.4　　天然河道的粗糙系数 n 值

河槽类型及情况	最小值	正常值	最大值
一、小河（洪水位的水面宽度小于 30m）			
1. 平原河流			
（1）清洁、顺直、无浅滩深潭	0.025	0.030	0.033
（2）同上，但块石多、杂草多	0.030	0.035	0.040
（3）清洁，弯曲有浅滩深潭	0.033	0.040	0.045
（4）同上，但有块石杂草	0.035	0.045	0.050
（5）同上，水深较浅、河底坡度多变，平面上回流区较多	0.040	0.048	0.055
（6）同（4）但块石多	0.045	0.050	0.060
（7）多杂草、有深潭、流动缓慢的河段	0.050	0.070	0.080

续表

河槽类型及情况	最小值	正常值	最大值
(8) 多杂草的河段、深潭多或林木滩地上的过洪	0.075	0.100	0.150
2. 山区河流（河槽无草木、河岸较陡，岸坡树丛过洪时淹没）			
(1) 河底为砾石、卵石、间有孤石	0.030	0.040	0.050
(2) 河底为卵石和大孤石	0.040	0.050	0.070
二、大河（洪水位的水面宽度大于30m）			
相应于上述小河各种情况，因河岸阻力相对较小，n值略小			
1. 断面比较规则整齐、无孤石或丛木	0.025		0.060
2. 断面不规则整齐、床面粗糙	0.035		0.100
三、洪水时期滩地漫流			
1. 草地、无树丛			
(1) 短草	0.025	0.030	0.035
(2) 长草	0.030	0.035	0.050
2. 耕地			
(1) 未熟庄稼	0.020	0.030	0.040
(2) 已熟成行庄稼	0.025	0.035	0.045
(3) 已熟密植庄稼	0.030	0.040	0.050
3. 矮树丛			
(1) 稀疏、多杂草	0.035	0.050	0.070
(2) 不密、夏季情况	0.040	0.060	0.080
(3) 茂密、夏季情况	0.070	0.100	0.160
4. 树木			
(1) 平整田地，干树无枝	0.030	0.040	0.050
(2) 同上，干树多新枝	0.050	0.060	0.080
(3) 密林、树下植物少、洪水位在枝下	0.080	0.100	0.120
(4) 同上，洪水位淹没树枝	0.100	0.120	0.160

练一练（判断题）

(1) 明渠水流的水深称为正常水深。（　　）

(2) 其他条件不变的情况下，正常水深与底坡 i 成反比。（　　）

(3) 明渠均匀流正常水深与粗糙系数无关。（　　）

任务自测（选择题）

(1) 关于明渠水流下列说法错误的是（　　）。

A. 无压水流　　B. 有自由水面　　C. 靠重力流动　　D. 横断面周长等于湿周

(2) 对称梯形横断面过水断面面积 A（　　）。

A. $A=b+2mh$　　B. $A=(b+mh)h$

C. $A=b+2h\sqrt{1+m^2}$　　D. $A=\dfrac{(b+mh)h}{b+2h\sqrt{1+m^2}}$

(3) 当明渠底坡 $i=0$ 时，称为（　　）。

A. 正坡　B. 平坡　C. 负坡　D. 逆坡

(4) 明渠恒定均匀流是指（　　）。

A. 速度方向不变，大小可以沿流向改变的流动

B. 运动要素随时间变化的流动

C. 过水断面流速均匀分布的流动

D. 运动要素沿流程不变的流动

(5) J 为水力坡度，J_p 为水面坡度，i 为底坡，则明渠恒定均匀流的特征是（　　）。

A. $J=J_p=i$　　B. $J\neq J_p\neq i$

C. $J<J_p<i$　　D. 上述都不是

(6) 明渠均匀流的水深与（　　）无关。

A. 粗糙系数　B. 底坡　C. 过水断面面积　D. 渠道长度

(7) 红旗渠干渠中最长的夺丰渡槽，分为上、下两段，下段长 241m，槽底落差 0.268m，则夺丰渡槽下段底坡 i 为（　　）。

A. 正坡　B. 负坡　C. 平坡　D. 都不是

任务 2　明渠恒定均匀流水力计算

1　渠道过流能力计算

在水利工程中通常需要校核已建成渠道的过流能力，以及对长期使用或计划进行改建渠道进行复核计算，绘制渠道的水深与流量关系曲线，供管理调度使用。这类计算都是根据实测渠道过水断面的形状尺寸、正常水深 h_0、粗糙系数 n、底坡 i，求渠道通过的流量。本任务通过实际工程案例来学习如何进行渠道过流能力计算。

【案例 4.1】 一条矩形横断面的输水渠道，底宽 $b=10\text{m}$，底坡 $i=1.25\times10^{-4}$，粗糙系数 $n=0.028$，试计算当正常水深 $h_0=4\text{m}$ 时能否通过设计流量 $Q_{设}=27\text{m}^3/\text{s}$。

【分析与计算】

(1) 计算过水断面水力要素。

由已知条件可知渠道中为均匀流，正常水深 $h_0=4\text{m}$，则

过水断面面积　$A=bh_0=10\times4=40(\text{m}^2)$

湿周　$\chi=b+2h_0=10+2\times4=18(\text{m})$

水力半径　$R=\dfrac{A}{\chi}=\dfrac{40}{18}=2.222(\text{m})$

谢才系数　$C=\dfrac{1}{n}R^{1/6}=\dfrac{1}{0.028}\times2.22^{1/6}=40.798$

(2) 计算流量。

代入明渠均匀流流量公式（4.4）可得

$$Q=AC\sqrt{Ri}=40\times40.798\times\sqrt{2.22\times0.000125}=27.199(\mathrm{m^3/s})$$

通过计算校核可知，渠道能通过 $Q_{设}=27\mathrm{m^3/s}$ 的流量。

2　渠道断面尺寸确定

在渠道断面尺寸确定时，设计流量 Q 由渠道所承担的输水任务确定，边坡系数 m 和粗糙系数 n 根据渠道经过地段的地质条件、地形、建渠材料及施工工艺选定，渠道底坡 i 根据渠道所经地段的地形、流量以及水流泥沙含量等情况综合考虑确定。

渠道断面尺寸确定就是在已知流量 Q、边坡系数 m、粗糙系数 n、底坡 i 的条件下，确定渠道底宽 b 和渠道的高度。渠道的高度一般按渠道设计流量下的水深加上岸顶超高确定，对于有条件发生均匀流的渠道，渠道的水深按正常水深 h_0 计算，岸顶超高是为保证输水安全，渠道顶部应超出水面的高度，其取值与渠道的种类、级别及流量等因素有关。而渠道断面尺寸确定有两种情况：一种根据实际情况给定 h_0 求 b，或给定 b 求 h_0；另一种是给定宽深比 $\beta=\dfrac{b}{h_0}$，求 b、h_0 值。

2.1　已知水深 h_0 求底宽 b，或已知底宽 b 求水深 h_0

渠道的正常水深 h_0 是水力计算中的重要参数。当已知流量 Q、底坡 i、粗糙系数 n、底宽 b 及边坡系数 m 求正常水深 h_0 时，由明渠均匀流公式可以看出直接求解 h_0 很困难，因此可以采用试算法求解，具体计算方法见案例 4.2。

W4.6

明渠断面尺寸计算

【案例 4.2】 一条梯形横断面的灌溉渠道，底宽 $b=8\mathrm{m}$，底坡 $i=0.0003$，边坡系数 $m=1.5$，浆砌石护面，试求当通过流量 $Q=9.80\mathrm{m^3/s}$ 并保证超高 $\Delta h=0.5\mathrm{m}$ 时渠堤的高度。

【分析与计算】

渠道为浆砌石护面，查表 4.3 得粗糙系数 $n=0.025$。根据分析可知，正常水深 h_0 加上超高即得渠堤的高度，因此本案例主要难点在于求解正常水深 h_0，可以利用试算法进行求解。

首先假设多个 h_0 值（一般不少于 3 个），利用明渠均匀流公式求出相对应的流量 Q，这些试算出的流量既有大于也有小于已知流量的，然后点绘出 h_0-Q 曲线，在曲线上由已知流量 Q 查出相应的 h_0，此 h_0 值即为所求。

（1）初设 $h_0=1.0\mathrm{m}$，则

$$A=(b+mh_0)h_0=(8+1.5\times1.0)\times1.0=9.5(\mathrm{m^2})$$

$$\chi=b+2h_0\sqrt{1+m^2}=8+2\times1.0\times\sqrt{1+1.5^2}=11.61(\mathrm{m})$$

$$R=\frac{A}{\chi}=\frac{9.50}{11.61}=0.82(\mathrm{m})$$

$$C=\frac{1}{n}R^{1/6}=\frac{1}{0.025}\times0.82^{1/6}=38.69$$

$$Q=AC\sqrt{Ri}=9.5\times38.69\times\sqrt{0.82\times0.0003}=5.76(\mathrm{m^3/s})<9.80\mathrm{m^3/s}$$

（2）计算流量与已知流量不相符，再假设水深进行计算，分别设 $h_0=1.5\mathrm{m}$、$2.0\mathrm{m}$、$2.5\mathrm{m}$，将计算结果列入表 4.5。

表 4.5　　　　　　　　　　　　**正常水深计算表**

	A	B	C	D	E	F
1	$Q=$	9.80	$b=$	8	$i=$	0.0003
2	$m=$	1.5	$n=$	0.025		
3	h/m	A/m^2	χ/m	R/m	C	$Q/(\mathrm{m}^3/\mathrm{s})$
4	1	9.50	11.61	0.82	38.69	5.76
5	1.5	15.38	13.41	1.15	40.92	11.67
6	2.0	22.00	15.21	1.45	42.54	19.49
7	2.5	29.38	17.01	1.73	43.81	29.29

（3）利用表4.5中的数据，以流量Q为横坐标，水深h_0为纵坐标，点绘出h_0-Q曲线，如图4.5所示。

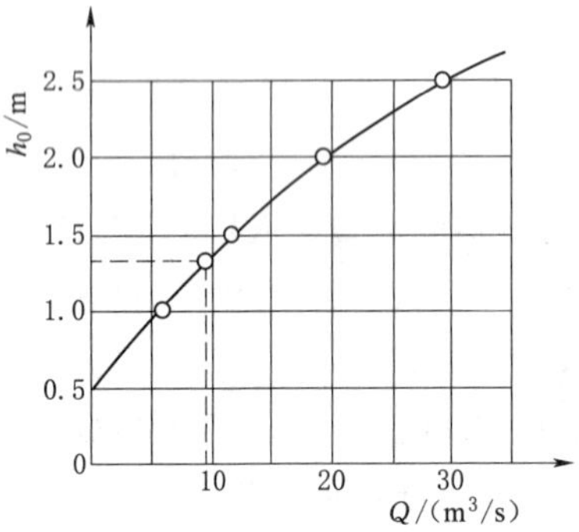

图 4.5

（4）从横坐标为$Q=9.80\mathrm{m}^3/\mathrm{s}$的点作铅直线与$h_0-Q$曲线相交，该交点对应的纵坐标$h_0=1.36\mathrm{m}$，即为所求。

故渠堤高度为

$$h_0+\Delta h=1.36+0.5=1.86(\mathrm{m})$$

从以上计算步骤可以看出，常规试算法计算正常水深h_0较为麻烦，因此可以利用Excel中的单变量求解功能来方便计算，操作方法如下：

如表4.5所示，首先把已知的基本水力要素Q、b、i等填入单元格A1：F2中；

假设初始水深h，分别计算相应的A、χ、R、C填充计算到单元格B4：E4；根据假设水深计算相应的流量Q，填充计算到单元格F4；

以F4单元格为目标单元格，设计流量9.80为目标值，A4为可变单元格，单变量求解，可以得出当$h_0=1.36\mathrm{m}$时，相应流量$Q=9.80\mathrm{m}^3/\mathrm{s}$。根据表4.5，主要水力要素的Excel计算式见表4.6。

表 4.6　　　　　　　　**正常水深计算表 Excel 主要输入式**

序号	水力参数	单元格	Excel 输入式	水力计算式
1	A	B4	=(D1+B2 * A4) * A4	$(b+mh)h$
2	χ	C4	=D1+2 * A4 * SQRT(1+B2 * B2)	$b+2h\sqrt{1+m^2}$
3	R	D4	=B4/C4	$\frac{A}{\chi}$
4	C	E4	=1/D2 * D4^(1/6)	$\frac{1}{n}R^{\frac{1}{6}}$
5	Q	F4	=B4 * E4 * SQRT(D4 * F1)	$AC\sqrt{Ri}$

具体的案例分析可以通过微课进一步学习。

2.2 已知宽深比 $\beta\left(\beta=\dfrac{b}{h_0}\right)$，求 b、h_0 值

当已知宽深比 β 进行断面尺寸设计时，对于复杂断面可以使用试算法，假设水深 h，计算底宽 b，断面面积 A、湿周 χ、水力半径 R、谢才系数 C、流量 Q，判断计算流量是否与已知流量相等，如果不等则重新假设，具体计算过程与案例4.2类似。而对于简单的梯形、矩形过水断面可直接求解，具体计算见案例4.3。

【案例4.3】 一条梯形横断面的排水渠道，已知：底坡 $i=0.0002$，边坡系数 $m=1.5$，粗糙系数 $n=0.025$，需要通过的设计流量 $Q=2\text{m}^3/\text{s}$，渠道宽深比 $\beta=b/h_0=0.7$。求渠道底宽 b、水深 h_0 值。

【分析与计算】

已知 $\beta=b/h_0=0.7$，则 $b=0.7h_0$

又
$$A=(b+mh_0)h_0=(0.7h_0+1.5h_0)h_0=2.2h_0^2$$

$$\chi=b+2h_0\sqrt{1+m^2}=0.7h_0+2h_0\sqrt{1+1.5^2}\approx 4.31h_0$$

$$R=\frac{A}{\chi}=\frac{2.2h_0^2}{4.31h_0}=0.511h_0$$

$$C=\frac{1}{n}R^{1/6}=\frac{1}{0.025}\times(0.511h_0)^{1/6}=35.765h_0^{1/6}$$

$$Q=AC\sqrt{Ri}=2.2h_0^2\times 35.765h_0^{1/6}\times\sqrt{0.511h_0\times 0.0002}=0.795h_0^{8/3}$$

将 $Q=2\text{m}^3/\text{s}$ 代入上式可得

$$h_0=\left(\frac{Q}{0.795}\right)^{3/8}=\left(\frac{2}{0.795}\right)^{3/8}=1.413(\text{m})$$

则 $b=0.7h_0=0.7\times 1.413=0.989$（m）

练一练（选择题）

明渠均匀流正常水深Excel单变量求解计算表，如题表4.1所示，根据表格回答问题。

题表4.1　　　正常水深计算表

	A	B	C	D	E	F
1	$Q=$	9.68	$b=$	7	$i=$	0.0003
2	$m=$	1.5	$n=$	0.025		
3	h/m	A/m^2	χ/m	R/m	C	$Q/(\text{m}^3/\text{s})$
4	1	8.50	10.61	0.80	38.54	5.08

（1）底宽 b 的数值在（　　）单元格中。

A. B1　　B. C1　　C. D1　　D. F1

（2）C4单元格中的Excel公式是（　　）。

A. =(D1+B2*A4)*A4

B. =D1+2 * A4 * SQRT(1+B2 * B2)

C. =1/D2 * D4^(1/6)

D. =B4 * E4 * SQRT(D4 * F1)

(3) 利用单变量求解正常水深时，目标单元格是（　　）。

A. A4　　B. B4　　C. E4　　D. F4

3　明渠均匀流其他计算

3.1　渠道的底坡确定

求解明渠均匀流渠段的渠底高程差或水面落差都可以归纳为确定渠道底坡 i 的问题，即已知渠道的设计流量 Q、粗糙系数 n、断面形状和尺寸，求底坡 i，具体计算见案例 4.4。

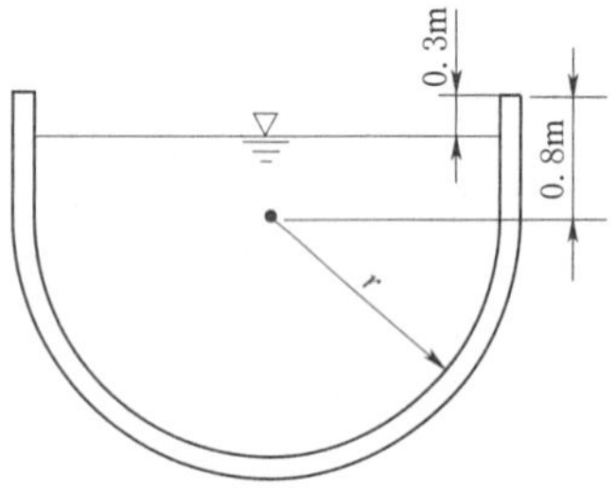

图 4.6

【案例 4.4】 一 U 形断面渡槽，长度 $L=200$m，底部半圆的直径 $d=2$m，上部侧墙高 $h+\Delta h=0.8$m（其中 $\Delta h=0.3$m 为安全超高），如图 4.6 所示。采用抹灰的混凝土护面，试计算当设计流量 $Q=5.5\text{m}^3/\text{s}$ 时渡槽两端渠底高程差 Δz。

【分析与计算】

经分析可知，本案例渡槽两端渠底高程差可以利用渡槽长度与底坡 i 的乘积求得，因此需要求解渡槽底坡 i。渡槽为抹灰的混凝土护面，查表 4.3 粗糙系数取 $n=0.013$。

(1) 计算过水断面水力要素。

$$A=dh+\frac{1}{2}\pi\left(\frac{d}{2}\right)^2=2\times(0.8-0.3)+\frac{1}{2}\times3.14\times\left(\frac{2}{2}\right)^2=2.57(\text{m}^2)$$

$$\chi=2h+\pi\left(\frac{d}{2}\right)=2\times(0.8-0.3)+3.14\times\left(\frac{2}{2}\right)=4.14(\text{m})$$

$$R=\frac{A}{\chi}=\frac{2.57}{4.14}=0.621(\text{m})$$

$$C=\frac{1}{n}R^{1/6}=\frac{1}{0.013}\times(0.621)^{1/6}=71.051$$

(2) 计算底坡 i。

$$i=\frac{Q^2}{C^2A^2R}=\frac{5.5^2}{71.051^2\times2.57^2\times0.621}=0.001461$$

则渠底高程差 $\Delta z=iL=0.001461\times200=0.292(\text{m})$

3.2　河渠粗糙系数的计算

当无法实测河渠的粗糙系数 n 时，如果水流为均匀流，可以根据已知断面的尺寸、底坡 i 及实测通过的流量 Q，通过 $n=\frac{A}{Q}R^{2/3}i^{1/2}$ 直接求解。

练一练（判断题）

（1）渡槽两端渠底高程差等于渡槽长度 L 乘以底坡 i。（　　）

（2）沙河渡槽是南水北调中线工程的关键性工程，因多项工程指标排名世界第一而被誉为“世界第一渡槽”。沙河渡槽水流为有压流。（　　）

（3）渡槽槽身段水流为明渠恒定均匀流。（　　）

4　明渠均匀流计算中几个问题

在水利工程设计中还会遇到一些明渠均匀流水力计算的问题，下面针对常见的几个问题进行学习。

4.1　水力最佳断面

在渠道底坡 i 和粗糙系数 n 已定的条件下，若选定的横断面形状满足下列条件之一：①流量 Q 一定时过水断面面积 A 最小；②过水断面面积 A 一定时通过的流量 Q 最大，这种断面称为水力最佳断面。

由式（4.6）可知，当渠道底坡 i、粗糙系数 n 和过水断面面积 A 一定时，湿周 χ 越小（即水力半径 R 越大），则通过的流量 Q 越大。

梯形断面最小湿周所对应的宽深比称为梯形断面的水力最佳宽深比，用 $\beta_{佳}$ 表示。梯形断面面积 $A=(b+mh)h$，湿周 $\chi=b+2h\sqrt{1+m^2}$，过水断面面积和湿周分别对水深求导，令一阶导数为零，化简可得

$$\beta_{佳}=\frac{b}{h}=(2\sqrt{1+m^2}-m)=f(m) \tag{4.7}$$

式（4.7）表明：梯形水力最佳断面的宽深比 $\beta_{佳}$ 仅是边坡系数 m 的函数。而对于矩形渠道，因边坡系数 $m=0$，则 $\beta_{佳}=2$ 或 $b_m=2h_m$。

水力最佳断面并不一定是经济最优断面，一般土质渠道的边坡系数 $m>1$，水力最佳断面宽深比 $\beta_{佳}<1$，渠道断面都是窄深式的，虽然工程量小但需深挖高填，对于大型渠道来说不便于施工和维护。因此工程上一般在水力最佳断面的基础上宽浅一些，使其断面面积略大于水力最佳断面的面积，这种断面称为实用经济断面。渠道断面尺寸设计时宽深比的选择即要考虑水力最佳断面，也要考虑实用经济断面，关于实用经济断面宽深比可查相关手册确定，这里不再介绍。

4.2　综合粗糙系数

由于不同材料的粗糙系数 n 并不相同，因此当渠道底部、边壁采用不同材料时，粗糙系数将沿湿周发生变化。当明渠的过水断面上的粗糙系数沿湿周发生变化时，这种渠道称为非均质渠道，如图 4.7 所示。

对于非均质渠道进行水力计算时，可采用综合粗糙系数等效代替沿湿周不同的粗糙系数。综合粗糙系数可以用下式计算。

$$n_{综}=\sqrt{\frac{\sum n_i^2\chi_i}{\sum \chi_i}} \tag{4.8}$$

4.3　复式断面明渠均匀流计算

当渠道流量变化范围较大时，渠道的断面形状常采用复式断面（图 4.8）。复式

断面明渠均匀流计算时，先将断面划分为水深不等的若干部分（图4.8中Ⅰ、Ⅱ、Ⅲ），利用明渠均匀流公式分别计算出各自的流量 Q_i，再进行叠加得到渠道的总流量 Q，即

$$Q=\sum Q_i=\sum K_i\sqrt{i} \tag{4.9}$$

通过式（4.9）可以看出，通过复式断面渠道的流量为通过各部分流量的总和。利用式（4.9）时需要注意：计算各部分湿周时不能计入划分过水断面的分界线，同时保证同一过水断面上各部分的底坡相同。

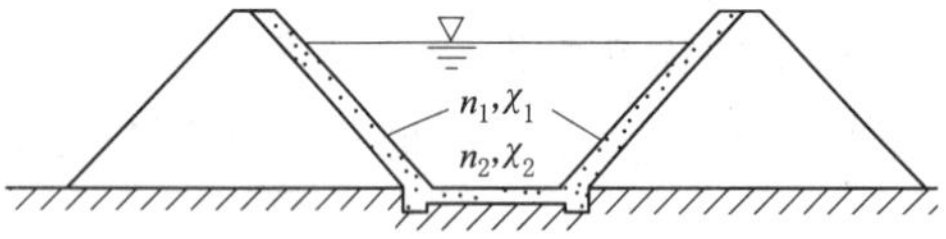

图4.7

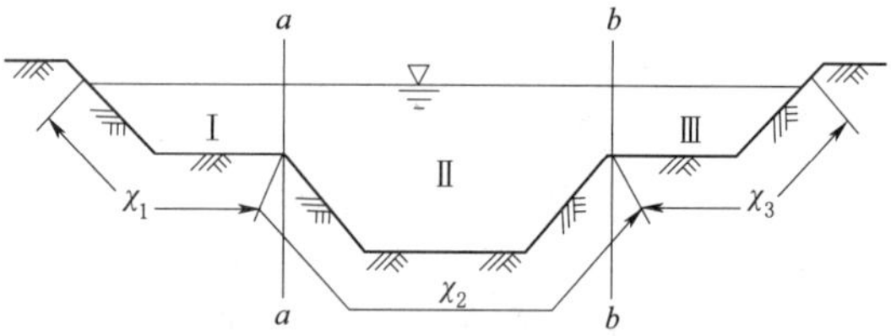

图4.8

4.4 渠道的允许流速

渠道中存在不同大小的过水断面，因此会出现不同的平均流速。流速过大时，可能冲刷渠槽使渠道遭到破坏；流速过小时，会导致水流中的泥沙淤积，影响渠道过流能力。所以在设计渠道时除考虑技术经济因素之外，还应根据渠道担负的生产任务（灌溉、水电站供水、航运等）、渠槽表面的建筑材料、水流的含沙量及运行管理等技术方面的要求，对渠道中的流速进行限制，使渠道满足不冲不淤及其他技术要求。

设计流速是在渠道设计时所选取的设计流量下的渠道断面平均流速，土渠的设计流速宜控制在0.6～0.9m/s，最小不宜小于0.3m/s，最大不宜超过1.0m/s。寒冷地区冬、春季灌溉渠道，设计流速不宜小于1.5m/s。

不冲允许流速 $v_{不冲}$ 是指渠道免遭水流冲刷破坏的最大限制流速。它的大小取决于渠道的建筑材料（如土渠中土壤的种类、级配及密实程度）或衬砌材料，还与渠道中流量、水深及水流的挟沙情况有关。各种材质渠道的 $v_{不冲}$ 值见表4.7～表4.10。

不淤允许流速 $v_{不淤}$ 是指保证渠中水流所挟的泥沙不淤积的最小流速。它的大小与水流条件及挟沙特性等多方面因素有关。

表4.7　黏性土质渠道 $v_{不冲}$ 值表

土　质	不冲允许流速/(m/s)	土　质	不冲允许流速/(m/s)
轻壤土	0.60～0.80	重壤土	0.70～0.95
中壤土	0.65～0.85	黏土	0.75～1.00

注　表中所列允许不冲流速值为水力半径 $R=1.0$m 的情况。当 $R\neq1.0$m 时，表中所列值应乘以 R^{α}。指数 α 值可按下列情况采用：①疏松的壤土、黏土，$\alpha=1/3$～$1/4$；②中等密实的和密实的壤土、黏土，$\alpha=1/4$～$1/5$。

表 4.8　　**非黏性土渠道 $v_{不冲}$ 值表**　　单位：m/s

土　质	粒径/mm	水深/m			
		0.4	1.0	2.0	≥3.0
淤泥	0.005～0.050	0.12～0.17	0.15～0.21	0.17～0.24	0.19～0.26
细砂	0.050～0.250	0.17～0.27	0.21～0.32	0.24～0.37	0.26～0.40
中砂	0.250～1.000	0.27～0.47	0.32～0.57	0.37～0.65	0.40～0.70
粗砂	1.000～2.500	0.47～0.53	0.57～0.65	0.65～0.75	0.70～0.80
细砾石	2.500～5.000	0.53～0.65	0.65～0.80	0.75～0.90	0.80～0.95
中砾石	5.000～10.00	0.65～0.80	0.80～1.00	0.90～1.10	0.95～1.20
大砾石	10.00～15.00	0.80～0.95	1.00～1.20	1.10～1.30	1.20～1.40
小卵石	15.00～25.00	0.95～1.20	1.20～1.40	1.30～1.60	1.40～1.80
中卵石	25.00～40.00	1.20～1.50	1.40～1.80	1.60～2.10	1.80～2.20
大卵石	40.00～75.00	1.50～2.00	1.80～2.40	2.10～2.80	2.20～3.00
小漂石	75.00～100.0	2.00～2.30	2.40～2.80	2.80～3.20	3.00～3.40
中漂石	100.0～150.0	2.30～2.80	2.80～3.40	3.20～3.90	3.40～4.20
大漂石	150.0～200.0	2.80～3.20	3.40～3.90	3.90～4.50	4.20～4.90
顽石	>200.0	>3.20	>3.90	>4.50	>4.90

注　表中所列允许不冲水流值为水力半径 $R=1.0$m 的情况。当 $R\neq1.0$m 时，表中所列值应乘以 R^{α}，指数 α 值可采用 $\alpha=1/3\sim1/5$。

表 4.9　　**石 渠 $v_{不冲}$ 值 表**　　单位：m/s

岩　性	水深/m			
	0.4	1.0	2.0	3.0
砾石、泥石灰、页岩	2.0	2.5	3.0	3.5
石灰岩、致密的砾石、砂岩、白云石灰岩	3.0	3.5	4.0	4.5
白云砂岩、致密的石灰岩、硅质石灰岩、大理石	4.0	5.0	5.5	6.0
花岗岩、辉绿岩、玄武岩、安山岩、石英岩、斑岩	15.0	18.0	20.0	22.0

表 4.10　　**防渗衬砌渠道 $v_{不冲}$ 值表**

防渗补砌结构类型			允许不冲流速/(m/s)	防渗补砌结构类型		允许不冲速流/(m/s)
土料	黏土、黏砂混合土		0.75～1.00	膜料（土料保护层）	砂壤土、轻壤土	<0.45
	灰土、三合土、四合土		<1.00		中壤土	<0.60
水泥土	现场填筑		<2.50		重壤土	<0.65
	预制铺砌		<2.00		黏土	<0.70
砌石	干砌乱石（挂淤）		2.50～4.00		砂砾料	<0.90
	浆砌卵石		3.00～5.00	沥青混凝土	现场浇筑	<3.00
	浆砌块石	单层	2.50～4.00		预制铺砌	<2.00
		双层	3.50～5.00	混凝土	现场浇筑	<8.00
	浆砌料石		4.00～6.00		预制铺砌	<5.00
	浆砌石板		<2.50		喷射法施工	<10.0

注　表中土料类和膜料类（土料保护层）防渗衬砌结构的允许不冲流速值为水力半径 $R=1.0$m 的情况。当 $R\neq1.0$m 时，表中所列值应乘以 R^{α}。指数 α 值可按下列情况采用：①疏松的土料或土料保护层，$\alpha=1/3\sim1/4$；②中等密实的和密实的土料或土料保护层 $\alpha=1/4\sim1/5$。

【案例 4.5】 一建在重壤土地段梯形断面的排水渠道，已知：底宽 $b=1.05\text{m}$，当通过流量 $Q=2\text{m}^3/\text{s}$ 时，正常水深 $h=1.49\text{m}$，边坡系数 $m=1.25$，粗糙系数 $n=0.025$，渠道的不淤允许流速 $v_{不淤}=0.4\text{m/s}$，试校核明渠中流速是否满足不冲刷不淤积要求。

【分析与计算】

明渠中断面平均流速 $v=\dfrac{Q}{A}=\dfrac{Q}{(b+mh)h}=\dfrac{2}{(1.05+1.25\times1.49)\times1.49}=0.46(\text{m/s})$

水力半径 $R=\dfrac{A}{\chi}=\dfrac{(b+mh)h}{b+2h\sqrt{1+m^2}}=\dfrac{(1.05+1.25\times1.49)\times1.49}{1.05+2\times1.49\times\sqrt{1+1.25^2}}=0.745(\text{m})$

不冲允许流速查表4.7，当重壤土时 $v'_{不冲}=0.70\sim0.95\text{m/s}$，其水力半径 $R\neq1\text{m}$，则表中所列值应乘以 R^α，取 $\alpha=1/4$，可得

$$v_{不冲}=v'_{不冲}R^\alpha=(0.7\sim0.95)\times0.745^{1/4}=(0.65\sim0.88)\text{m/s}$$

已知渠道的不淤允许流速 $v_{不淤}=0.4\text{m/s}$，$v_{不淤}<v<v_{不冲}$，则明渠中流速满足不冲刷不淤积要求。

练一练（判断题）

(1) 水力最佳过水断面宽深比与边坡系数有关。（　　）

(2) 综合粗糙系数等于渠道中所有粗糙系数的算术平均值。（　　）

(3) 复式断面明渠流量计算时先将断面划分为水深不等的若干部分，利用明渠均匀流公式分别计算出各自的流量 Q_i，再进行叠加得到渠道的总流量 Q。（　　）

(4) 渠道中的流速应当大于不冲允许流速。（　　）

➤ 任务自测

(1) 某梯形断面灌溉渠道，已知底宽 $b=7\text{m}$，边坡系数 $m=1.5$，当水深 $h=2\text{m}$ 时，则其过水断面面积 A 为（　　）m^2。

A. 15　　B. 14　　C. 20　　D. 22

(2) 某梯形断面灌溉渠道，已知底宽 $b=7\text{m}$，边坡系数 $m=1.5$，当水深 $h=2\text{m}$ 时，则其过水断面的湿周 χ 为（　　）m。

A. 14.2　　B. 27.2　　C. 10.6　　D. 20

(3) 某矩形断面的渠道，过水断面面积 $A=18\text{m}^2$，水力半径 $R=2\text{m}$，谢才系数 $C=40.05$，底坡 $i=0.0004$，则设计流量 Q 为（　　）m^3/s。

A. 9.5　　B. 10.2　　C. 12　　D. 20

(4) 一建在轻壤土地段排水渠道，水力半径 $R=0.5\text{m}$，查表得不冲允许流速为 $0.60\sim0.80\text{m/s}$，取 $\alpha=1/4$，则 $v_{不冲}=$（　　）m/s。

A. 0.50～0.67　　B. 0.125　　C. 0.15～0.2　　D. 0.075～0.1

(5) 明渠恒定均匀流流量计算公式是（　　）。

A. $Q=AC\sqrt{Ri}$　　B. $Q=\sigma_s\mu_0 Be\sqrt{2gH_0}$

C. $Q=\mu_c A\sqrt{2gH_0}$　　　　D. $Q=\sigma_s\varepsilon mB\sqrt{2g}H_0^{\frac{3}{2}}$

(6) 某渠道断面形状尺寸、流量和底坡不变，边壁越光滑，则正常水深（　　）。

A. 越大　　B. 越小　　C. 不变　　D. 不一定

任务3　渡槽水力分析与计算*

1　渡槽水力分析

渡槽（图4.9）是水利工程中常见的建筑物，普遍用于灌溉输水，也可用于排洪、排沙等。渡槽主要由进口渐变段、槽身段和出口渐变段组成。

当水流经过渡槽进口渐变段时，随着过水断面的减小，进口段水面将会下降Δz_1，水流进入槽身后，形成明渠均匀流，沿程水头损失Δz_2，而水流经过出口渐变段时则随着过水断面的增大，出口段水面将会上升Δz_3，从而与下游渠道水面衔接，如图4.10所示。

图4.9　工程中的渡槽

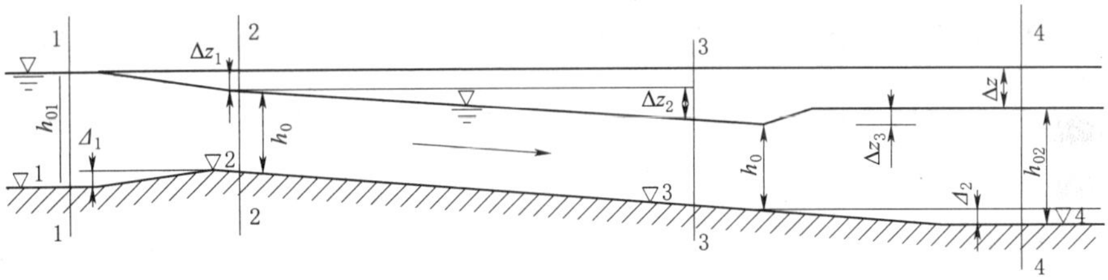

图4.10

2　渡槽水力计算

渡槽水力计算主要任务包括确定槽身的底坡和横断面尺寸，根据渡槽进、出口的水面降落和回升确定其进、出口的渠底高程。

2.1　槽身底坡确定

在设计流量Q一定的情况下，槽身底坡i越大，平均流速v就越大，过水断面面积A就越小，施工造价越低，但下游灌区易导致冲刷，因此，底坡确定时既要节约造价成本同时也要考虑灌区规划要求。

渡槽槽身底坡设计时一般流速$v=1\sim2\text{m/s}$，底坡$i=1/1500\sim1/500$；对于有通航要求的渡槽流速$v<1.5\text{m/s}$，底坡$i<1/2000$。

2.2　槽身横断面设计

常见的渡槽槽身横断面形式有矩形断面和U形断面两种。设计流量的断面超高$\Delta h=h_0/12+5$（单位为cm），h_0为明渠均匀流水深。矩形断面尺寸拟定时宽深比一般取$b/h=1.25\sim1.67$。U形断面（图4.11）宽深比一般取$b/h=1.25\sim1.4$。

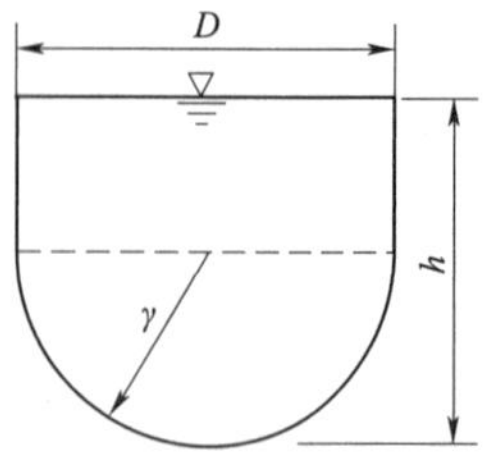

图 4.11

设计槽身横断面时，首先确定底坡 i，初拟出一个断面尺寸，代入明渠均匀流公式计算流量 Q，若 $Q=Q_{设}$ 且 $v=1\sim2\text{m/s}$，则可初定该尺寸，然后校核加大流量下能否满足超高及流速要求。若不能满足则修改断面尺寸或底坡重新试算，直到满足为止。

2.3　渡槽水面总降落值计算

由图 4.10 可以看出渡槽水面总降落值 $\Delta z=\Delta z_1+\Delta z_2-\Delta z_3$。

2.3.1　进口段水面降落值 Δz_1

图 4.10 中 1—1、2—2 两过水断面列能量方程，当忽略进口渐变段沿程水头损失时，Δz_1 为

$$\Delta z_1=(1+\zeta_1)\frac{v_2^2-v_1^2}{2g} \tag{4.10}$$

式中　v_1、v_2——进口渐变段首、末断面平均流速；

ζ_1——进口渐变段局部水头损失系数，查表 3.5 确定。

2.3.2　槽身段水面降落值 Δz_2

图 4.10 中 2—2、3—3 两过水断面之间为槽身段，通过底坡的定义可知 $i=\frac{\Delta z}{L}$，其中，Δz 为明渠渠底高差。由渡槽槽身段水流为明渠均匀流，可知水面线与渠底线平行，则槽身段渠底高差 Δz 等于槽身段水面降落值 Δz_2，因此渡槽槽身段底坡 $i=\frac{\Delta z_2}{L}$，其中 L 为渡槽槽身段长度，可得出 $\Delta z_2=iL$。

2.3.3　出口段水面回升值 Δz_3

图 4.10 中 3—3、4—4 两过水断面列能量方程，当忽略出口渐变段沿程水头损失时，Δz_3 为

$$\Delta z_3=(1-\zeta_2)\frac{v_3^2-v_4^2}{2g} \tag{4.11}$$

式中　v_3、v_4——出口渐变段首、末断面平均流速；

ζ_2——出口渐变段局部水头损失系数，查表 3.5 确定。

槽身段为明渠均匀流 $v_2=v_3$，当上下游渠道断面相等时，则 $v_1=v_4$，Δz_3 也可采用下式计算

$$\Delta z_3=\frac{1-\zeta_2}{1+\zeta_1}\Delta z_1 \tag{4.12}$$

2.4　进、出口底板高程的确定

2.4.1　槽身进口底部高程∇_2

通过图 4.10 可知渡槽进口 1—1 断面水位为底部高程∇_1加进口处水深 h_{01}，进口渐变段水面落降为 Δz_1，则进口末端 2—2 断面水位为 1—1 断面水位减 Δz_1，槽身段水深为 h_0，则槽身进口底部高程∇_2采用下式计算

$$\nabla_2=\nabla_1+h_{01}-\Delta z_1-h_0 \tag{4.13}$$

2.4.2　槽身出口底部高程∇_3

由于槽身段为明渠均匀流，水面线与渠底线平行，因此底部下降高度等于水面下降高度 Δz_2，则槽身出口底部高程∇_3采用下式计算

$$\nabla_3=\nabla_2-\Delta z_2 \tag{4.14}$$

2.4.3　出口渐变段末端渠底高程∇_4

通过图 4.10 可知槽身出口 3—3 断面水位为底部高程∇_3加槽身段水深 h_0，出口渐变段水面回升值为 Δz_3，则出口末端 4—4 断面水位为 3—3 断面水位加 z_3，出口处水深为 h_{02}，则出口渐变段末端渠底高程∇_4采用下式计算

$$\nabla_4=\nabla_3+h_0+\Delta z_3-h_{02} \tag{4.15}$$

【案例 4.6】*　某渡槽（图 4.12）进出口渠内水深 0.4m，$Q_{设}=0.19m^3/s$，加大流量 $Q_{加}=0.26m^3/s$。槽身段横断面为矩形，长度 $L=8m$，槽净宽 $b=0.55m$，进口段设 3m 长的扭曲面渐变段，将梯形断面变为矩形。出口段设 3m 长的扭曲面渐变段，由矩形断面变为梯形。渡槽上下游渠中流速均为 0.31m/s，渡槽进口底部高程$\nabla_1=72.50m$。试求：

（1）确定渡槽底坡及横断面尺寸；

（2）计算渡槽进、出口水面落降及进、出口底部高程。

W4.7

渡槽水力计算举例*

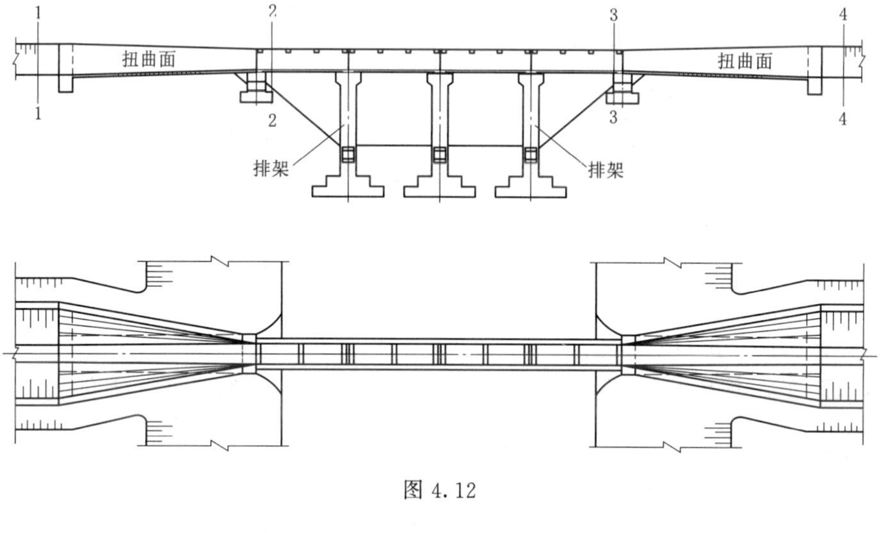

图 4.12

【分析与计算】

（1）渡槽底坡及横断面尺寸拟定。

渡槽槽底底坡初拟采用 $i=1/500$，横断面为矩形，底宽 $b=0.55m$，混凝土材料，粗糙系数取 $n=0.012$。根据明渠均匀流计算公式 $Q=AC\sqrt{Ri}$，试算法得出：$h_{设}=0.34m$，$b=0.55m$ 时

过水断面面积　　$A=h_{设}b=0.34\times0.55=0.187(m^2)$

湿周　　$\chi=2h_{设}+b=2\times0.34+0.55=1.23(m)$

水力半径　　$R=\dfrac{A}{\chi}=\dfrac{0.187}{1.23}=0.152(m)$

流量　$Q=\frac{A}{n}R^{2/3}i^{1/2}=\frac{1}{0.012}\times0.187\times0.152^{2/3}\times\frac{1}{\sqrt{500}}=0.199(m^3/s)$

流速　$$v=\frac{Q}{A}=\frac{0.199}{0.187}=1.062(m/s)$$

设水深为0.34m时，计算流量$Q\approx Q_{设}=0.19m^3/s$，对应流速1.062m/s，在1～2m/s之间，故水深满足要求，则槽内水深h_0为0.34m。超高$\Delta h=\frac{h_0}{12}+5=\frac{34}{12}+5=7.83(cm)=0.0783m$，取$\Delta h=0.08m$。

当渡槽中水深满槽时，$h_{加}=h_{设}+\Delta h=0.34+0.08=0.42(m)$

$$A=h_{加}b=(0.34+0.08)\times0.55=0.231(m^2)$$

$$\chi=2h_{加}+b=0.42\times2+0.55=1.39(m)$$

$$R=\frac{A}{\chi}=\frac{0.231}{1.39}=0.166(m)$$

$$Q_{加大}=\frac{A_{加}}{n}R_{加}^{2/3}i^{1/2}=0.260(m^3/s)$$

$$v_{加大}=\frac{Q_{加大}}{A_{加}}=1.126(m/s)$$

通过上述计算可以看出取$h_{设}=0.34m$和$h_{加}=0.42m$时，b/h分别是1.618和1.3101，在1.25～1.67之间，符合要求；流速v分别是1.062m/s和1.126m/s，在1～2m/s之间，符合要求。

因此说明槽底底坡取$i=1/500$，渡槽超高取0.08m，渡槽槽身高0.42m，拟定的断面尺寸满足要求。

(2) 计算进、出口水面落降。

进口渐变段查表3.5得局部水头损失系数取$\zeta_1=0.1$。忽略进口渐变段沿程水头损失，进口水面落降可按$\Delta z_1=(1+\zeta_1)\frac{v_2^2-v_1^2}{2g}$计算。

已知渡槽上游渠中流速$v_1=0.31m/s$，渡槽内流速$v_2=\frac{Q}{A_2}=\frac{0.199}{0.187}=1.062(m/s)$

则进口水面落降$\Delta z_1=(1+\zeta_1)\frac{v_2^2-v_1^2}{2g}=\frac{1+0.1}{2\times9.8}\times(1.062^2-0.31^2)=0.058(m)$

槽身段水面落降$\Delta z_2=iL=\frac{1}{500}\times8=0.016(m)$

出口渐变段查表3.5得局部水头损失系数取$\zeta_2=0.2$。不计沿程水头损失，出口水面回升可按式（4.11）计算。

已知渡槽下游渠中流速$v_4=0.31m/s$，槽身段为明渠均匀流，$v_2=v_3=1.062m/s$可得

出口水面回升 $\Delta z_3=\frac{1-\zeta_2}{2g}(v_3^2-v_4^2)=\frac{1-0.2}{2\times9.8}\times(1.062^2-0.31^2)=0.042(\mathrm{m})$

则渡槽水面总降落值 $\Delta z=\Delta z_1+\Delta z_2-\Delta z_3=0.058+0.016-0.042=0.032(\mathrm{m})$

(3) 进、出口底部高程的确定。

渡槽进口底部高程可按式 (4.13) 计算，为

$$\nabla_2=\nabla_1+h_{01}-\Delta z_1-h_0=72.50+0.4-0.058-0.34=72.502(\mathrm{m})$$

渡槽出口底部高程可按式 (4.14) 计算，为

$$\nabla_3=\nabla_2-\Delta z_2=72.502-0.016=72.486(\mathrm{m})$$

出口渐变段末端底部高程可按式 (4.15) 计算，为

$$\nabla_4=\nabla_3+h_0+\Delta z_3-h_{02}=72.486+0.34+0.042-0.4=72.468(\mathrm{m})$$

练一练 (选择题)

(1) 不影响渡槽上下游渠道水面落差的因素是 (　　)。

A. 进口水面落差　B. 出口水面回升　C. 槽身段水面落差　D. 水流温度

(2) 渡槽水力计算主要任务不包括 (　　)。

A. 槽身底坡确定　B. 槽深断面设计

C. 渡槽水面落差　D. 渡槽材料选定

(3) 长直棱柱体顺坡渡槽，槽身段进出口水面落差等于 (　　)。

A. 渡槽渠底落差　B. 渡槽渠底落差的 2 倍

C. 渡槽渠底落差的 1/2　D. 渡槽渠底落差减去渡槽水面落差

技　能　训　练

(1) 南水北调工程是改善我国水资源时空分布不均情况的重大举措，是解决我国北方水资源严重短缺问题的特大型项目。南水北调中线河南段顺直渠道为混凝土护坡的梯形过水断面，底宽为 18m，边坡系数 $m=2$，底坡 $i=1/24000$，当渠道水深为 5m 时，计算渠道中流量。

(2) 某混凝土梯形断面渠道按照均匀流设计，现已知通过的流量 $Q=35\mathrm{m}^3/\mathrm{s}$，底宽 $b=8\mathrm{m}$，边坡系数 $m=1.5$，粗糙系数 $n=0.0125$，底坡 $i=0.0012$，试求超高 $\Delta h=0.3\mathrm{m}$ 时渠堤的高度。

(3) 在坚固的黄土中开挖梯形断面的渠道，已知渠中通过的流量 $Q=4\mathrm{m}^3/\mathrm{s}$，粗糙系数 $n=0.0225$，边坡系数 $m=1$，底坡 $i=0.0004$，选定渠道的宽深比 $\beta=b/h_0=2.5$，试求渠道的底宽 b 和正常水深 h_0，并校核渠道中的流速 (已知渠道的不淤允许流速 $v_{不淤}=0.4\mathrm{m/s}$)。

(4) 某渡槽为矩形横断面，正常水深 $h_0=0.5\mathrm{m}$，底宽 $b=1.25\mathrm{m}$，底坡 $i=0.0004$，通过的流量 $Q=0.19\mathrm{m}^3/\mathrm{s}$，试求渡槽的粗糙系数 n。

拓展阅读——京杭大运河

京杭大运河（以下简称大运河）是世界上里程最长、工程最大的古代运河，也是最古老的运河之一，与长城、坎儿井并称为中国古代的三项伟大工程，并且使用至今，是中国古代劳动人民创造的一项伟大工程，是中国文化地位的象征之一。其均匀流情况下渠道断面尺寸确定是根据明渠均匀流公式计算的。

大运河南起余杭（今杭州），北到涿郡（今北京），途经今浙江、江苏、山东、河北四省及天津、北京两市，贯通海河、黄河、淮河、长江、钱塘江五大水系，主要水源为山东省微山县南四湖，大运河全长约1797km。大运河开掘于春秋时期，完成于隋朝，繁荣于唐宋，取直于元代，疏通于明清。大运河从公元前486年始凿，距今已有2500多年的历史。清中叶后，南北海运兴起，津浦铁路通车，加之黄河迁徙后，山东境内水源不足，河道淤浅，南北断航，大运河作用逐渐缩小，存在水生态损害、水环境污染等突出问题。

2002年，大运河被纳入了“南水北调”东线工程。2014年6月22日，第38届世界遗产大会宣布，中国大运河项目成功入选《世界文化遗产名录》，成为中国第46个世界遗产项目。2019年2月，中共中央办公厅、国务院办公厅印发了《大运河文化保护传承利用规划纲要》。2019年10月，京杭大运河通州城市段11.4km河道已正式实现旅游通航。2021年6月26日，京杭大运河北京段通航。2022年4月14日，在南水北调东线一期北延工程供水基础上，岳城水库开闸，潘庄引黄渠首加大流量，向京杭大运河黄河以北河段补水，标志着京杭大运河2022年全线贯通补水行动正式启动。

拓展图 4.1

京杭大运河显示了中国古代水利航运工程技术领先于世界的卓越成就。随着京杭大运河成为南水北调东线工程的输水干线和繁荣区域经济发展的重要纽带，行走在大运河之上的南水北调东线工程，为历史悠久的大运河注入了新的活力，使凝聚中华智慧文明的大运河重获新生，也是中国特色社会主义制度能够集中力量办大事、办好事的一次生动实践。

项目 5　明渠恒定非均匀流水面线分析与计算

明渠恒定非均匀渐变流水面曲线定性分析及定量计算是确定溢洪道岸墙高度的依据，也为修建水利工程确定淹没范围及移民数量提供参考，科学分析及精准计算水面线至关重要。

本项目主要任务是能判别明渠水流流态，能对明渠恒定非均匀渐变流水面线进行定性分析与定量计算。本项目是课程的又一重点与难点。

任务 1　明渠水流流态分析与判别

分析与计算明渠恒定非均匀渐变流水面线之前，要先了解明渠恒定非均匀流的特点，能分析判别明渠水流的流态。

1　明渠恒定非均匀流特点

（1）明渠中因过水断面形状、尺寸、水深、底坡或粗糙程度等沿程变化，使明渠恒定非均匀流的运动要素沿程发生改变。

（2）明渠恒定非均匀流的流线不再是相互平行的直线。

（3）明渠恒定非均匀流的渠底线、水面线、总水头线不再相互平行，即底坡、水面坡度、水力坡度不相等。

（4）明渠恒定非均匀流水面线为曲线，对于恒定非均匀渐变流，运动要素沿流程变化比较缓慢，水深沿流程可能增加，也可能减小。当水深沿流程增加时，水面线为较缓的壅水曲线，当水深沿流程减小时为较缓的降水曲线。

（5）在河渠过水边界突变处形成明渠恒定非均匀急变流，急变流水流运动要素沿程变化比较大，水面线急剧变化，其沿程变化机理复杂。

2　明渠水流三种流态——急流、缓流与临界流

D5.1
急流、缓流、临界流

在生活中大家会观察到一种现象，在平静的湖面上投一颗石子，水面将会产生干扰波，干扰波波形是以石子着水点为中心，以一定的速度向四周传播，形成半径不断增大的同心圆。静水中微波的传播速度为干扰波的波速，用 c 表示，如图 5.1（a）所示。

W5.2
明渠水流流态判别分析

水流的断面平均流速为 v，波速为 c，在运动的水流中，水面波的传播速度是水流的速度与波速的矢量和。水流断面平均流速 v 与波速 c 大小关系不同，干扰波在水中传播特点不同，对应明渠水流流态也不同。当 $v<c$ 时，水面干扰波将以 $v'=c-v$ 的速度向上游传播，以 $v'=c+v$ 速度向下游传播，如图 5.1（b）所示；当 $v>c$ 时，水面干扰波不能向上游传播，只能向下游传播，向下游传播的速度为 $v'=c+v$，如图 5.1（d）所示；当 $v=c$ 时，水面干扰波开始不能向上游传播，只能向下游传播，

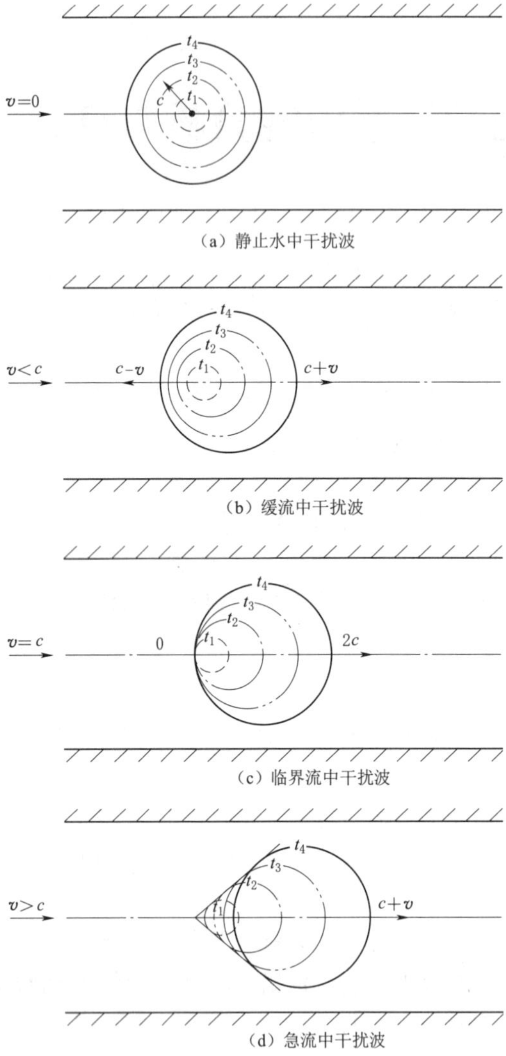

图 5.1

此时向下游传播的速度为 $c+v=2c$，如图 5.1（c）所示。在水力分析中，根据干扰波能否向上游传播，将明渠水流分为缓流、急流和临界流。

当 $v<c$ 时，干扰波能向上游传播，也能向下游传播，称为缓流。

当 $v>c$ 时，干扰波不能向上游传播，只能向下游传播，称为急流。

当 $v=c$ 时，干扰波开始只能向下游传播，不能向上游传播，水流处于急流与缓流的临界状态，称为临界流。

根据能量方程可以推导出静水中微波的传播速度 c 为

$$c=\sqrt{g\frac{A}{B}}=\sqrt{g\bar{h}} \tag{5.1}$$

式中　A——河渠过水断面面积；

B——水面宽度；

$\bar{h}$——平均水深，$\bar{h}=A/B$。

河道或渠道上修建建筑物后，会对原河道水流产生干扰，导致河（渠）道上游或下游流动状态发生改变，正确判别明渠水流的三种流态，对分析研究明渠恒定非均匀渐变流的水面曲线变化有着重要作用。

练一练（判断题）

（1）明渠恒定非均匀流运动要素是沿程变化的。（　　）

（2）明渠恒定非均匀渐变流水深沿流程增加时，水面线为壅水曲线；水深沿流程减小时，水面线为降水曲线。（　　）

（3）当运动水流中水面产生的干扰波只能向上游传播时，水流为缓流。（　　）

（4）急流的水面干扰波不能向上游传播，只能向下游传播。（　　）

（5）临界流时水面产生的干扰波开始只能向下游传播，不能向上游传播。（　　）

（6）明渠恒定非均匀流水面线为曲线，明渠恒定均匀流水面线为平行于渠底的直线。（　　）

3　流态的判别数——弗劳德数 *Fr*

根据明渠水流三种流态的定义，当求出明渠中的断面平均流速和干扰波的波速之后，将二者比较，就可以判别水流的流态。在水力分析与计算中，通常是以水流的平均流速 v 和波速 c 的比值弗劳德数作为流态的判别数，弗劳德数用符号 Fr 表示。

$$Fr=\frac{v}{c}=\frac{v}{\sqrt{g\frac{A}{B}}}=\frac{v}{\sqrt{g\bar{h}}} \tag{5.2}$$

式（5.2）中 A、B、$\bar{h}$ 物理量意义同式（5.1）。分析式（5.2）可以看出，弗劳德数实际表示了水流惯性力与重力的对比关系，又反映了过水断面上单位重量水体所具有的平均动能与平均势能之比。弗劳德数越大，水流越趋近急流，弗劳德数越小，水流越趋近缓流。

当 $Fr<1$，则 $v<c$，水流为缓流。

当 $Fr>1$，则 $v>c$，水流为急流。

当 $Fr=1$，则 $v=c$，水流为临界流。

4　临界水深 h_k

4.1　临界水深及表达式

水流为临界流时的水深为临界水深，用 h_k 表示，临界流时对应水力要素加下脚标 k 表示。临界流时断面平均流速等于波速，即 $v=c$，动能修正系数 α 取 1.0 时，利用波速公式即可得出临界水深表达式。

$$v=c=\sqrt{g\frac{A_k}{B_k}}$$

$$\frac{Q}{A_k}=\sqrt{g\frac{A_k}{B_k}}$$

$$\frac{Q^2}{g}=\frac{A_k^3}{B_k} \tag{5.3}$$

由式（5.3）可以看出，临界水深只和渠道的断面形状尺寸、流量有关，与渠道的底坡、糙率无关。

根据临界水深定义分析，对于渠道断面形状尺寸一定的明渠恒定流，当 $h>h_k$ 时，$v<c$，水流为缓流；当 $h<h_k$ 时，$v>c$，水流为急流；$h=h_k$ 时，$v=c$，水流为临界流。

4.2　临界水深计算

4.2.1　矩形过水断面临界水深计算

式（5.3）是计算临界水深 h_k 的方程式，已知过水断面形状尺寸及流量就可以计算临界水深，对于矩形断面渠道，渠道底宽和水面宽度相等，$A_k=B_kh_k$，总流量 $Q=B_kq$，动能修正系数 α 取 1.0 时，代入式（5.3）可以得到矩形过水断面临界水深的计算公式为

$$h_k=\sqrt[3]{\frac{q^2}{g}} \tag{5.4}$$

式中　q——单宽流量，$m^3/(s\cdot m)$。

W5.3

明渠水流流态判别举例

【案例 5.1】 一矩形渠道，渠中水深 $h=0.8$m，渠道底宽 $b=2$m，通过的流量 $Q=2m^3/s$。试用波速 c、弗劳德数 Fr 和临界水深 h_k 判别流态。

【分析与计算】

断面平均流速　　$v=\frac{Q}{A}=\frac{2}{2\times0.8}=1.25(\text{m/s})$

单宽流量　　$q=\frac{Q}{b}=\frac{2}{2}=1[\text{m}^3/(\text{s}\cdot\text{m})]$

微波波速　　$c=\sqrt{gh}=\sqrt{9.8\times0.8}=2.80(\text{m/s})$

弗劳德数　　$Fr=\frac{v}{c}=\frac{v}{\sqrt{gh}}=\frac{1.25}{2.80}=0.45$

临界水深　　$h_k=\sqrt[3]{\frac{q^2}{g}}=\sqrt[3]{\frac{1^2}{9.8}}=0.467(\text{m})$

因为 $Fr<1$、$v<c$、$h>h_k$，所以水流为缓流。

波速、弗劳德数、临界水深是最常见的判别明渠水流流态方法。

4.2.2　非矩形过水断面临界水深计算

式（5.3）是 h_k 的隐函数，对于非矩形过水断面，直接解方程计算 h_k 难度很大，需要试算法计算临界水深，具体试算方法见案例5.2。

【案例5.2】　一梯形断面渠道，$Q=45\text{m}^3/\text{s}$，底宽 $b=6\text{m}$，边坡系数 $m=2.0$，糙率 $n=0.020$，底坡 $i=0.0004$，渠中水流为明渠均匀流，试计算临界水深 h_k。

【分析与计算】

根据式（5.3）$\frac{Q^2}{g}=\frac{A_k^3}{B_k}$，试算法计算临界水深 h_k 步骤是：先计算出方程式左边 $\frac{Q^2}{g}$，然后设临界水深 h_k，计算对应的过水断面面积 A_k 及水面宽度 B_k，计算 $\frac{A_k^3}{B_k}$，判断 $\frac{A_k^3}{B_k}$ 是否等于 $\frac{Q^2}{g}$，不相等再设临界水深再试算，直到 $\frac{A_k^3}{B_k}$ 等于或近似等于 $\frac{Q^2}{g}$ 时，此水深为所求临界水深。

$$\frac{Q^2}{g}=\frac{45^2}{9.8}=206.63$$

假设临界水深 $h_k=1.00\text{m}$，则

$$A_k=h_k(b+mh_k)=1.00\times(6+2.0\times1.00)=8.00(\text{m}^2)$$

$$B_k=b+2mh_k=6+2\times2\times1.00=10.00(\text{m})$$

$\frac{A_k^3}{B_k}=\frac{8.00^3}{10.00}=51.20$ 与 $\frac{Q^2}{g}$ 相差甚远，假设的水深偏小。

W5.4

Excel拖动填充确定临界水深

再设临界水深 $h_k=1.20\text{m}$，相应水力要素计算方法与水深 $h_k=1.0\text{m}$ 时相同，为减少试算工作量，常利用Excel进行试算。下面结合本案例利用Excel计算临界水深。

（1）可利用Excel拖动功能计算不同水深对应的水力要素，见表5.1。具体方法如下：

1）首先在表5.1第1、第2行将 Q、b 等基本水力要素填充到单元格A1：D2。

2）然后在第3行根据试算步骤依次输入水力要素。

3）在第4行的A4单元格，假设临界水深 h_k 值（设为1.00m）并输入。

4）在第4行的B4：D4单元格分别计算 A_k、B_k、$\frac{A_k^3}{B_k}$，单元格计算时，把水力计算式转换为Excel计算式输入到对应单元格计算，各单元格水力计算式及相应的Excel计算输入式见表5.3。

表5.1　　拖动填充临界水深计算表

	A	B	C	D
1	$Q=$	45	$b=$	6
2	$m=$	2	$Q^2/g=$	206.63
3	h_k	A_k	B_k	$A_k{}^3/B_k$
4	1.00	8	10	51.20
5	1.20	10.08	10.8	94.83
6	1.40	12.32	11.6	161.20
7	1.60	14.72	12.4	257.22

表5.2　　单变量求解临界水深计算表

	A	B	C	D
1	$Q=$	45	$b=$	6
2	$m=$	2	$Q^2/g=$	206.63
3	h_k	A_k	B_k	A_k^3/B_k
4	1.503	13.54	12.01	206.63

表5.3　　临界水深计算表Excel主要输入式

序号	计算参数	单元格	Excel输入式	水力计算式
1	A_k	B4	=A4*($D$1+$B$2*A4)	$h_k(b+mh_k)$
2	B_k	C4	=$D$1+2*$B$2*A4	$b+2mh_k$
3	A_k^3/B_k	D4	=B4^3/C4	A_k^3/B_k

5）在第4行输入的水深计算出的 $\frac{A_k^3}{B_k}$ 不等于 $\frac{Q^2}{g}$，再在第5行A5单元格设 $h_k=1.20$m并输入1.20，然后选中B4：D4单元格拖动填充到B5：D5单元格，计算 $h_k=1.20$m对应的水力要素。

W5.5

单变量求解确定临界水深

6）同理，在第6行A6单元格、第7行A7单元格设出水深，拖动填充，即可计算不同水深对应的水力要素，结果见表5.1。

在表5.1所示的Excel表中试算是十分方便的，只需改变A列水深的数据，Excel会自动完成新的计算和填充工作。通过拖动计算可以看出临界水深在1.4m和1.6m之间，再调整第6行或第7行水深，其对应的水力要素计算结果会自动更新，当水深设为1.5m，计算出的 $\frac{A_k^3}{B_k}$ 与 $\frac{Q^2}{g}$ 值很接近，$h_k\approx1.5$m。

注意表5.3中，D1、B2单元格列和行前面加$，即$D$1、$B$2，这是单元格的绝对引用，B4、C4单元格列和行前面没加$，这是单元格的相对引用。D1、B2单元格中数据为已知条件，随着水深变化向下拖动填充时不变化，因此使用单元格的绝对引用，而B4、C4单元格数据随着水深变化，拖动填充时是变化的，使用单元格的相对引用。

（2）利用 Excel 单变量求解计算临界水深更快捷，见表 5.2，其计算步骤如下：

1）首先将 Q、b 等基本水力要素填充到单元格 A1：D2。

2）假设临界水深 h_{k1} 并填充到单元格 A4。

3）分别计算 A_k、B_k、$\frac{A_k^3}{B_k}$，填充到单元格 B4：D4。

4）以 D4 为目标单元格，以 $\frac{Q^2}{g}$ 的值 206.63 为目标值，A4 为可变单元格，单变量求解计算临界水深。单变量求解结果 $h_k=1.503$m。

注意：单元格的绝对引用只有在向下拖动填充计算时才有意义，对于表 5.2 中只在第 4 行计算，不向下拖动填充，单元格 B4：D4 中 Excel 公式可以不加 $ 。

练一练

判断题

（1）明槽水流急流和缓流用弗劳德数 Fr 判别，当 $Fr>1$ 时水流为急流。　（　　）

（2）当明渠均匀流水深大于临界水深，该水流一定是急流。　（　　）

（3）表 5.1 中，引用 D1 单元格时，使用绝对引用，引用 B4 单元格时使用相对引用。　（　　）

（4）表 5.2 利用 Excel 单变量求解计算临界水深时，目标值为流量的大小。（　　）

选择题

（1）表 5.2 中可变单元格为（　　）。

A. A4　　B. B4　　C. C4　　D. D4

（2）弗劳德数 Fr 可用来判别（　　）。

A. 急流和缓流　　B. 均匀流和非均匀流

C. 层流和紊流　　D. 恒定流和非恒定流

（3）当明渠水深 h 大于临界水深 h_k 时，水流为（　　）。

A. 急流　　B. 缓流　　C. 临界流　　D. 不确定

5　临界底坡、缓坡与陡坡

对于断面形状、尺寸和糙率一定的棱柱体明渠，通过流量一定时，若发生均匀流动时，渠道中的正常水深 h_0 仅仅与底坡 i 有关。底坡 i 越大，h_0 越小；底坡 i 越小，h_0 越大。如果某一底坡正好使渠道中的正常水深 h_0 等于相应流量的临界水深 h_k，该底坡称为临界底坡，用 i_k 表示，如图 5.2 所示。

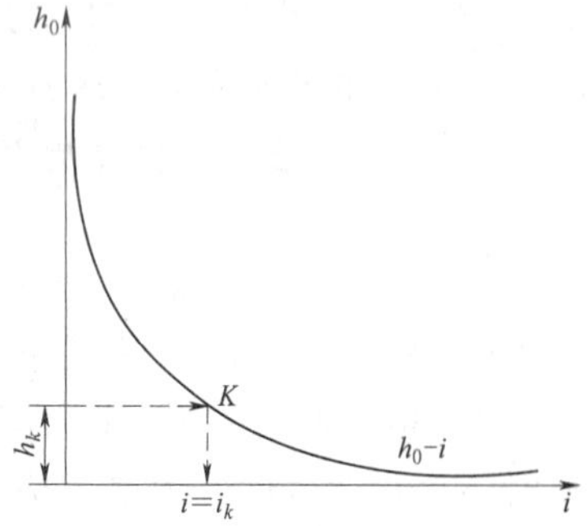

图 5.2

根据上面分析，临界底坡上水流既是均匀流又是临界流。根据正常水深和临界水深公式，临界底坡的计算式为

$$i_k=\frac{g\chi_k}{\alpha C_k^2 B_k} \tag{5.5}$$

式中　B_k、C_k、χ_k——临界水深所对应的水面宽度、谢才系数和湿周。

根据实际底坡 i 与临界底坡 i_k 大小关系，明渠顺坡可分为以下三种底坡：当 $i>i_k$ 时为陡坡，$i=i_k$ 时为临界坡，$i<i_k$ 时为缓坡。

由式（5.5）可知，流量一定时，临界底坡 i_k 与断面形状及尺寸、糙率有关，与渠道的实际底坡 i 无关。对于明渠恒定均匀流，分析图 5.2 可知，根据底坡类型可以判别明渠均匀流的流态：

（1）缓坡时（$i<i_k$），$h_0>h_k$，水流为缓流。

（2）临界坡时（$i=i_k$），$h_0=h_k$，水流为临界流。

（3）陡坡时（$i>i_k$），$h_0<h_k$，水流为急流。

均匀流时水深为正常水深 h_0，同一底坡条件下正常水深与临界水深有一定的对应关系，所以，在均匀流的情况下，根据临界底坡即可判别水流的流态，也就是说明渠恒定均匀流，缓（陡）坡上一定是缓（急）流，缓（急）流发生在缓（陡）坡上。但是，对于明渠非均匀流，由于边界条件的控制，渠中的水深不等于正常水深 h_0，同一底坡上，渠中水深与临界水深大小关系不一定，所以在缓坡上可能会出现非均匀流急流，陡坡上也可能出现非均匀流缓流，不能用临界坡判别急流和缓流。还需要注意的是，临界坡与流量有关，对于同一渠道，流量不同，临界坡也不同。

【案例 5.3】 一梯形断面渠道，$Q=45\text{m}^3/\text{s}$，底宽 $b-8\text{m}$，边坡系数 $m=2.0$，糙率 $n=0.02$，底坡 $i=0.003$，渠中水流为明渠均匀流，其临界水深 $h_k=1.316\text{m}$。试求：（1）计算临界底坡 i_k，判别渠道底坡的类型；（2）判别水流流态。

【分析与计算】

根据临界底坡公式 $i_h=\dfrac{g\chi_k}{\alpha C_k^2 B_k}$，先计算公式中水力要素。

$$A_k=h_k(b+mh_k)=1.316\times(8+2.0\times1.316)=13.99(\text{m}^2)$$

$$B_k=b+2mh=8+2.0\times2\times1.316=13.26(\text{m})$$

$$\chi_k=b+2h_k\sqrt{1+m^2}=8+2\times1.316\times\sqrt{1+2.0^2}=13.89(\text{m})$$

$$R_k=\frac{A_k}{\chi_k}=\frac{13.99}{13.89}=1.01(\text{m})$$

$$C_k=\frac{1}{n}R^{1/6}=\frac{1}{0.02}\times1.01^{1/6}=50.08$$

$$i_k=\frac{g\chi_k}{\alpha C_k^2 B_k}=\frac{9.8\times13.89}{1\times50.08^2\times13.26}=0.0041>0.003$$

故属缓坡渠道。渠中水流为均匀流，所以为缓流。

练一练（判断题）

（1）明渠恒定均匀流中，缓坡上水流一定是缓流。　（　　）

（2）陡坡上一定发生急流，缓坡上一定发生缓流。　（　　）

（3）临界坡上水流既是均匀流又是临界流。　（　　）

（4）非均匀流情况下，可以用底坡判流态。　（　　）

➢任务自测（选择题）

（1）当水流满足（　　）时为急流。

A. 断面平均流速大于干扰波波速　　B. 断面平均流速小于干扰波波速

C. 断面平均流速等于干扰波波速　　D. 不确定

（2）某渠道断面平均流速 $v=2\text{m/s}$，干扰波波速 $c=2.5\text{m/s}$，则该渠道中水流为（　　）。

A. 急流　　B. 临界流　　C. 缓流　　D. 渐变流

（3）夺丰渡槽位于林州红旗渠上，矩形过水断面，宽度 $b=1.7\text{m}$，水深 $h=1.8\text{m}$，则该渡槽中干扰波波速 c 为（　　）m/s。

A. 4.2　　B. 1.34　　C. 17.64　　D. 3.06

（4）弗劳德数 $Fr=3.5$，则水流为（　　）。

A. 急流　　B. 缓流　　C. 临界流　　D. 都不是

（5）夺丰渡槽位于林州红旗渠上，矩形过水断面，宽度 $b=1.7\text{m}$，水深 $h=1.8\text{m}$，设计流量 $Q=2.7\text{m}^3/\text{s}$，则弗劳德数 Fr 为（　　）。

A. 0.21　　B. 0.12　　C. 4.2　　D. 0.21m

（6）明渠水流的临界水深取决于（　　）。

A. 流量和底坡　　B. 断面形状、尺寸和底坡

C. 流量和粗糙系数　　D. 断面形状、尺寸和流量

（7）在陡坡上发生均匀流时，正常水深 h_0 和临界水深 h_k 的关系是（　　）。

A. $h_0>h_k$　　B. $h_0<h_k$　　C. $h_0=h_k$　　D. 无法确定

（8）在临界坡上发生明渠均匀流时，正常水深 h_0 和临界水深 h_k 的关系是（　　）。

A. $h_0>h_k$　　B. $h_0<h_k$　　C. $h_0=h_k$　　D. 无法确定

（9）临界水深是（　　）。

A. 均匀流时的水深

B. 通过设计流量时的水深

C. 非均匀流时的水深

D. 临界流时的水深

（10）夺丰渡槽位于林州红旗渠上，矩形过水断面，宽度 $b=1.7\text{m}$，设计流量 $Q=2.7\text{m}^3/\text{s}$，则该渡槽中临界水深 h_k 为（　　）m。

A. 0.46　　B. 0.64　　C. 0.51　　D. 0.55

W5.6
水跌和水跃

任务2　水跌与水跃的水力分析与计算

缓流和急流是明渠水流两种不同的流态。当水流由一种流态转换为另一种流态时，会产生局部急变流水力现象——水跌和水跃。下面分别讨论这两种急变流水力现象的特点及有关问题。

1　水跌

水跌是明渠水流由缓流状态过渡到急流状态产生的水面连续跌落现象。如图 5.3 所示，在缓坡上处于缓流状态的明渠水流，因渠底变为陡坡或末端有跌坎，水流在底坡改变的 $c—c$ 断面的上下游一段距离内，由于重力作用增大，水流的势能转变为动能，因此在边界条件变化处 $c—c$ 断面上下游局部范围内，水面会发生急剧降落，这就是水跌现象。

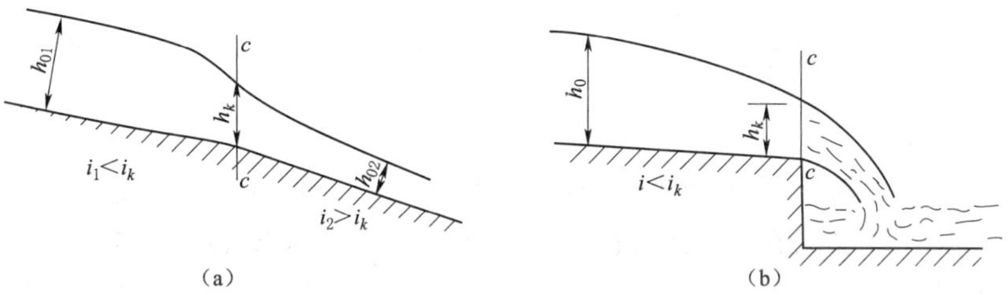

S5.7
水跌录像

图 5.3

以图 5.3（a）为例分析水跌水流，在上游渠道较远处，水流为均匀流，缓坡渠道上的均匀流为缓流，其水深大于临界水深；在下游渠道较远处，水流为均匀流，陡坡渠道上的均匀流为急流，其水深小于临界水深。在边界条件变化处的 $c—c$ 断面上游水深大于临界水深，为缓流；$c—c$ 断面下游水深小于临界水深，为急流。因水面线是连续的，水流由缓流过渡到急流时，一定要经过临界流断面。根据实验观测，临界流断面位置不在 $c—c$ 断面处，而在 $c—c$ 断面上游，但实际工程中发生水跌时，为便于观测计算，常将渠底突变处的断面近似为发生临界流的断面，此断面处水深认为是临界水深。由于渠道长度一般很长，这样近似处理，并不影响水面线计算的精度。

练一练（判断题）

（1）水流从缓流过渡到急流发生水跌（临界坡除外）。　　（　　）

（2）发生水跌时，边界条件突变处水深认为是临界水深。　　（　　）

（3）发生水跌时，水深从大于临界水深过渡到小于临界水深。　　（　　）

（4）发生水跌处的水面线是急剧上升的。　　（　　）

（5）“飞流直下三千尺，疑是银河落九天”描写的是水跌现象。　　（　　）

2　水跃

2.1　水跃现象

水跃是明渠水流从急流状态过渡到缓流状态时，水面突然跃起的局部水力现象。例如，水闸、溢流堰泄流过程中，水流位能转化为动能，所以泄流建筑物下游附近水流多为急流状态，如果建筑物下游河（渠）道中水流为缓流，急流到缓流就会产生水跃现象。水跃的特点是：在很短的距离内，水深急剧增加，流速相应减小。图 5.4 为水闸下游产生的水跃。水跃区的水流结构可分为两部分：上面水流不断翻腾旋滚，因掺入空气而呈白色，称为表面水滚区；在表面水滚下面是主流，是流速急剧变化的区域，为底部主流区。在表面水滚区和底部主流区两者的交界面上流速梯度很大，紊动

S5.8
水跃录像

混掺强烈，液体质点不断地穿越交界面进行交换，由于水跃内部水体的强烈摩擦混掺而消耗大量机械能，因此泄水建筑物下游通常把水跃作为消能的有效方式之一。

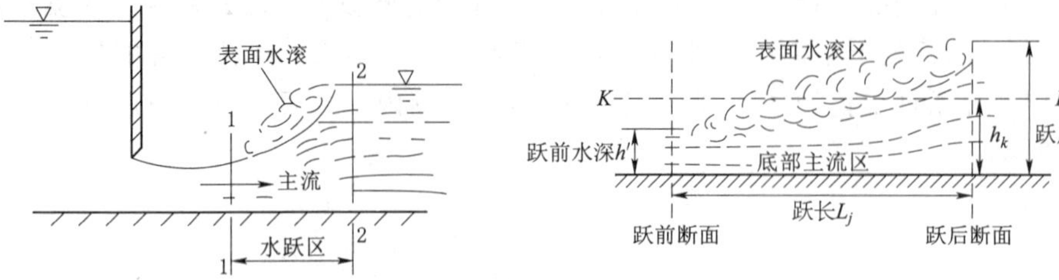

图 5.4

图5.4中，水跃上游水流为急流，水深 $h<h_k$，闸后下游渠道水流往往是缓流，水深 $h>h_k$。水流在从急流过渡到缓流过程中，水流必然会急剧通过临界水深，向下游跃起，在跃后水压力顶托的作用下，垂直跃起的水流向前倾倒，形成水跃现象。

水跃的跃前断面1—1和跃后断面2—2的水深，分别称为跃前水深 h' 和跃后水深 h''，它们决定了水跃发生的位置，二者遵循一定规律有对应关系，这一对水深称为共轭水深。跃后水深与跃前水深之差叫水跃高度。跃前与跃后两断面间的距离，叫水跃长度。水跃水力计算的主要任务是求解共轭水深和计算水跃的长度。

2.2　棱柱体平底明渠的水跃方程

W5.9

棱柱体矩形断面平底明渠的水跃计算

流量、断面形状尺寸一定时，跃前与跃后水深（共轭水深）有一定关系，共轭水深的关系式，即为水跃方程式。对于棱柱体平底渠道（即断面形状和尺寸沿流程不变的平坡渠道），这个关系可以用动量方程导出。

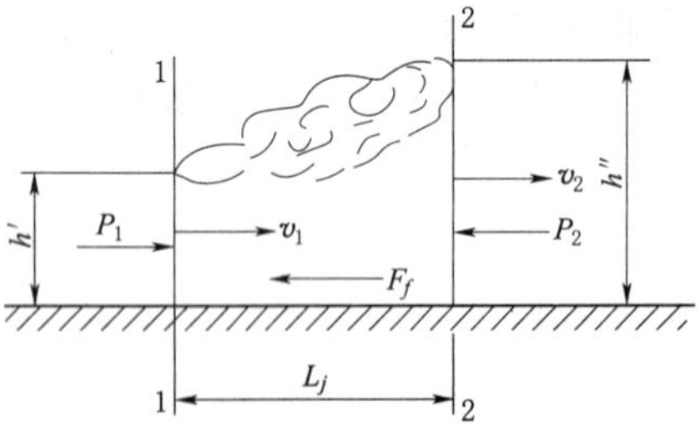

图 5.5

如图5.5所示，不考虑水流与河床的摩擦阻力，1—1、2—2过水断面动水压力，近似按静水压力方法求解，对1—1断面和2—2断面写动量方程，化简得

$$\gamma h_{c1}A_1-\gamma h_{c2}A_2=\frac{\gamma Q}{g}(v_2-v_1)$$

根据连续方程：$v_1=\frac{Q}{A_1}$，$v_2=\frac{Q}{A_2}$，上式整理可得

$$\frac{Q^2}{gA_1}+A_1h_{c1}=\frac{Q^2}{gA_2}+A_2h_{c2} \qquad (5.6)$$

式（5.6）为棱柱体平底明渠的水跃方程式。

式中　A_1、A_2——跃前过水断面与跃后过水断面的面积；

h_{c1}、h_{c2}——跃前过水断面与跃后过水断面形心处的水深；

Q——流量；

g——重力加速度。

式（5.6）两边的 A 和 h_c 均为水深 h 的函数，所以当流量 Q 一定，水跃方程的

左右两边分别是跃前水深 h' 和跃后水深 h'' 的函数，此函数称为水跃函数，并以 $J(h)$ 表示，即

$$J(h)=\frac{Q^2}{gA}+Ah_c \tag{5.7}$$

水跃方程可以写为
$$J(h')=J(h'') \tag{5.8}$$

当渠道的断面形状、尺寸一定，式（5.7）中的断面面积 A 和形心在水面以下的深度 h_c，都是断面水深 h 的函数，绘制 $J(h)$-h 关系曲线，如图5.6所示。

式（5.8）表明，对于棱柱体平底明渠，跃前水深与跃后水深的水跃函数值相等，见图5.6所示。绘制水跃函数关系曲线，利用共轭水深对应函数值相等，已知跃前水深查图可以确定跃后水深，已知跃后水深也可确定跃前水深。

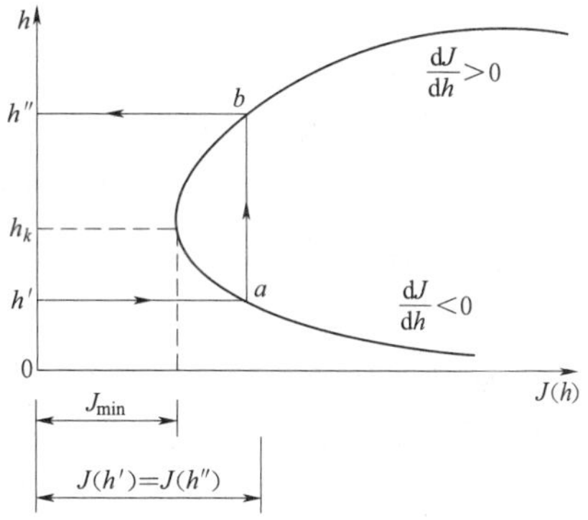

图5.6

2.3　棱柱体矩形断面平底明渠共轭水深公式

对于矩形过水断面，设底宽为 b，单宽流量 $q=Q/b$，将 $Q=bq$，$A=bh$，$h_c=\frac{h}{2}$ 代入棱柱体平坡明渠的水跃方程式（5.6），化简整理得

$$h''=\frac{h'}{2}\left(\sqrt{1+\frac{8q^2}{gh'^3}}-1\right) \tag{5.9}$$

$$h'=\frac{h''}{2}\left(\sqrt{1+\frac{8q^2}{gh''^3}}-1\right) \tag{5.10}$$

式（5.9）、式（5.10）即为矩形棱柱体平坡明渠的共轭水深计算公式。因 $\frac{q^2}{gh'^3}=Fr_1^2$，$\frac{q^2}{gh''^3}=Fr_2^2$，式（5.9）、式（5.10）可改写为

$$h''=\frac{h'}{2}(\sqrt{1+8Fr_1^2}-1) \tag{5.11}$$

$$h'=\frac{h''}{2}(\sqrt{1+8Fr_2^2}-1) \tag{5.12}$$

式中　Fr_1、Fr_2——跃前和跃后断面的弗劳德数。

利用式（5.11）、式（5.12）可直接计算棱柱体矩形平坡明渠中的水跃共轭水深。

练一练（判断题）

（1）水跃只能发生于平坡明渠中。　　（　　）

（2）水跃的跃后断面水深大于跃前断面水深。　　（　　）

（3）水利工程上常利用水跃来消能。　　（　　）

（4）恒定流棱柱体平底明渠，跃前水深越大，跃后水深越小。　　（　　）

(5) 水流从缓流过渡到急流发生水跃（临界坡除外）。　　(　　)

2.4　棱柱体矩形断面平底明渠水跃长度

由于水跃现象非常复杂，水跃区水流紊动强烈，跃前断面水深、跃后断面水深及位置等比较难测定，对于水跃长度的计算还没有成熟的理论分析结果，所以水跃长度的计算只能依据实验研究和实际工程分析得出的经验公式计算。下面介绍常见的自由水跃长度的计算公式。

欧勒佛托斯基公式：　$$L_j=6.9(h''-h') \tag{5.13}$$

切尔托乌索夫公式：　$$L_j=10.3h'(Fr_1-1)^{0.81} \tag{5.14}$$

陈椿庭公式：　$$L_j=9.4(Fr_1-1)h' \tag{5.15}$$

式中　h'、h''——跃前、跃后水深；

Fr_1——跃前断面的弗劳德数。

对于梯形过水断面，水跃的运动机理更加复杂，其长度的计算公式更不成熟，在此不再介绍。

2.5　水跃区流速分布

水跃段可以消除大量的能量，图5.7绘出了溢流坝址下游水跃段及跃后流段的部分断面垂线上的时均流速分布图和两流段的总水头线。由图5.7可以看出，跃前断面1—1流速最大，且垂线流速分布均匀。在水跃区内流速呈S形分布，表面漩滚区的流向与底部相反，指向上游，底部流速小于跃前断面的流速，但仍然很大。在跃后断面2—2上流速进一步减小，但底部流速仍大于上部的流速，经过长距离调整直到3—3断面才趋于明渠正常的流速分布，因此水利工程中常常在水跃部位建有专门建筑物保证水跃区位置稳定，并在水跃后端设置海漫，消除水流的余能，调整流速分布。

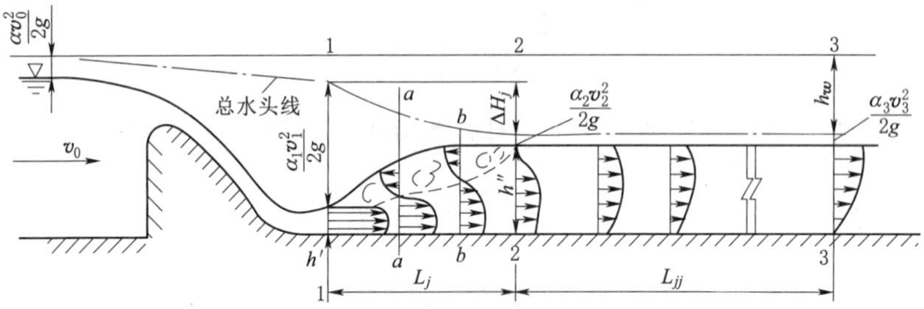

图5.7

【案例5.4】 某平坡棱柱体渠道上建一水闸，闸门与渠道等宽。已知底宽 $b=4\text{m}$。渠道上闸门局部开启，通过的流量 $Q=20.4\text{m}^3/\text{s}$，闸后产生一自由水跃，跃前水深 $h'=0.62\text{m}$，求：(1) 跃后水深 h''；(2) 计算水跃的长度。

【分析与计算】

(1) 跃后水深 h''。

跃前断面流速：　$$v_1=\frac{Q}{bh'}=\frac{20.4}{4\times0.62}=8.226(\text{m/s})$$

跃前弗劳德数：　$$Fr_1=\frac{v_1}{\sqrt{gh'}}=\frac{8.226}{\sqrt{9.8\times0.62}}=3.34$$

跃后断面水深：$h''=\frac{h'}{2}(\sqrt{1+8Fr_1^2}-1)=\frac{0.62}{2}\times(\sqrt{1+8\times3.34^2}-1)=2.63(\text{m})$

(2) 水跃长度 L_j。

用式 (5.13) 计算 $L_j=6.9(h''-h')=6.9\times(2.63-0.62)=13.87(\text{m})$

用式 (5.14) 计算 $L_j=10.3h'(Fr_1-1)^{0.81}=10.3\times0.62\times(3.34-1)^{0.81}=12.71(\text{m})$

用式 (5.15) 计算 $L_j=9.4(Fr_1-1)h'=9.4\times(3.34-1)\times0.62=13.64(\text{m})$

从上面的计算结果看，只要在公式的应用范围内，各公式的计算结果相差不大。

➤任务自测（选择题）

(1) 发生水跃时水流由（　　）。

A. 缓流过渡到急流　　B. 临界流过渡到急流

C. 急流过渡到急流　　D. 急流过渡到缓流

(2) 发生水跌时水流由（　　）。

A. 缓流过渡到急流　　B. 临界流过渡到急流

C. 急流过渡到急流　　D. 急流过渡到缓流

(3) 产生水跌时，跌坎处的水深一般认为是（　　）。

A. 正常水深　　B. 临界水深　　C. 实际水深　　D. 任意水深

(4) 共轭水深是指（　　）。

A. 水跃的跃前水深与跃后水深　　B. 溢流坝下游水流收缩断面水深

C. 均匀流水深　　D. 临界水深

(5) 题图 5.1 中（　　）所示的水流现象是水跃。

A. (a)　　B. (b)　　C. 都不是　　D. 都是

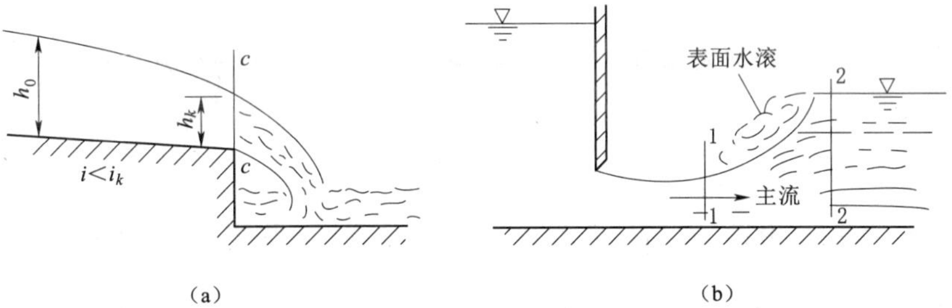

题图 5.1

(6) 水跌发生时水面线属于（　　）。

A. 降水曲线　　B. 壅水曲线　　C. 水平线　　D. 都不对

(7)《喻世明言》中：水不激（急）不跃，人不激不奋。这句话描述的是哪种水流现象。

A. 缓流　　B. 水跌　　C. 水跃　　D. 都不是

任务3　棱柱体明渠恒定非均匀渐变流水面线定性分析

1　棱柱体明渠水深沿程变化的微分方程

对于棱柱体渠道，水深沿流程的变化能够反映出水面线的变化，在棱柱体渠道上任意选取两个渐变流过水断面列能量方程，只考虑沿程水头损失，通过能量方程化简，水深 h 对流程 s 求导，即可以得出式（5.16）为

$$\frac{\mathrm{d}h}{\mathrm{d}s}=\frac{i-J}{1-Fr^2} \tag{5.16}$$

根据明渠恒定均匀流流量公式 $Q=K_0\sqrt{i}$ 和非均匀流流量公式 $Q=K\sqrt{J}$，式（5.16）进一步简化得出式（5.17）为

$$\frac{\mathrm{d}h}{\mathrm{d}s}=i\,\frac{1-\dfrac{J}{i}}{1-Fr^2}=i\,\frac{1-\left(\dfrac{K_0}{K}\right)^2}{1-Fr^2} \tag{5.17}$$

W5.10 ▶

棱柱体明渠水深沿程变化的微分方程*

式（5.17）就是棱柱体明渠水深沿程变化的微分方程，主要用于分析棱柱体明渠非均匀渐变流水面线的变化规律。对于恒定流断面形状尺寸不变、糙率相同的棱柱体渠道，式（5.17）中 K、K_0 分别与非均匀流实际水深和均匀流水深相关，Fr 反映水流急缓程度，可用临界水深等同反映。由此分析式（5.17）可以看出，棱柱体明渠恒定非均匀渐变流水深沿程变化与底坡 i 有关，与实际水深与正常水深、临界水深大小关系有关。

2　棱柱体渠道恒定非均匀渐变流水面线分类及特点

明渠恒定非均匀渐变流的水面线比较复杂，在进行定量计算之前，必须对水面线的性质、形状作定性分析。

利用式（5.17）可定性分析棱柱体渠道水面线的沿程变化。

当 $\frac{\mathrm{d}h}{\mathrm{d}s}>0$ 时，表明水深沿程增加，水流作减速流动，水面线为壅水曲线。

当 $\frac{\mathrm{d}h}{\mathrm{d}s}<0$ 时，水深沿程减小，水流作加速流动，水面线为降水曲线。

当 $\frac{\mathrm{d}h}{\mathrm{d}s}\rightarrow 0$ 时，水深沿程不变，水流趋于均匀流动，水深趋于正常水深。

当 $\frac{\mathrm{d}h}{\mathrm{d}s}\rightarrow\pm\infty$ 时，由式（5.17）可知 $Fr\rightarrow 1$，则水流趋于临界流，水深趋于临界水深。

当 $\frac{\mathrm{d}h}{\mathrm{d}s}\rightarrow+\infty$ 时，表明水深沿流程增大很快，水面急剧跃起升高，必然发生由急流向缓流过渡的急变流水跃，水深由 $h<h_k$ 趋近 h_k。

当 $\frac{\mathrm{d}h}{\mathrm{d}s}=-\infty$ 时，表明水深沿流程减小很快，水面急剧降落，必然发生由缓流向急流过渡的急变流水跌，水深由 $h>h_k$ 趋近 h_k。

2.1　水面线的分类及表示

从式（5.17）可以看出，水深沿流程的变化率 $\frac{\mathrm{d}h}{\mathrm{d}s}$，与渠道的底坡 i 有关。明渠的

底坡不同，h 与 h_0、h_k 大小关系不同，产生水面线类型也不同。为了便于分析，首先分析不同底坡上 h 与 h_0、h_k 大小关系，在此基础上对水面线进行分类。

明渠的底坡分为正坡（$i>0$）、平坡（$i=0$）和逆坡（$i<0$），正坡又分为缓坡（$i<i_k$），陡坡（$i>i_k$）和临界坡（$i=i_k$），所以明渠渠道底坡共有五种。

2.1.1　五种渠道底坡 $N—N$ 线和 $K—K$ 线位置关系

W5.11
棱柱体渠道恒定非均匀渐变流水面线分类1

$N—N$ 线是渠底以上距渠道底部距离等于正常水深 h_0 且与渠底线平行的直线，用 $N—N$ 线可表示渠道正常水深位置，$N—N$ 线实际上就是渠道发生均匀流时的水面线；$K—K$ 线是渠底以上距渠道底部距离等于临界水深 h_k 且与渠底线平行的直线，用 $K—K$ 线可表示渠道临界水深位置，$K—K$ 线就是渠道发生临界流时的水面线，根据实际水面与 $K—K$ 线位置关系可以判别水流是急流还是缓流。

五种底坡情况的 $N—N$ 线和 $K—K$ 线的相对位置不同，缓坡上发生均匀流时为缓流，$h_0>h_k$，$N—N$ 线位于 $K—K$ 线之上；陡坡上发生均匀流时为急流，$h_0<h_k$，$N—N$ 线位于 $K—K$ 线之下。临界坡上发生均匀流时为临界流，$h_0=h_k$，$N—N$ 线与 $K—K$ 线重合。

平坡和逆坡棱柱体明渠不可能形成均匀流，不存在正常水深 h_0，也就没有实际的正常水深线，但可以设想 $N—N$ 线在无限远处。但在平坡和逆坡棱柱体明渠中，可发生临界流，所以只存在临界水深，只有 $K—K$ 线。五种渠道底坡 $N—N$ 线和 $K—K$ 线位置关系如图 5.8 所示。

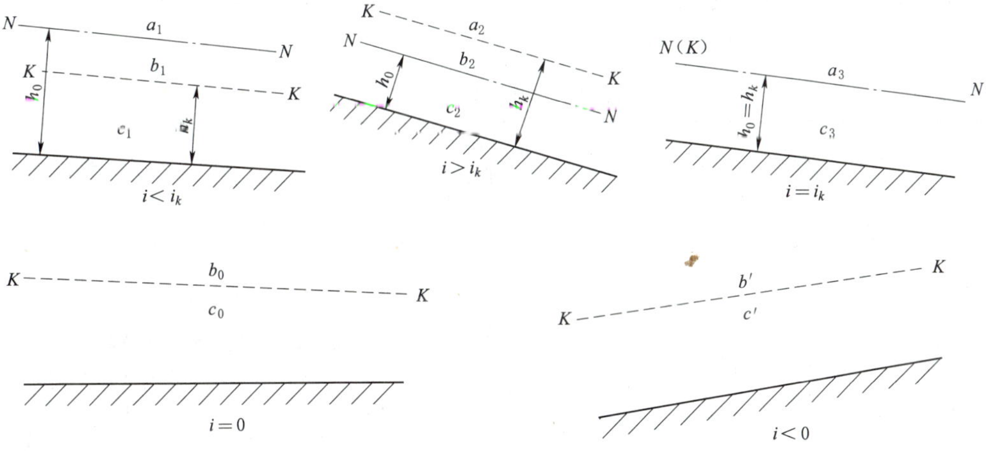

图 5.8

2.1.2　水流流动空间分区

根据渠道中的实际水面线相对于 $N—N$ 线和 $K—K$ 线的位置，可以将水流流动空间分为三个区。位于 $N—N$ 线和 $K—K$ 线之上的，为 a 区，此区实际水深大于临界水深和正常水深；位于 $N—N$ 线和 $K—K$ 线二者之间的，为 b 区，此区实际水深在临界水深和正常水深之间；位于 $N—N$ 线和 $K—K$ 线之下渠底线以上的，为 c 区，此区实际水深小于临界水深和正常水深；在临界底坡上 $N—N$ 线和 $K—K$ 线重合，没有 b 区，只有 a 区和 c 区；在平坡、逆坡上，没有 $N—N$ 线，$N—N$ 线以上 a 区也不存在，所以，只有 b 区和 c 区，见图 5.8。

W5.12

棱柱体渠道恒定非均匀渐变流水面线分类 2

2.1.3　棱柱体明渠恒定非均匀渐变流水面线分类

在缓坡（$i<i_k$）、陡坡（$i>i_k$）、临界坡（$i=i_k$）、平坡（$i=0$）和逆坡（$i<0$）五种渠道底坡上，同一底坡的不同区实际水深与临界水深和正常水深大小关系不同，水面线类型不同；不同底坡的同一区因底坡不同水面线类型也不同，所以，根据水深沿程变化微分方程式（5.17），对五种底坡不同区水面线进行分类。为了区分不同底坡上的水面线，一般加脚标以示区分。缓坡上加“1”，陡坡上加“2”，临界坡上加“3”，平坡上和逆坡上分别加“0”和“′”。

通过以上分析可知，5 种底坡可能的水面线有：

（1）缓坡上可能有 a_1、b_1、c_1 三种水面线。

（2）陡坡上可能有 a_2、b_2、c_2 三种水面线。

（3）临界坡上可能有 a_3、c_3 两种水面线。

（4）平坡上可能有 b_0、c_0 两种水面线。

（5）逆坡上可能有 b'、c'两种水面线。

5 种底坡明渠上 a 区可能有 a_1、a_2、a_3 三种水面线，b 区可能有 b_1、b_2、b_0、b' 四种水面线，c 区可能有 c_1、c_2、c_3、c_0、c' 五种水面线。5 种渠道底坡上共可能有 12 种水面线。

2.2　水面线定性分析

棱柱体明渠中的各种水面线的定性分析，可以从式（5.17）得出。表 5.4 以缓坡渠道为例，对缓坡上水面线进行定性分析。

表 5.4　缓坡渠道水面线定性分析

水面线	水深关系	$1-K_0/K$	$1-Fr^2$	dh/ds	水面线性质	上　游	下　游
a_1	a 区，$h>h_0>h_k$，$K>K_0$，缓流，$Fr<1$	>0	>0	>0	壅水曲线，水深沿程增大	向上游水深减小，当 $h\to h_0$ 时，$J\to i$，$\frac{dh}{ds}\to 0$，水深沿程不变，水流趋于均匀流动。a_1 型水面线的上游端以正常水深线 $N—N$ 为渐近线，水面线与 $N—N$ 线相切	当 $h\to\infty$ 时，$J\to 0$，$Fr\to 0$，$\frac{dh}{ds}\to i$，水面线趋近水平线。a_1 型水面线的下游端以水平线为渐近线。见图 5.9 缓坡 a_1 型水面线
b_1	b 区，$h_0>h>h_k$，$K_0>K$，缓流，$Fr<1$	<0	>0	<0	降水曲线，水深沿程减小	向上游水深增大，当 $h\to h_0$ 时，$J\to i$，$\frac{dh}{ds}\to 0$，水深沿程不变，水流趋于均匀流动，水面线上游以 $N—N$ 为渐近线，与 $N—N$ 线相切	当 $h\to h_k$ 时，$Fr\to 1$，$1-Fr^2\to 0$，$\frac{dh}{ds}\to -\infty$，下游水面线与 $K—K$ 线有呈正交的趋势，将出现从缓流向急流转换的水跃现象。见图 5.9 缓坡 b_1 型水面线

续表

水面线	水深关系	$1-K_0/K$	$1-Fr^2$	dh/ds	水面线性质	上　游	下　游
c_1	c 区，$h_0>h_k>h$，$K_0>K$，急流，$Fr>1$	<0	<0	>0	壅水曲线，水深沿程增大	向上游水深减小，上游水深不可能为0，其最小水深通常是由建筑物控制，例如水闸等	当 $h\to h_k$ 时，$Fr\to 1$，$\frac{dh}{ds}\to+\infty$，下游水面线有与 $K—K$ 线呈正交的趋势，将产生水跃现象。见图5.9缓坡 c_1 型水面线

用同样的方法，可以分析陡坡、临界坡、平坡和逆坡棱柱体渠道上的水面线，这里不再一一进行分析。图5.9给出了缓坡、陡坡、临界坡、平坡和逆坡上各类水面线的形式及实例供参考。需要注意的是，a_3 型和 c_3 型水面线，当水深 $h\to h_k$ 时，水面线以水平线为渐近线，这两种水面线实际上很少出现，临界坡上水流平缓，水面线与 $K—K$（$N—N$）线斜交，不会发生水跌与水跃急变流现象。

2.3　棱柱体明渠恒定非均匀渐变流水面线特点

棱柱体明渠恒定非均匀渐变流可能出现的12种水面线，它们既有共同的规律，又有各自的特点，根据上面分析结合图5.9，可以看出棱柱体明渠恒定非均匀渐变流水面线有以下特点。

W5.13

棱柱体明渠缓坡渠道水面线分析*

（1）所有 a 区和 c 区只能产生壅水曲线，b 区只能产生降水曲线。

（2）无论何种底坡，每一个流区只可能有一种确定的水面曲线形式，如缓坡上的 b 区，只能是 b_1 型降水曲线，不可能有其他形式的水面线。

（3）对于正坡渠道，当渠道很长，在非均匀流影响不到的地方，水深 $h\to h_0$，水面线与 $N—N$ 线相切，水流趋近均匀流动。

（4）除了临界坡，水流由缓流过渡为急流产生水跌，在底坡渠底突变处的转折断面上，水深近似等于临界水深 h_k；水流由急流过渡到缓流发生水跃，水跃的位置应根据跃前与跃后水深确定。

练一练（判断题）

（1）缓坡上修建水闸，闸上游产生壅水曲线。　（　　）

（2）棱柱体明渠恒定非均匀渐变流 b 区可以产生壅水曲线。　（　　）

（3）棱柱体明渠恒定非均匀渐变流 a 区只能产生壅水曲线。　（　　）

（4）平坡渠道中可能形成三种水面线。　（　　）

（5）棱柱体渠道上可能发生的恒定非均匀渐变流水面线共有12种。　（　　）

3　棱柱体明渠恒定非均匀渐变流水面线定性绘制举例

在棱柱体明渠恒定流渠道中，水面线定性分析绘制之前，要先正确标出各渠段 $N—N$ 线和 $K—K$ 线位置，确定控制断面；对于不同底坡和粗糙系数的渠道，绘制 $K—K$ 线时要注意，由于反映临界水深位置的 $K—K$ 线与底坡 i 和粗糙系数 n 无关，

D5.14

陡坡、缓坡、平坡、水闸水面线

D5.15

溢流坝水面线

底坡	水面线类型	举　例
缓坡（$i<i_k$）	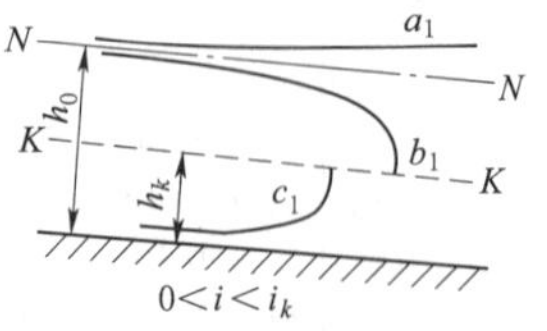	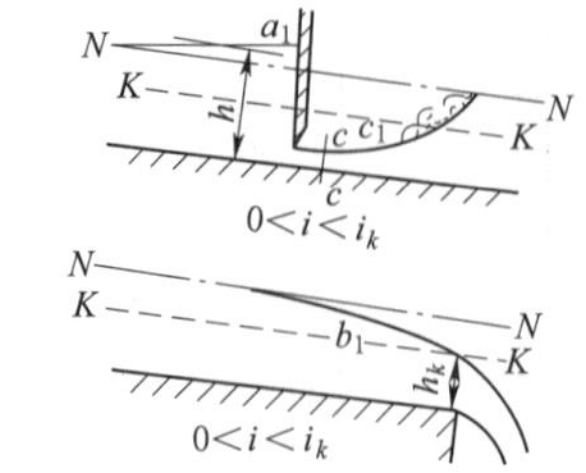
陡坡（$i>i_k$）	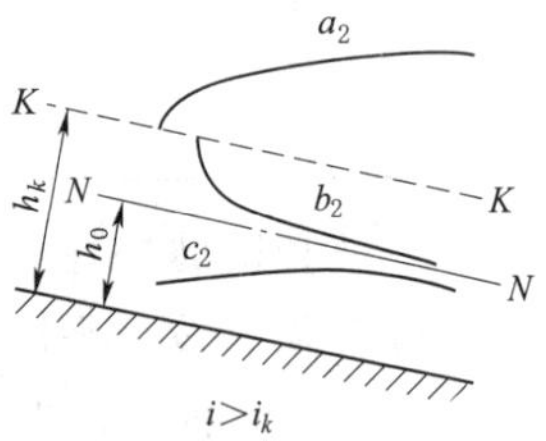	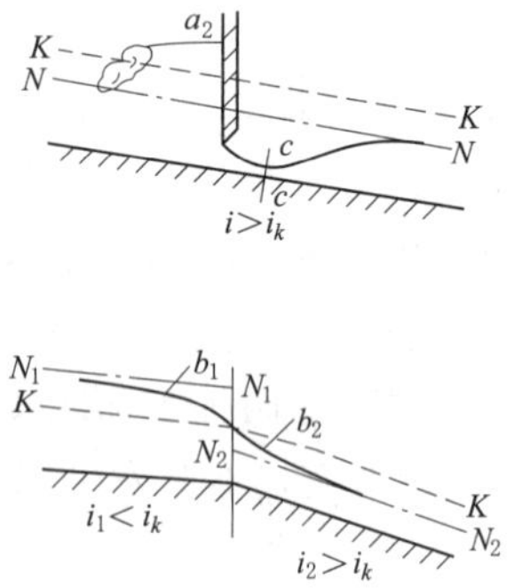
临界坡（$i=i_k$）	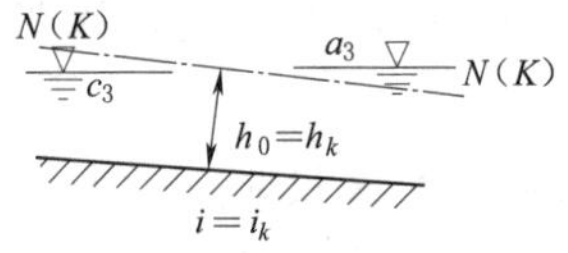	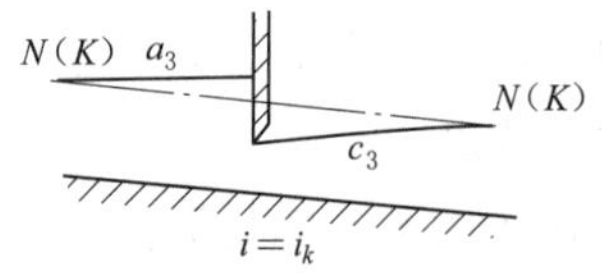
平坡（$i=0$）	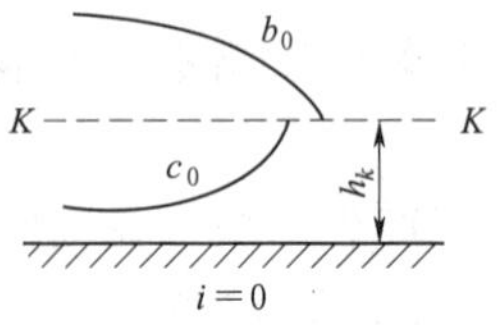	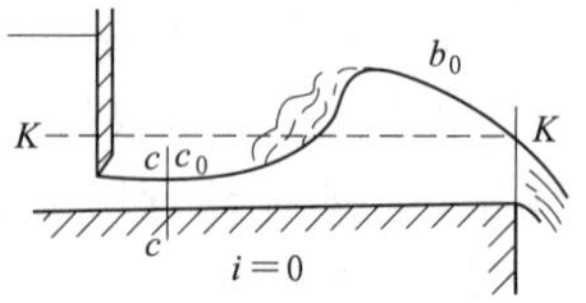
逆坡（$i<0$）	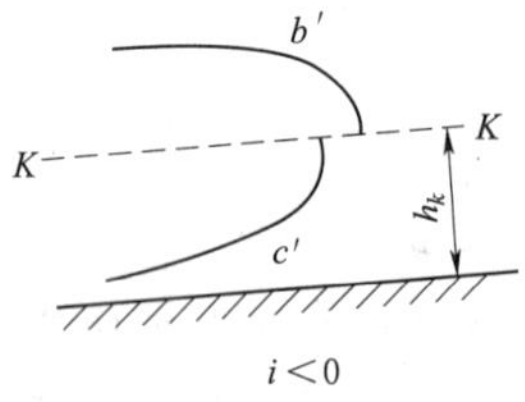	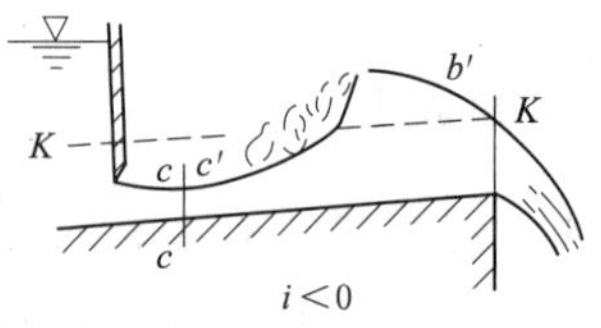

图5.9

只与流量、断面形状尺寸有关，所以，对于恒定流棱柱体渠道，不同底坡临界水深不变，$K—K$ 线首尾相连。从控制断面或断面变化影响不到的正常水深开始分析，凡是符合水面线变化规律的都是可能的水面线，在一定流量、同一过水断面上，只可能发生一种水面线，所以只能在分析的基础上通过计算确定。下面进行棱柱体明渠恒定非均匀渐变流水面线定性绘制。

W5.16

棱柱体渠道恒定非均匀渐变流水面定性绘制举例1～2

【案例5.5】 恒定流时，长直棱柱体渠道，粗糙系数不变，陡坡到陡坡水面线定性绘制。

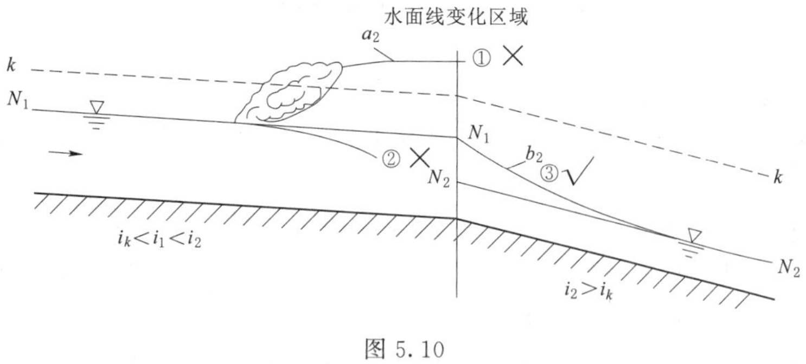

图5.10

【分析】

如图5.10所示渠道，水流从上游流向下游，上下游因底坡变化影响不到的区域为明渠均匀流，水面线与 $N—N$ 线相切。从上游 $N—N$ 线开始水面线有三种变化：

（1）水面线通过水跃超过 $K—K$ 线产生 a_2 型水面线。

发生这种水面线是不可能的。因为上游水流到下游水流都在 $K—K$ 线以下，都是急流，不可能发生水跃或水跌，并且当 a_2 型水面线到第2段渠道后，水面线在第2段渠道的 a 区，而 a 区是壅水曲线，不可能降低到影响区域之外的下游明渠均匀流的水位。

（2）水面线在上游 $N—N$ 线开始降低。

发生这种水面线是不可能的。因为如果水面线从上游 $N—N$ 线开始降低，水面线发生在 c 区，这与 c 区渐变流水面线都是壅水曲线相矛盾。

（3）水流仍然是明渠均匀流，水面沿 $N—N$ 线变化。

只有这种水面线才是符合实际情况。第1渠段水流是明渠均匀流，一直到底坡变化交界断面，这时水面线正好进入第2渠段 b 区，水面线按 b_2 型降水曲线变化，最终在下游很远处水面线与 $N—N$ 线相切，水流就是明渠均匀流了。

【案例5.6】 恒定流时，长直棱柱体渠道，粗糙系数不变，缓坡到缓坡的水面线定性绘制。

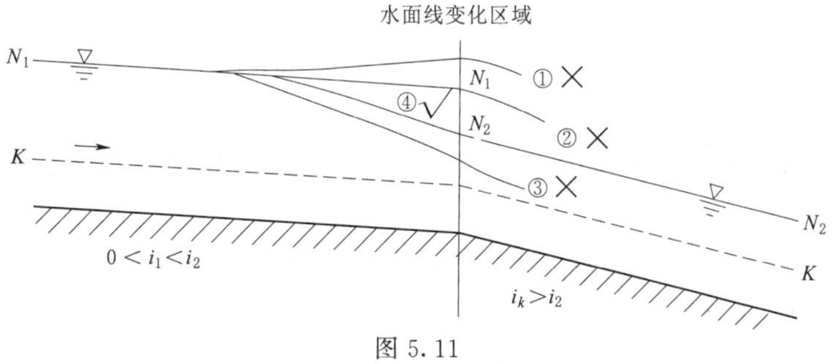

图5.11

【分析】

缓坡 i_1 和缓坡 i_2 交界断面处可能发生非均匀流，但在交界断面很远处水流为均匀流，水面线与 $N—N$ 线相切。上游缓坡很远处水流为缓流，下游缓坡很远处水流为缓流。如图 5.11 所示，由于水流是从缓流到缓流过渡，不可能产生水跃或水跌。

（1）从上游均匀流通过 a_1 型水面线进入下游 a 区。

发生这种水面线是不可能的。a 区是壅水曲线不可能下降，无法与下游明渠均匀流相连接。

（2）从上游均匀流在渠道交界处进入下游 a 区。

发生这种水面线是不可能的。a 区是壅水曲线，不可能下降，无法与下游明渠均匀流相连接。

（3）从上游均匀流断面开始产生 b_1 型水面线，下降到第 2 渠段 $N—N$ 线以下。

发生这种情况也是不可能的。如果水面降低到第 2 渠段 b 区，而 b_2 型水面线是降水曲线，不可能上升与下游明渠均匀流连接。

（4）从上游均匀流断面，形成 b_1 型降水曲线，在渠道底坡变化处与下游明渠均匀流相连接。

只有这种水面线才是符合实际情况。第 1 渠段上游水流是明渠均匀流，从 $N—N$ 线开始在 b 区降水，在渠段交界处与下游正常水深线连接，以后是明渠均匀流，与所有水面线特点都不矛盾。

W5.17

棱柱体渠道恒定非均匀渐变流水面定性绘制举例 3～4

【案例 5.7】 恒定流时，长直棱柱体渠道，粗糙系数不变，陡坡到缓坡的水面线定性绘制。

【分析】 如图 5.12 所示，陡坡与缓坡交界断面处可能发生非均匀流，但在交界断面很远处水流为均匀流，水面线与 $N—N$ 线相切，上游陡坡很远处水流为急流，下游缓坡很远处水流为缓流。急流到缓流发生水跃。

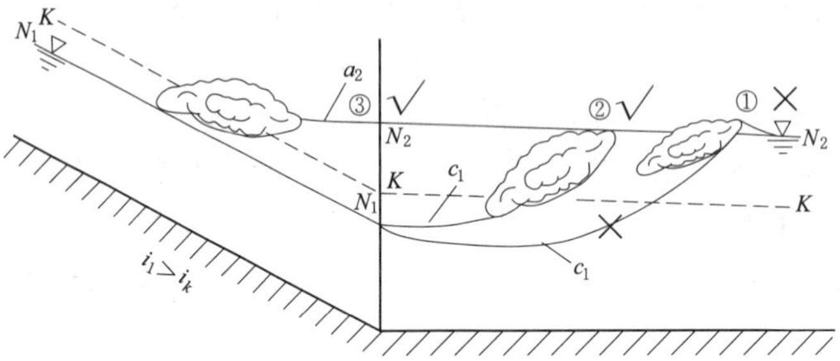

图 5.12

（1）c_1 型水面线，水跃穿过 $N—N$ 线。

从上游沿均匀流动，到下游通过 c_1 型水面线穿过 $K—K$ 线形成水跃，再穿过 $N—N$ 线，然后降落与 $N—N$ 线相切。这种情况不可能发生，因为水跃没有铺满 b 区，b 区出现了渐变流壅水曲线，水跃穿过 $N—N$ 线再降落，在 a 区出现了渐变流降水曲线，不符合水面线变化规律。

（2）c_1 型水面线，水跃与 $N—N$ 线相切。

从上游沿均匀流动，到下游通过 c_1 型水面线穿过 $K—K$ 线形成水跃，然后与 $N—N$ 线相切。这种情况可能发生，c 区是壅水曲线，水跃铺满 b 区，符合水面线变化规律。

(3) 水跃铺满 b 区，形成 a_2 型水面线。

从上游沿均匀流动，然后在 $N—N$ 线处形成水跃，水面线穿过 $K—K$ 线到 a 区，形成 a_2 型水面线。这种情况可能发生，水跃铺满 b 区，a 区是壅水曲线，符合水面线变化规律。

第 (2)、第 (3) 种情况都可能发生，至于水跃发生的具体位置，需要通过流量、断面形状尺寸计算出跃前水深后具体确定。

绘制水跃时一定要注意，水跃穿过 $K—K$ 线要铺满 b 区，但不能越过 $N—N$ 线。

【案例 5.8】 恒定流时，长直棱柱体渠道，粗糙系数不变，缓坡到陡坡的水面线定性绘制。

W5.18

棱柱体渠道恒定非均匀渐变流水面定性绘制举例 5～7

【分析】 如图 5.13 所示，缓坡与陡坡交界断面处可能发生非均匀流，但在交界断面很远处水流为均匀流，水面线与 $N—N$ 线相切，上游缓坡很远处水流为缓流，下游陡坡很远处水流为急流。缓流到急流会发生水跌。

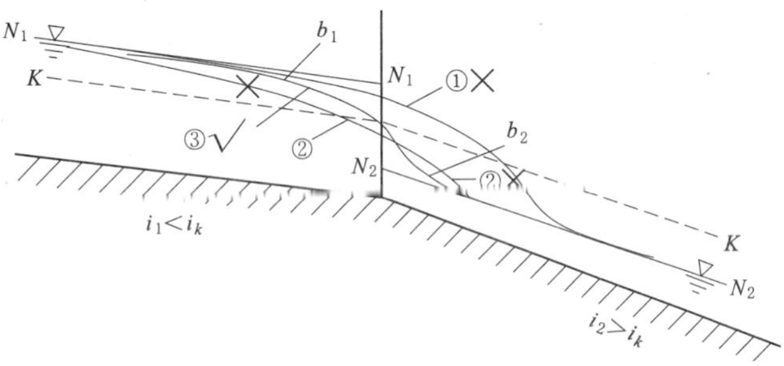

图 5.18

(1) 上游 b_1 型，下游水面线过 a 区。

水面线从上游沿均匀流动，在 b 区降落，然后在交界断面 $K—K$ 线以上穿过下游 a 区、b 区继续降落到下游，然后水面线与 $N—N$ 线相切。这种情况不可能发生，因为在 a 区出现了渐变流降水曲线，不符合水面线变化规律。

(2) b_1 型水面线降落过上游 c 区。

水面线从上游沿均匀流动，在 b 区降落穿过上游 c 区，然后在交界断面 $K—K$ 线以下穿过下游 b 区降落到下游，然后水面线与 $N—N$ 线相切。这种情况不可能发生，因为在 c 区出现了渐变流降水曲线，不符合水面线变化规律。

(3) 上游 b_1 型，下游 b_2 型，水面线过 $K—K$ 线与交界断面相交处。

水面线从上游沿均匀流动，在 b 区降落，然后在缓坡与陡坡的交界断面与 $K—K$ 线交点处急剧降落，发生水跌到下游 b 区，再继续降落最后水面线与 $N—N$ 线相切。这种情况可能发生，水面线在上下游 b 区产生渐变流降水曲线，在交界断面处发生了水跌，符合水面线变化规律。

【案例 5.9】* 恒定流时，棱柱体渠道，粗糙系数不变，闸后水面线定性绘制。

【分析】

(1) 平坡段比较长。

如图 5.14 所示，闸后平坡段比较长时，闸孔出流可能出现平坡段下游泄水不畅导致水位升高，超过 K—K 线，这样从闸后的急流状态通过水跃过渡到平坡段下游的缓流状态，在平坡段下游产生 b_0 型降水曲线，再经过水跃产生 b_2 型水面线与第 2 渠段下游的明渠均匀流衔接。

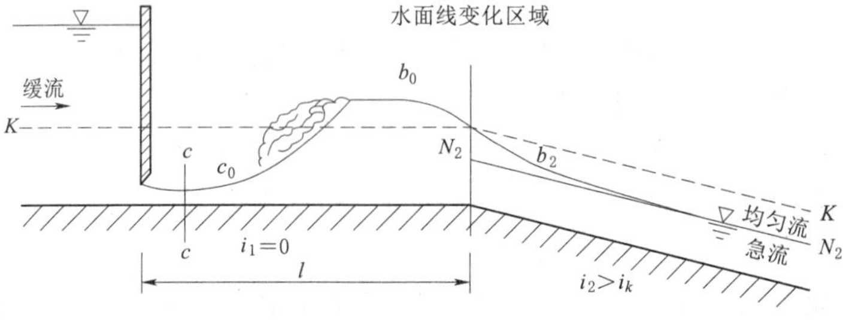

图 5.14

（2）平坡段比较短。

如图 5.15 所示，当闸后平坡段比较短时，c_0 型水面线距 K—K 线还有一定距离就到达两渠段交界处，这时水深正处在第 2 渠段 b 区，在第 2 渠段形成 b_2 型降水曲线与下游均匀流衔接。

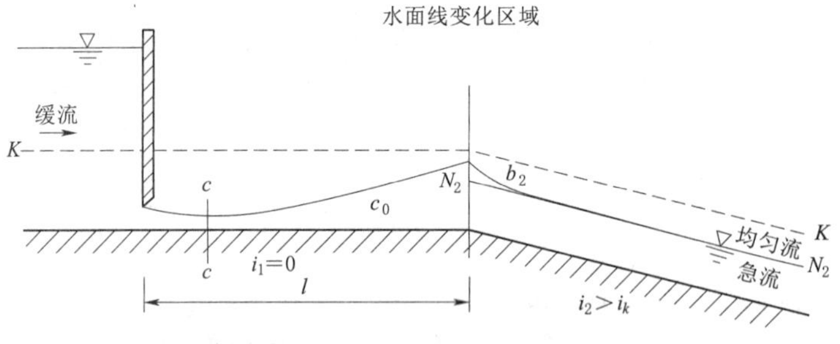

图 5.15

（3）闸后平坡段很短。

如图 5.16 所示，当闸后平坡段很短，c_0 没有升高到第 2 渠段 N—N 线时，就到达两渠段交界处，此时在第 2 渠段通过 c_2 型壅水曲线与下游均匀流衔接。

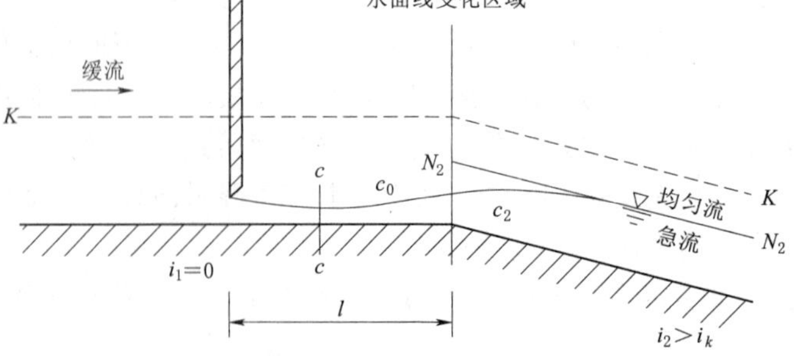

图 5.16

练一练（判断题）

（1）题图5.2为恒定流情况下，长直棱柱体陡坡渠道水面线正确绘制。（　　）

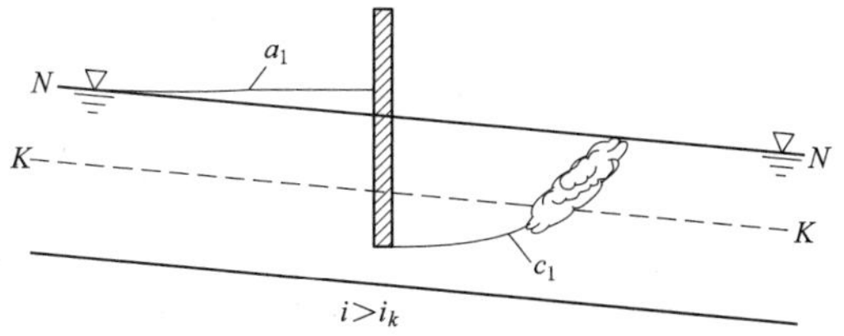

题图5.2

（2）题图5.3为恒定流情况下，长直棱柱体缓坡渠道水面线正确绘制。（　　）

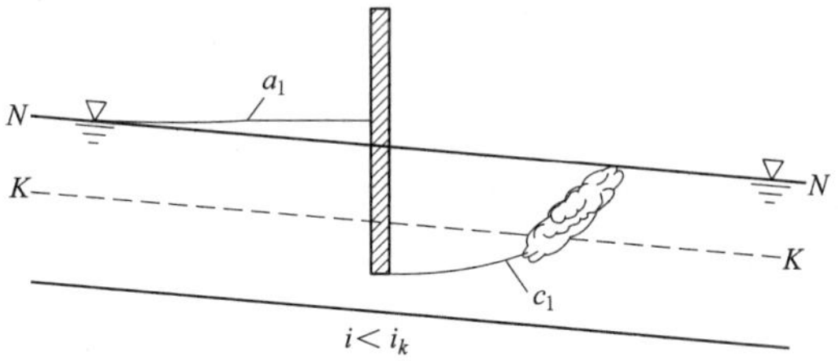

题图5.3

任务自测（选择题）

（1）渠道中出现a_1型水面曲线，则水流为（　　）。

A. 缓流　　B. 均匀流　　C. 急流　　D. 急变流

（2）下面棱柱体渠道恒定非均匀渐变流水面线中哪一种是降水曲线（　　）。

A. c_1　　B. a_1　　C. b_2　　D. a_3

（3）长直棱柱体正坡渠道上的水面线类型有（　　）。

A. 12种　　B. 2种　　C. 3种　　D. 8种

（4）在缓坡上发生均匀流时，正常水深h_0和临界水深h_k的关系是（　　）。

A. $h_0>h_k$　　B. $h_0<h_k$　　C. $h_0=h_k$　　D. 无法确定

（5）a_2型水面曲线是发生在（　　）。

A. 缓坡渠道中的缓流　　B. 陡坡渠道中的缓流

C. 缓坡渠道中的急流　　D. 陡坡渠道中的急流

（6）正常水深线$N—N$高于临界水深线$K—K$的渠道底坡属于（　　）。

A. 缓坡　　B. 陡坡　　C. 逆坡　　D. 平坡

（7）水面线分析中正常水深线$N—N$和临界水深线$K—K$将水流运动空间分成多个区，一般来讲a区位于（　　）。

A. $N—N$和$K—K$之上　　B. $N—N$和$K—K$之间

C. $N—N$和$K—K$之下　　D. 不确定

(8) 题图 5.4 为恒定流情况下，长直的棱柱体顺坡渠道绘制的水面线，正确的是（　　）。

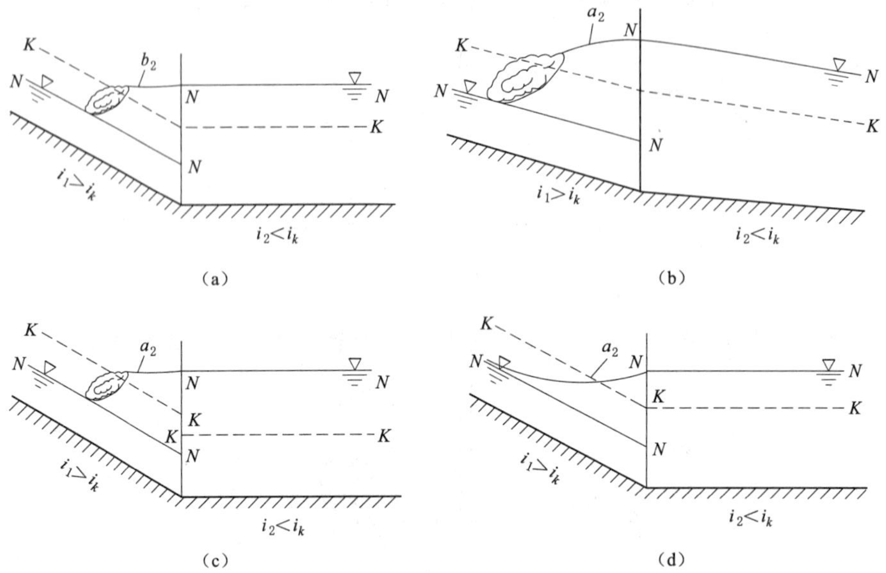

题图 5.4

(9) 题图 5.5 为恒定流情况下，长直的棱柱体顺坡渠道绘制的水面线，正确的是（　　）。

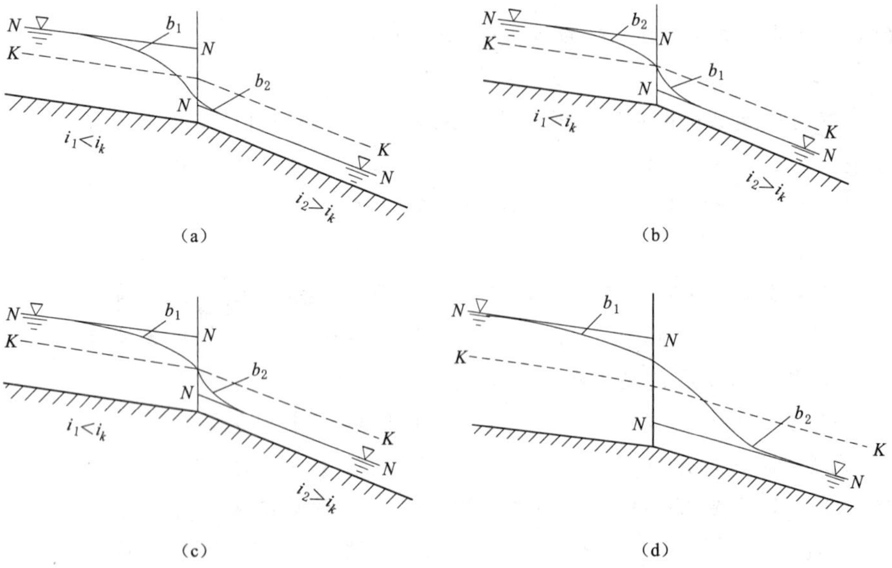

题图 5.5

(10) 题图 5.6 为恒定流情况下，长直的棱柱体顺坡渠道绘制的水面线，正确的是（　　）。

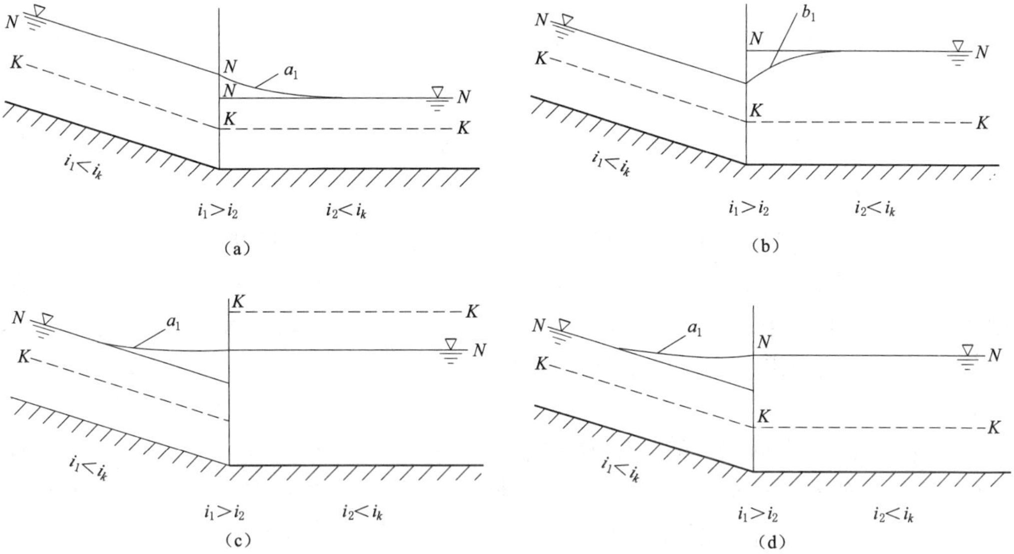

题图 5.6

任务 4　明渠恒定非均匀渐变流水面线定量计算

明渠水面线计算的目的在于确定渠道各过水断面的水深，为工程设计、施工提供依据。一般在计算之前，先进行水面线的定性分析，确定水面线线型、找出控制断面，然后从水深已知的控制断面处开始进行计算。在进行水面线计算之前，要先了解断面单位能量概念。

1　断面单位能量 E_s

1.1　断面单位能量及表达式

如图 5.17 所示，明渠的底坡与水平面的夹角为 θ，水流为非均匀渐变流。任取一过水断面，设水深为 h、流速为 v，若以过水断面最低点的水平面为基准面，以水面为代表点，计算出该断面上单位重量液体所具有的机械能，称为断面单位能量，简称断面比能。根据能量方程得出断面比能 E_s 表达式为

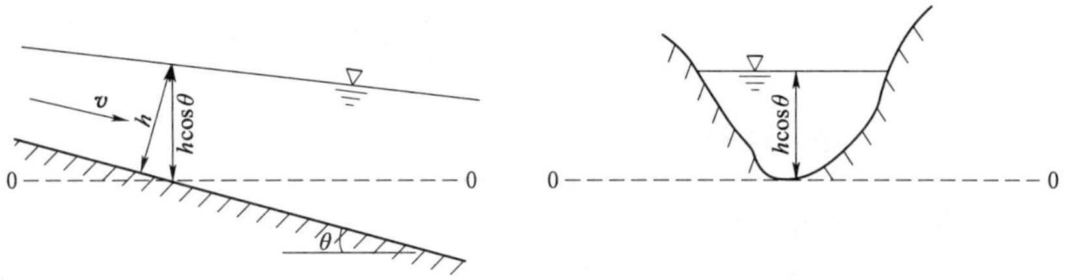

图 5.17

$$E_s = h\cos\theta + \frac{\alpha v^2}{2g} \tag{5.18}$$

当底坡较小（工程中一般当底坡 $i<10\%$）时，$\cos\theta \approx 1$，常采用

$$E_s = h + \frac{av^2}{2g} \tag{5.19}$$

式（5.19）可改写为

$$E_s = h + \frac{\alpha Q^2}{2gA^2} \tag{5.20}$$

1.2　断面单位能量曲线

由式（5.20）可以看出，当流量 Q 和渠道的过水断面的形状和尺寸一定时，断面比能仅仅是水深的函数，即 $E_s = f(h)$。式（5.20）中方程右边第一项水深 h 与断面比能 E_s 成正比，第二项水深 h 与断面比能 E_s 成反比，所以以水深 h 为纵坐标，以 E_s 为横坐标，绘制出 $h-E_s$ 关系曲线为双支曲线（图5.18）。$h-E_s$ 关系曲线，称为断面比能曲线。

分析 $h-E_s$ 关系曲线，可以看出断面比能曲线以45°线和横坐标为渐近线。因为断面比能是水深的连续函数，并且水深 h 从0增加到∞，断面单位能量 E_s 从∞先是减小，而后再增加到∞，故断面比能曲线中间必有一拐点，拐点所对应的断面比能为最小值。

通过断面比能对水深求导得出

$$\frac{dE_s}{dh} = 1 - Fr^2 \tag{5.21}$$

dE_s/dh 等于零时，可以得出断面比能最小值时对应的水深为临界水深，即图5.18中拐点处水深为临界水深 h_k。

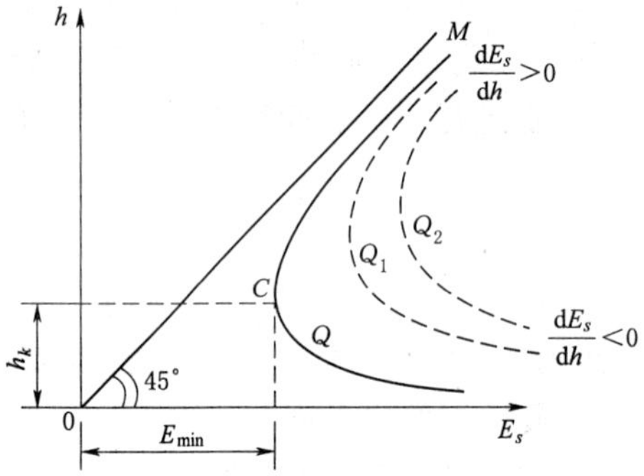

图5.18

在非均匀流中，由于边界条件的影响，同一流量可能会以不同的水深通过某一过水断面，水深不同，过水断面面积 A 和流速 v 也不同，可以计算出不同的断面比能 E_s 值，绘出的 $h-E_s$ 关系曲线也不同，图5.18中几个双支曲线就是不同流量下的 $h-E_s$ 关系曲线。

分析 $h-E_s$ 关系曲线可以看出，上支曲线 $\frac{dE_s}{dh}>0$，$h>h_k$，水流为缓流；下支曲线 $\frac{dE_s}{dh}<0$，$h<h_k$，水流为急流；拐点处 $\frac{dE_s}{dh}=0$，$h=h_k$，水流为临界流。

2　水面线计算方法及计算公式

明渠水面线计算方法有分段求和、数值积分等方法，这里只介绍工程中常用的分段求和法。分段求和法就是将水面曲线简化成若干直线段，微分变差分，即将整个过流渠道分为若干流段，并以有限差分代替基本方程中的微分，分段求和计算各断面的位置和水深，确定各计算断面的水面位置，所有断面水面连接后形成整个过流渠道水面线。

将式（5.21）代入式（5.16）$\dfrac{\mathrm{d}h}{\mathrm{d}s}=\dfrac{i-J}{1-Fr^2}$，微分方程简化为差分方程，式（5.16）中反映各断面总水头线陡缓程度的水力坡度 J，用流段的水力坡度平均值 $\overline{J}$ 表示，整理后有

$$\Delta s=\frac{\Delta E_s}{i-\overline{J}} \tag{5.22}$$

$$\Delta E_s=E_{s下}-E_{s上} \tag{5.23}$$

式中　$E_{s上}$、$E_{s下}$——流段上、下游断面的断面单位能量；

$\overline{J}$——流段的平均水力坡度，近似采用式（5.24）进行计算。

$$\overline{J}=\frac{\overline{v}^2}{\overline{C}^2\overline{R}} \tag{5.24}$$

式中　$\overline{v}$、$\overline{C}$、$\overline{R}$——流段上、下游断面的流速、谢才系数、水力半径的平均值。

$$\overline{v}=\frac{v_上+v_下}{2};\overline{C}=\frac{C_上+C_下}{2};\overline{R}=\frac{R_上+R_下}{2}$$

式（5.22）是棱柱体和非棱柱体渠道非均匀渐变流水面线分段计算公式。用分段法计算水面线，首先应从水深已知的控制断面开始，把非均匀流分成若干流段。流段的长度应适宜，因分段法是由差分方程代替了微分方程，所以计算精度与流段划分的长短有关。流段越短，精度越高，但工作量越大；反之则精度越低。划分流段时一般应注意以下两点：

（1）每段的断面形状及尺寸、糙率、底坡应尽可能一致，发生突变处，应在该断面上分段。

（2）一般情况下，降水曲线和急流壅水曲线水面变化较快，分段宜短些；缓流壅水曲线水面变化较缓，分段可长些。

分段推算时要注意推算方向，对于急流，因为干扰波不能向上游传播，所以急流的控制断面在上游，应自上而下分析、推算水面线；对于缓流，干扰波能向上游传播，所以缓流的控制断面在下游，应自下而上分析、推算水面线。

3　棱柱体明渠恒定非均匀渐变流水面线计算

棱柱体明渠恒定非均匀渐变流水面线计算一般有两种情况：

（1）第一种情况，已知流段两端断面的水深，求流段的长度 Δs，可直接用式（5.22）求出 Δs，无需试算。

例如，对于足够长正坡渠道，可从已知控制断面的水深开始，根据水面线类型及计算长度，按水深分流段，确定每流段两端断面的水深，可直接用式（5.22）求出每流段的长度 Δs，再对计算出的所有流段长度求和。具体见案例5.10。足够长正坡渠道，水深从大于 h_0 趋近于 h_0 时，水面线计算长度可计算到 $h=1.01h_0$；水深从小于 h_0 趋近 h_0 时，水面线计算长度可计算到 $h=0.99h_0$ 为止。

W5.19

棱柱体渠道明渠恒定非均匀渐变流水面线计算

（2）第二种情况，已知流段一端的水深和流段长 Δs，求另一端的水深。

可先假定另一端的水深，用式（5.22）计算出 Δs，若算出的 Δs 和已知流段的长度相等，则假定的水深即为所求，否则，重新假定水深再进行计算。例如，当棱柱体

渠道的总长度一定时，按第一种情况计算出前面各断面间的距离之后，最后一个流段水力计算时，根据流段长度及一端水深确定另一端水深。具体见案例5.11。

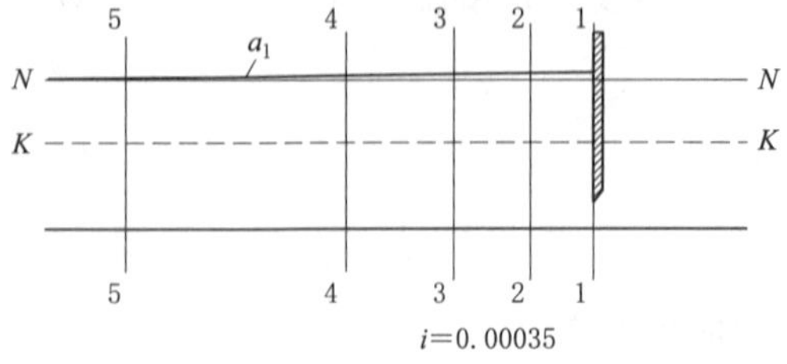

图5.19

【案例5.10】 有一梯形断面的土渠，底宽 $b=8\text{m}$，边坡系数 $m=2$，底坡 $i=0.00035$，糙率 $n=0.025$，流量 $Q=40\text{m}^3/\text{s}$。今在该渠道上修建一节制闸（图5.19），已知当水闸通过上述流量时的闸前水深 $h=3.5\text{m}$，试计算节制闸上游水面线的壅水长度并绘制水面线。

【分析与计算】

(1) 判别水面线类型。

经计算该渠道正常水深 $h_0=2.697\text{m}$，临界水深 $h_k=1.226\text{m}$。因 $h_0>h_k$，故渠道底坡为缓坡。又因闸前水深 $h=3.5\text{m}>h_0$，控制水深位于 a 区，所以为 a_1 型水面曲线。

(2) 确定推算方向，按水深分段。

因为水流为缓流，水面线应从闸前控制水深 $h=3.5\text{m}$ 开始，从下游向上游按水深分段推算，因为渠道足够长，上游很远处水深趋于正常水深，水深从大于 h_0 趋近于 h_0 的，水面线计算长度可计算到 $h=1.01h_0=2.72\text{m}$，也就是说水面线计算从控制水深 $h=3.5\text{m}$ 开始，分段向上游推算到2.72m结束。因为沿流程为壅水曲线，故从2—2断面开始，设上游各断面的水深分别为3.3m、3.1m、2.9m、2.72m，按水深划分若干流段计算。

(3) 水面线分段计算。

根据分段设定的各断面水深，应用式（5.22）求出各相应流段的距离 Δs_1、Δs_2、Δs_3、Δs_4，具体计算如下。

1) 1—1断面至2—2断面第一流段 Δs_1 计算。

1—1断面 $h_1=3.5\text{m}$，则水力要素计算如下：

$$A_1=(b+mh_1)h_1=(8+2\times3.5)\times3.5=52.5(\text{m}^2)$$

$$v_1=\frac{Q}{A_1}=\frac{40}{52.5}=0.76(\text{m/s})$$

$$\frac{v_1{}^2}{2g}=\frac{0.76^2}{2\times9.8}=0.03(\text{m})$$

断面比能
$$E_{s1}=h_1+\frac{v_1^2}{2g}=3.5+0.03=3.53(\text{m})$$

$$\chi_1=b+2h_1\sqrt{1+m^2}=8+2\times3.5\times\sqrt{1+2^2}=23.65(\text{m})$$

$$R_1=\frac{A_1}{\chi_1}=\frac{52.5}{23.65}=2.22(\text{m})$$

$$C_1=\frac{1}{n}R_1^{1/6}=\frac{1}{0.025}\times2.22^{1/6}=45.69$$

设 2—2 断面 $h_2=3.3\text{m}$，同理可计算此过水断面水力要素

$$A_2=(b+mh_2)h_2=(8+2\times3.3)\times3.3=48.18(\text{m}^2)$$

$$v_2=\frac{Q}{A_2}=\frac{40}{48.18}=0.83(\text{m/s})$$

$$\frac{v_2{}^2}{2g}=\frac{0.83^2}{2\times9.8}=0.04(\text{m})$$

断面比能 $$E_{s2}=h_2+\frac{v_2^2}{2g}=3.3+0.04=3.34(\text{m})$$

$$\chi_2=b+2h_2\sqrt{1+m^2}=8+2\times3.3\times\sqrt{1+2^2}=22.76(\text{m})$$

$$R_2=\frac{A_2}{\chi_2}=\frac{48.18}{22.76}=2.12(\text{m})$$

$$C_2=\frac{1}{n}R_2^{1/6}=\frac{1}{0.025}\times2.12^{1/6}=45.33$$

1—1 断面和 2—2 断面的比能差为

$$\Delta E_{s1-2}=E_{s下}-E_{s上}=E_{s1}-E_{s2}=3.53-3.34=0.19(\text{m})$$

两断面水力要素的平均值：

$$\bar{R}=\frac{R_1+R_2}{2}=\frac{2.22+2.12}{2}=2.17(\text{m})$$

$$C=\frac{C_1+C_2}{2}=\frac{45.69+45.33}{2}=45.51$$

$$\bar{v}=\frac{v_1+v_2}{2}=\frac{0.76+0.83}{2}=0.80(\text{m/s})$$

第一流段平均水力坡度 $$\bar{J}=\frac{\bar{v}^2}{\bar{C}^2\bar{R}}=\frac{0.80^2}{45.51^2\times2.17}=0.000141$$

第一流段的长度 $$\Delta s_1=\frac{\Delta E_{s1-2}}{i-\bar{J}}=\frac{0.19}{0.00035-0.000141}=931.0(\text{m})$$

2）其他各流段的长度可参照以上方法列表计算，见表 5.5。

表 5.5　　　　棱柱体渠道水面线计算表

·	A	B	C	D	E	F	G	H	I	J	K	L	M	N	O	P
1	$Q=$	40	$b=$	8	$m=$	2	$n=$	0.025	$i=$	0.00035	$h_0=$	2.697	$h_k=$	1.226	线性	a_1
2	断面	h	A	v	$v^2/2g$	E_s	χ	R	C	ΔE_s	$\bar{v}$	$\bar{R}$	$\bar{C}$	$\bar{J}$	Δs	$\sum\Delta s$
3		m	m^2	m/s	m	m	m	m		m	m/s	m		$\times10^{-3}$	m	m
4	1—1	3.50	52.50	0.76	0.03	3.53	23.65	2.22	45.69						0	0
5	2—2	3.30	48.18	0.83	0.04	3.34	22.76	2.12	45.33	0.19	0.80	2.17	45.51	0.141	931.0	931.0
6	3—3	3.10	44.02	0.91	0.04	3.14	21.86	2.01	44.95	0.19	0.87	2.07	45.14	0.180	1133.3	2064.2
7	4—4	2.90	40.02	1.00	0.05	2.95	20.97	1.91	44.55	0.19	0.95	1.96	44.75	0.232	1617.5	3681.7
8	5—5	2.72	36.56	1.09	0.06	2.78	20.16	1.81	44.17	0.17	1.05	1.86	44.36	0.299	3350.7	7032.4

W5.20

利用 Excel 计算棱柱体渠道水面线（上）

（4）根据表5.5计算结果，以控制断面与渠底线的交点为坐标原点，以P列$\sum\Delta s$值为横坐标，以B列水深h为纵坐标，确定各断面水面位置，定量绘制水面线。

可以在表5.5中使用Excel拖动填充快速计算水面线。计算步骤如下：

1）在B4单元格输入1—1断面水深，计算1—1断面水力要素A、v、…，分别填充在单元格C4：I4。

2）假设2—2断面水深并输入B5单元格，选中单元格C5：I5，拖动填充单元格C5：I5，得到2—2断面相应水力要素。

3）然后计算两断面间的水力要素平均值$\overline{v}$、$\overline{R}$、$\overline{C}$、$\overline{J}$，分别填充到单元格J5：N5。

4）计算两断面间的流程Δs和流程和$\sum\Delta s$，填充到单元格O5：P5。

5）假设其他各断面水深，分别输入到B列单元格B6：B8。

6）选中第5行的C列到P列，向下拖动填充其他C列到P列，就可快速计算出各断面间流程长和总流程长。

主要Excel计算输入式见表5.6。

W5.21

利用 Excel 计算棱柱体渠道水面线（下）

表5.6　　棱柱体渠道水面线计算表Excel主要输入式

序号	计算参数	单元格	Excel输入式	水力计算式
1	A	C4	`=($D$1+$F$1*B4)*B4`	$(b+mh)h$
2	v	D4	`=$B$1/C4`	$\frac{Q}{A}$
3	E_s	F4	`=B4+E4`	$h+\frac{v^2}{2g}$
4	χ	G4	`=$D$1+2*B4*SQRT(1+$F$1^2)`	$b+2h\sqrt{1+m^2}$
5	R	H4	`=C4/G4`	$\frac{A}{\chi}$
6	ΔE_s	J5	`=F4-F5`	$E_{s1}-E_{s2}$
7	$\overline{J}$	N5	`=K5*K5/(M5*M5*L5)`	$\frac{\overline{v}^2}{\overline{C}^2\overline{R}}$
8	Δs	O5	`=J5/($J$1-N5)`	$\frac{\Delta E_s}{i-\overline{J}}$
9	$\sum\Delta s$	P5	`=O5+P4`	$\Delta s_n+\sum_{i=1}^{n-1}\Delta s_i$

（5）根据案例5.10总结出棱柱体明渠恒定非均匀渐变流水面线计算步骤如下：

1）计算该渠道正常水深、临界水深，将实际水深和正常水深、临界水深比较，判断水面线类型。

2）确定推算方向，按水深分段。

3）水面线分段计算。

a. 计算已知1—1断面的水力要素A_1、v_1、E_{s1}、χ_1、R_1、C_1等。

b. 根据分析得到的水面线性质，假设下一断面2—2的水深为$h_2=h_1\pm\Delta h$（一般为0.1～0.2m），计算相应的A_2、v_2、E_{s2}、χ_2、R_2、C_2等。

c. 计算1—1和2—2断面间的平均流速、水力半径、谢才系数等水力要素的平均值。

d. 利用式（5.22）求出1—1、2—2断面之间的流程长Δs_1。

e. 再用求出的2—2断面的参数为已知量，假设下一断面3—3的水深为$h_3=h_2\pm\Delta h$，计算相应的A_3、v_3、E_{s3}、χ_3、R_3、C_3等，从而求出2—2、3—3断面之间的流程长Δs_2。

4）重复上述步骤，可以得到一系列的h_i和Δs_{i-1}，在图纸上标出相应断面后，用光滑的曲线将各断面水面点连接起来就可以得到所分析的水面线定量数值。

案例5.10属于渠道足够长，推算水面线的始、末端水深已知，直接分段求和计算水面线，下面举例讲解工程中常见的棱柱体渠道有一定长度的水面线计算。

【案例5.11】 如图5.20所示，某排水渠断面为梯形，底宽$b=8$m，边坡系数$m=2$，糙率$n=0.025$，渠道纵坡$i=0.0005$，渠道长$s=3400$m，退水流量$Q=25\text{m}^3/\text{s}$，退入下游河道。退水时排水渠末端出口断面水深达3.5m，试计算排水渠入口断面的水深。

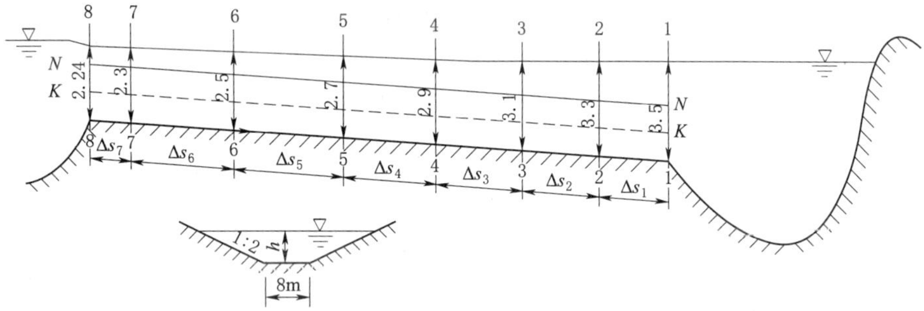

图5.20

【分析与计算】

（1）判断水面线类型。

经计算该渠道正常水深$h_0=1.92$m，临界水深$h_k=0.921$m。因$h_0>h_k$，故渠道底坡为缓坡。又因排水渠末端水深$h=3.5\text{m}>h_0$，控制水深位于a区，所以为a_1型水面曲线。

（2）确定推算方向，按水深分段。

因为水流为缓流，水面线应从排水渠末端控制水深$h=3.5$m开始，从下游向上游按水深分段推算。假设水深变化量$\Delta h=0.2$m。则上游各断面的水深分别为3.3m，3.1m，2.9m，…，求出各相应流段的距离Δs_1、Δs_2、…、Δs_7，然后再根据已知渠道的总长度$s=3400$m，用试算法求出排水渠进口处的水深。

（3）水面线分段计算。

1—1断面水力要素（$h_1=3.5$m）：

$$A_1=h_1(b+mh_1)=3.5\times(8+2\times3.5)=52.50(\text{m}^2)$$

$$v_1=\frac{Q}{A_1}=\frac{25}{52.50}=0.476(\text{m/s})$$

$$\frac{v_1^2}{2g}=\frac{0.476^2}{2\times9.8}=0.012(\text{m})$$

$$E_{s1}=h_1+\frac{v_1^2}{2g}=3.5+0.012=3.512(\mathrm{m})$$

$$\chi_1=b+2h_1\sqrt{1+m^2}=8+2\times3.5\times\sqrt{1+2^2}=23.652(\mathrm{m})$$

$$R_1=\frac{A_1}{\chi_1}=\frac{52.50}{23.652}=2.220(\mathrm{m})$$

$$C_1=\frac{1}{n}R_1^{1/6}=\frac{1}{0.025}\times2.220^{1/6}=45.686$$

同理 2—2 断面水力要素（设 $h_2=3.3\mathrm{m}$）：

$$A_2=h_2(b+mh_2)=3.3\times(8+2\times3.3)=48.18(\mathrm{m}^2)$$

$$v_2=\frac{Q}{A_2}=\frac{25}{48.18}=0.5196(\mathrm{m/s})$$

$$\frac{v_2^2}{2g}=\frac{0.519^2}{2\times9.8}=0.014(\mathrm{m})$$

$$E_{s2}=h_2+\frac{v_2^2}{2g}=3.3+0.014=3.314(\mathrm{m})$$

$$\chi_2=b+2h_2\sqrt{1+m^2}=8+2\times3.3\times\sqrt{1+2^2}=22.758(\mathrm{m})$$

$$R_2=\frac{A_2}{\chi_2}=\frac{48.18}{22.758}=2.117(\mathrm{m})$$

$$C_2=\frac{1}{n}R_2^{1/6}=\frac{1}{0.025}\times2.117^{1/6}=45.326$$

1—1 断面和 2—2 断面间水力要素：

$$\Delta E_s=E_{s1}-E_{s2}=3.512-3.314=0.198(\mathrm{m})$$

$$\overline{v}=\frac{v_1+v_2}{2}=\frac{0.476+0.5196}{2}=0.498(\mathrm{m/s})$$

$$\overline{\chi}=\frac{\chi_1+\chi_2}{2}=\frac{23.652+22.758}{2}=23.22(\mathrm{m})$$

$$\overline{R}=\frac{R_1+R_2}{2}=\frac{2.220+2.117}{2}=2.168(\mathrm{m})$$

$$\overline{C}=\frac{C_1+C_2}{2}=\frac{45.686+45.326}{2}=45.51$$

$$\overline{J}=\frac{\overline{v}^2}{\overline{C}^2\overline{R}}=\frac{0.498^2}{45.51^2\times2.168}=0.0000551$$

1—1 断面和 2—2 断面间流程为

$$\Delta s_{1-2}=\frac{\Delta E_s}{i-\overline{J}}=\frac{0.198}{0.0005-0.0000551}=444.7(\mathrm{m})$$

其他各流段的长度计算，按照设的水深可参照以上方法列表计算，见表 5.7。由表 5.7 可以看出当水深 $h_8=2.1\mathrm{m}$ 时，$\sum\Delta s=4085.98\mathrm{m}$，超过了渠道长度 3400m。最后一流段排水渠道进口水深计算，属于已知下游断面水深 h_7 和流段长度 $\Delta s=3400-3139.62=260.38\mathrm{m}$，计算上游断面水深 h_8，此种情况用试算法。根据前面计算分析可知，排水渠道进口水深在 2.3～2.1m 之间，设 h_8 计算此流段长度，直到 $\sum\Delta s=3400$m 为止。通过试算，当 $h_8=2.24$m 时，$\Delta s=260.37$m，$\sum\Delta s\approx3400$m，则排水渠入口断面的水深为 2.24m。

表 5.7　　　　棱柱体渠道水面线计算表

	A	B	C	D	E	F	G	H	I	J	K	L	M	N	O	P
1	$Q=$	25	$b=$	8	$m=$	2	$n=$	0.025	$i=$	0.0005	$h_0=$	1.92	$h_k=$	0.921	线性	a_1
2	断面	h	A	v	$v^2/2g$	E_s	χ	R	C	ΔE_s	$\overline{v}$	$\overline{R}$	$\overline{C}$	$\overline{J}$	Δs	$\sum\Delta s$
3		m	m^2	m/s	m	m	m	m		m	m/s	m		$\times10^{-4}$	m	m
4	1—1	3.5	52.500	0.476	0.012	3.512	23.652	2.220	45.685						0	0
5	2—2	3.3	48.180	0.519	0.014	3.314	22.758	2.117	45.326	0.198	0.498	2.168	45.506	0.5513	444.70	444.70
6	3—3	3.1	44.020	0.568	0.016	3.116	21.864	2.013	44.948	0.197	0.543	2.065	45.137	0.7018	458.98	903.68
7	4—4	2.9	40.020	0.625	0.020	2.920	20.969	1.909	44.549	0.197	0.596	1.961	44.749	0.9055	480.03	1383.71
8	5—5	2.7	36.180	0.691	0.024	2.724	20.075	1.802	44.126	0.196	0.658	1.855	44.338	1.186	512.78	1896.49
9	6—6	2.5	32.500	0.769	0.030	2.530	19.180	1.694	43.675	0.194	0.730	1.748	43.901	1.582	568.08	2464.57
10	7—7	2.3	28.980	0.863	0.038	2.338	18.286	1.585	43.191	0.192	0.816	1.640	43.433	2.152	675.05	3139.62
11	8—8	2.1	25.620	0.976	0.049	2.149	17.391	1.473	42.668	0.189	0.919	1.529	42.929	2.999	946.35	4085.98

根据水面线计算结果，以 $\sum\Delta s$ 值为横坐标，以水深值为纵坐标，确定各断面水面位置，定量绘制水面线。

可以在表 5.7 中使用 Excel 拖动填充快速计算水面线。计算步骤如下：

1）在 B4 单元格输入 1—1 断面水深，计算 1—1 断面水力要素 A、v、…，分别填充在单元格 C4：I4。

2）假设 2—2 断面水深，并输入 B5 单元格，选中单元格 C5：I5，拖动填充单元格 C5：I5，得到 2—2 断面相应的水力要素。

3）然后计算两断面间的水力要素平均值 $\overline{v}$、$\overline{R}$、$\overline{C}$、$\overline{J}$，分别填充到单元格 J5：N5。

4）计算两断面间的流程 Δs 和流程和 $\sum\Delta s$，填充到单元格 O5：P5。

5）假设填充其他各断面水深，填充到 B 列。

6）选中第 5 行的 C 列到 P 列，向下拖动填充其他 C 列到 P 列，就可快速计算出各断面间流程长和总流程长。

7）对于最后一流段试算法，以 P11 单元格为目标单元格，B11 单元格为可变单元格，以 3400 为目标值，Excel 单变量求解快捷计算排水渠入口断面的水深。

主要 Excel 计算输入式见表 5.8。

表 5.8　　　　棱柱体渠道水面线计算表 Excel 主要输入式

序号	计算参数	单元格	Excel 输入式	水力计算式
1	ΔE_s	J5	=F4－F5	$E_{s1}-E_{s2}$
2	$\overline{J}$	N5	=K5 * K5/(M5 * M5 * L5)	$\dfrac{\overline{v}^2}{\overline{C}^2\overline{R}}$
3	Δs	O5	=J5/($J$1－N5)	$\dfrac{\Delta E_s}{i-\overline{J}}$
4	$\sum\Delta s$	P5	=O5＋P4	$\Delta s_n+\sum_{i=1}^{n=1}\Delta s_i$

用单变量求解得到末端水深 $h=2.24\text{m}$。

4　非棱柱体明渠水面线计算*

非棱柱体渠道水面线计算公式同棱柱体渠道水面线计算公式，但因为非棱柱体渠道断面形状、尺寸随流程会发生变化，断面位置确定才能计算其水力要素，故非棱柱体渠道水面线计算是根据式（5.22）按流程分段计算。

非棱柱体渠道水面线计算，属于棱柱体渠道水面线计算第二种情况，即已知流段长度和一端断面水深计算另一端断面水深，需要分段试算完成水面线计算，具体计算见案例5.12。

W5.22

非棱柱体渠道恒定非均匀渐变流水面线计算案例分析*

S5.23

溢洪道泄流

【案例5.12】*　图5.21某水库溢洪道，由两段组成，断面为矩形。上游为直线收缩段，底坡 $i_1=0.03$，收缩段以下等宽，$i_2=0.05$。已知收缩段进口断面1—1宽60m，出口断面3—3宽40m，收缩段长50m。溢洪道用混凝土衬砌，糙率 $n=0.014$。当通过设计流量 $Q=580\text{m}^3/\text{s}$ 时，进口断面1—1的水深 $h_1=2.2\text{m}$，求设计流量下收缩段的水面线。

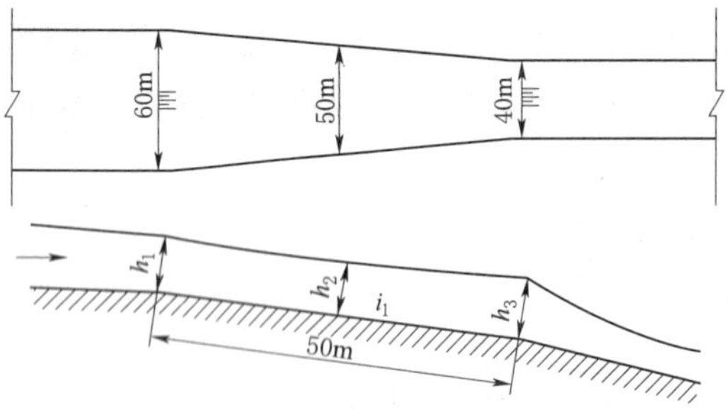

图5.21

【分析与计算】

（1）水面线分析。

因溢洪道泄流为急流，水面线总趋势为降水曲线。

（2）确定推算方向，按流程分段。

因为水流为急流，从上游水深已知的1—1断面向下游推算，对于非棱柱体渠道，断面形状、尺寸随流程发生变化，先按流程分段，再设水深才能计算断面水力要素。由于收缩段较短，按流程可以分为两段，$\Delta s_1=25\text{m}$，$\Delta s_2=25\text{m}$。

（3）分段进行水面线试算。

本案例是非棱柱体渠道水面线计算，属于已知分段长度、上游断面水深 h_1，计算下游断面水深 h_2，用试算法计算。

先进行第一流段计算，根据几何关系，由1—1断面底宽60m，可知中间断面2—2的底宽 $b_2=50\text{m}$，利用式（5.22）进行试算。

因水面线总趋势为降水曲线，故设2—2断面水深小于1—1断面水深，设 $h_2=2.0\text{m}$。根据 h_1、h_2 可计算出1—1、2—2各断面的水力要素，然后再计算 Δs。

1—1断面水力要素（$h_1=2.2\text{m}$）：

$$A_1=h_1b_1=2.2\times60=132.00(\text{m}^2)$$

$$v_1=\frac{Q}{A_1}=\frac{580}{132.00}=4.39(\text{m/s})$$

$$\frac{v_1^2}{2g}=\frac{4.39^2}{2\times9.8}=0.99(\text{m})$$

$$E_{s1}=h_1+\frac{v_1^2}{2g}=2.2+0.99=3.19(\text{m})$$

$$\chi_1=b_1+2h_1=60+2\times2.2=64.4(\text{m})$$

$$R_1=\frac{A_1}{\chi_1}=\frac{132.00}{64.4}=2.05(\mathrm{m})$$

$$C_1=\frac{1}{n}R_1^{1/6}=\frac{1}{0.014}\times 2.05^{1/6}=80.50$$

同理 2—2 断面水力要素（设 $h_2=2.0\mathrm{m}$）：

$$A_2=h_2b_2=2.0\times 50=100.00(\mathrm{m}^2)$$

$$v_2=\frac{Q}{A_2}=\frac{580}{100.00}=5.80(\mathrm{m/s})$$

$$\frac{v_2^2}{2g}=\frac{5.80^2}{2\times 9.8}=1.72(\mathrm{m})$$

$$E_{s2}=h_2+\frac{v_2^2}{2g}=2.0+1.72=3.72(\mathrm{m})$$

$$\chi_2=b_2+2h_2=50+2\times 2.0=54.0(\mathrm{m})$$

$$R_2=\frac{A_2}{\chi_2}=\frac{100.00}{54.0}=1.85(\mathrm{m})$$

$$C_2=\frac{1}{n}R_2^{1/6}=\frac{1}{0.014}\times 1.85^{1/6}=79.15$$

1—1 断面和 2—2 断面间水力要素：

$$\Delta E_s=E_{s2}-E_{s1}=3.72-3.19=0.53(\mathrm{m})$$

$$\overline{v}=\frac{v_1+v_2}{2}=\frac{4.39+5.80}{2}=5.10(\mathrm{m/s})$$

$$\overline{R}=\frac{R_1+R_2}{2}=\frac{2.05+1.85}{2}=1.95(\mathrm{m})$$

$$\overline{C}=\frac{C_1+C_2}{2}=\frac{80.50+79.15}{2}=79.83$$

$$\overline{J}=\frac{\overline{v}^2}{\overline{C}^2\overline{R}}=\frac{5.10^2}{79.83^2\times 1.95}=0.0021$$

1—1 断面和 2—2 断面间流程：

$$\Delta s_{1-2}=\frac{\Delta E_s}{i-\overline{J}}=\frac{0.53}{0.03-0.0021}=19.04(\mathrm{m})\neq 25\mathrm{m}$$

设 $h_2=2.0\mathrm{m}$，计算出流段长度不等于分段长度 25m，重设 h_2 直到 $\Delta s_{1-2}=25\mathrm{m}$。通过试算当 $h_2=1.84\mathrm{m}$ 时满足要求。按上述同样方法步骤可以得到 3—3 断面水深，具体计算结果见表 5.9。

表 5.9　　　　非棱柱体渠道水面线计算表

	A	B	C	D	E	F	G	H	I	J	K	L	M	N	O	P
1	$Q=$	580	$i=$	0.03	$n=$	0.014	$m=$	0								
2	断面	h	b	A	v	$v^2/2g$	E_s	χ	R	C	ΔE_s	$\overline{v}$	$\overline{R}$	$\overline{C}$	$\overline{J}$	Δs
3		m	m	m^2	m/s	m	m	m	m		m	m/s	m		$\times 10^{-2}$	m
4	1—1	2.20	60	132.00	4.39	0.99	3.19	64.40	2.05	80.50						0
5	2—2	1.84	50	91.73	6.32	2.04	3.87	53.67	1.71	78.10	0.69	5.36	1.88	79.30	0.24	25
6	3—3	2.10	40	84.16	6.89	2.42	4.53	44.21	1.90	79.52	0.65	6.61	1.81	78.81	0.39	25

W5.24

非棱柱体渠道恒定非均匀渐变流水面线Excel计算（上）*

W5.25

非棱柱体渠道恒定非均匀渐变流水面线Excel计算（下）*

在表 5.9 中使用 Excel 可以快速计算水面线，Excel 计算步骤如下：

1）在第 1 行输入已知条件，在第 2 行输入水面线计算步骤。

2）在 B4、C4 单元格输入 1—1 断面水深、宽度，在 D4：J4 单元格输入水力计算公式对应的 Excel 输入式，计算填充到单元格 D4：J4。

3）假设 2—2 断面水深，在 B5、C5 单元格输入 2—2 断面水深及底宽，选中 D4：J4，向下拖动填充 D5：J5，可以得到 2—2 断面相应水力要素。

4）在 K5：P5 单元格，对应输入 ΔE_s 及两断面间的平均水力要素 $\overline{v}$、$\overline{R}$、$\overline{C}$、$\overline{J}$ 和 Δs 的 Excel 输入式。

5）单变量求解确定 h_2 时，以 P5 单元格为目标单元格，B5 单元格为可变单元格，以 25 为目标值，计算结果 $h_2=1.84\text{m}$。

6）重复上述步骤可得到其他断面水深。

非棱柱体渠道水面线 Excel 计算主要输入式可参照表 5.6 和表 5.8。

通过案例 5.12 水面线分析与计算可以看出，对于非棱柱体渠道水面线计算时，先分析水面线为壅水或降水曲线，以便按水深变化趋势假设断面水深，然后根据急流或缓流确定推算方向，并按流程分段计算，计算情况与棱柱体渠道水面线计算中的第二种情况相同，需分段试算完成。

➢ 任务自测

判断题

（1）棱柱体恒定非均匀渐变流水面线计算时，若为急流则应从下游向上游分段计算。（　　）

（2）非棱柱体恒定非均匀渐变流水面线按水深分段计算。（　　）

（3）棱柱体恒定非均匀渐变流水面线计算时要先判断水面线类型。（　　）

选择题

（1）棱柱体渠道恒定非均匀渐变流水面线分段计算时不需要计算（　　）。

A. 上、下游断面比能　　B. 上、下游断面平均流速

C. 上、下游断面过水面积　　D. 雷诺数

（2）棱柱体渠道恒定非均匀渐变流水面线分段计算时流段长度与（　　）无关。

A. 断面比能差值　　B. 渠道底坡

C. 黏滞系数　　D. 上、下游断面水力半径和湿周

（3）棱柱体渠道恒定非均匀渐变流水面线分段计算时断面比能差值为（　　）。

A. 上游断面比能减去下游断面比能　　B. 下游断面比能减去上游断面比能

C. 上游断面比能加下游断面比能　　D. 都不对

技　能　训　练

1. 绘图题

题图 5.7 中棱柱体渠道，渠道通过流量、断面形状、糙率不变，定性分析渠道水

面线并注出其类型。

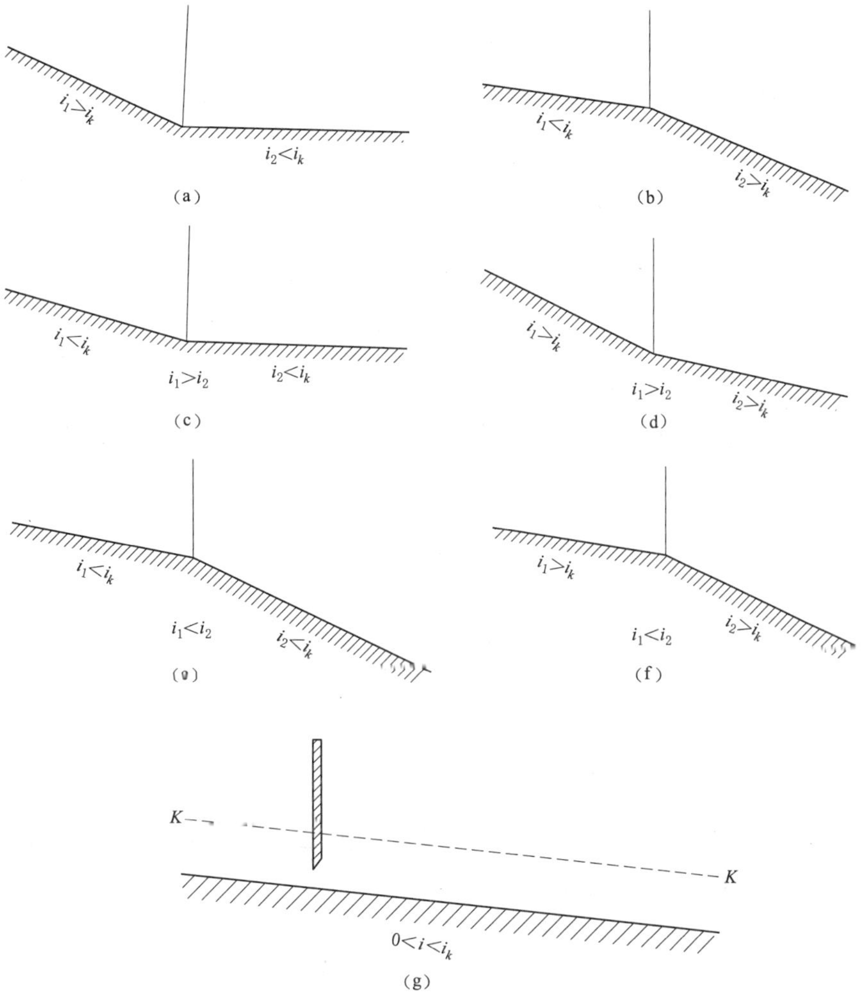

题图 5.7

2. 计算题

(1) 有一矩形断面明渠 $Q=25\text{m}^3/\text{s}$，底宽 $b=6\text{m}$，渠道中实际水深 $h=3.0\text{m}$，试用三种方法判明渠水流为急流或缓流?

(2) 某梯形渠道，底宽 $b=5\text{m}$，边坡系数 $m=1.5$，当通过流量 $Q=28\text{m}^3/\text{s}$ 时，正常水深 $h_0=2.58\text{m}$。求：①微波的波速；②弗劳德数；③判别水流的流态。

(3) 如题图 5.8 所示，在溢洪道坡脚处的水平护坦上发生水跃，跃前水深 $h'=2.6\text{m}$，溢洪道断面为矩形，宽 24.38m，通过的流量 $Q=1588.53\text{m}^3/\text{s}$。求：①跃后水深 h''；②水跃长度 L_j。

(4) 有一梯形断面的土渠，底宽 $b=7.5\text{m}$，边坡系数 $m=2$，底坡 $i=0.00035$，糙率 $n=0.025$，流量 $Q=40\text{m}^3/\text{s}$。今在该渠道上修建一节制闸，已知当水闸通过上述流量时的闸前水深 $h=3.8\text{m}$，试计算节制闸上游水面线的壅水长度并绘制水面线。（注：水深从大于 h_0 趋近于 h_0 时，水面线计算长度可计算到 $h=1.01h_0$；水深从小于 h_0 趋近 h_0 时，水面线可计算到 $h=0.99h_0$）

（5）如题图 5.9 所示，为了减小溢洪道末端的单宽流量，利于消能，在溢洪道的末端建一水平扩散段，段面为矩形。已知 1—1 断面的水深 $h_1=3.0\text{m}$，宽度 $b=40\text{m}$，扩散段按直线扩散至 60m，扩散角 $\alpha=7.5°$，试计算当通过流量 $Q=1450\text{m}^3/\text{s}$ 时扩散段的水面线。（糙率 $n=0.013$）

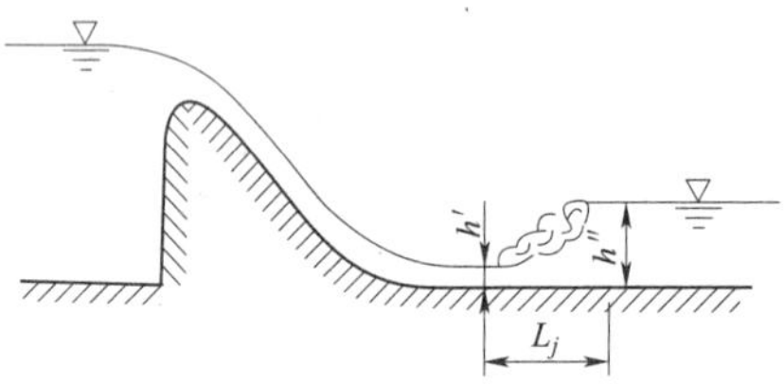

题图 5.8

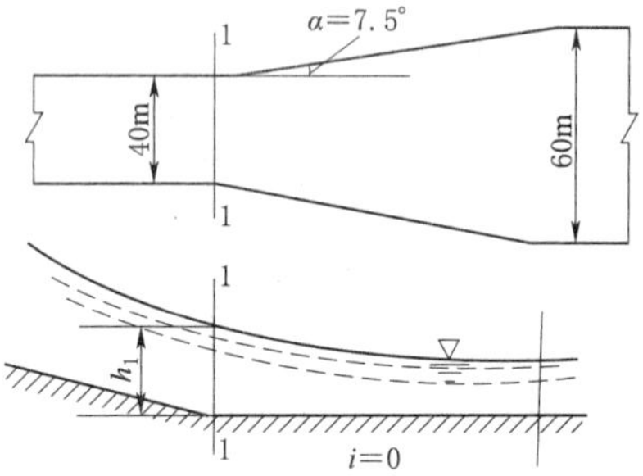

题图 5.9

拓展阅读——三峡水利枢纽工程

长江三峡水利枢纽工程，简称三峡工程，是中国长江中上游段建设的大型水利工程项目，分布在中国重庆市到湖北省宜昌市的长江干流上。大坝位于三峡西陵峡内的宜昌市夷陵区三斗坪，并和其下游不远的葛洲坝水电站形成梯级调度电站。它是世界上规模最大的水电站，也是中国有史以来建设的最大型的工程项目。

1994 年 12 月 14 日三峡工程正式开工，2009 年工程竣工，2012 年 7 月投产运行，2020 年 11 月三峡工程完成整体竣工验收全部程序。三峡工程建设期间许多指标都突破了世界水利工程的纪录：

（1）世界防洪效益最为显著的水利工程。三峡水库总库容 393 亿 m^3，防洪库容 221.5 亿 m^3。

（2）世界最大的电站。三峡水电站总装机容量 2250 万 kW，年发电量 882 亿 kW·h。

（3）世界建筑规模最大的水利工程。三峡大坝坝轴线全长 2309.47m，水电站机组 70 万 kW×26 台，无论单项、总体都是世界建筑规模最大的水利工程。

（4）世界工程量最大的水利工程。三峡工程主体建筑土石方挖填量约 1.34 亿 m^3，混凝土浇筑量 2794 万 m^3，钢筋 46.30 万 t。

（5）世界施工难度最大的水利工程。三峡工程2000年混凝土浇筑量为548.17万m^3，创造了混凝土浇筑的世界纪录。

（6）施工期流量最大的水利工程。三峡工程截流流量9010m^3/s，施工导流最大流量79000m^3/s。

（7）世界泄洪能力最大的泄洪闸。三峡工程泄洪闸最大泄洪能力为10.25万m^3/s。

（8）世界级数最多、总水头最高的内河船闸。三峡工程的双线五级船闸，总水头113m。

（9）世界规模最大、难度最高的升船机。三峡工程升船机最大升程113m，过船吨位3000t。

（10）世界水库移民最多、工作最为艰巨的移民建设工程。三峡工程水库动态移民最终可达113.03万人。

工程移民是困扰全世界水利工程的共同难题，三峡浩大的移民工程，在世界水利史上亘古未有，三峡工程成败关键在移民。移民的数量是依据三峡最高蓄水位175m推算水面线确定的，水面线分析及计算不但影响移民范围、数量，也对国民经济及社会产生巨大影响，科学分析及精准计算水面线是水利人的责任与担当！

三峡工程破解了工程移民世界级难题，充分体现了我国以人民为中心的社会主义制度优越性，三峡工程的修建，向世人证明中国人不仅能修建世界一流的水利工程，还能够实施世界上难度最大的水利移民工程。傲然屹立的三峡大坝，物理构成是坚不可摧的钢筋混凝土，精神基石则是百万移民的无私奉献。

三峡工程凝聚着一个民族复兴的百年梦想，贯穿着中国现代化建设和改革开放的壮阔进程，从梦想到现实，三峡工程倾注了中国人对民族复兴的不懈追求，它留给人民的是福祉，留给国家的是力量，留给长江的是安澜，留给自然的是和谐，留给历史的是丰碑。

拓展图5.1

项目 6 堰流水力分析与计算

在水利工程中，为了满足蓄水调度、防洪、灌溉等需要，常修建既可以挡水又可以溢流的水工建筑物——堰。著名的世界文化遗产都江堰，不但在引水灌溉、防洪等方面发挥了巨大作用，而且也是践行绿色发展理念、实现人水和谐的典型生态水利工程。

本项目的主要任务是能分析判别不同类型堰流水流现象，能针对不同类型的堰流过流能力进行计算，为水利工程规划设计、运行管理提供依据。

任务 1 堰 流 水 力 分 析

1 堰流及其分类

堰是河渠中修建的既可以低水位挡水，又可以高水位顶部溢流的水工建筑物。堰的上游水流受其约束，上游水位壅高，水流经堰顶泄流时，堰对水流有局部的侧收缩或底坎垂向收缩约束，形成堰顶水面不受任何约束呈连续降落的急变流，这种水流现象称为堰流，见图 6.1。

图 6.1

在水利工程中，根据不同的建筑条件及使用要求，将堰做成不同的类型。不同类型的堰，其外形、厚度、水流现象及过水能力不同。

如图 6.2 所示，堰顶超出上游河床的高度称为上游堰高，用 P_1 表示；堰顶超出下游河床的高度称为下游堰高，用 P_2 表示；距堰最近无明显下降的上游渐变流过水断面 0—0 称为堰前断面（堰的上游水位在此量测），该断面堰顶以上的水深称为堰前水头，用 H 表示；堰前断面的平均流速称为堰前行近流速，用 v_0 表示；δ 为沿水流方向水流溢过堰顶厚度。实测表明，一般堰前断面 0—0 距离上游壁面约为 $(3\sim4)H$。

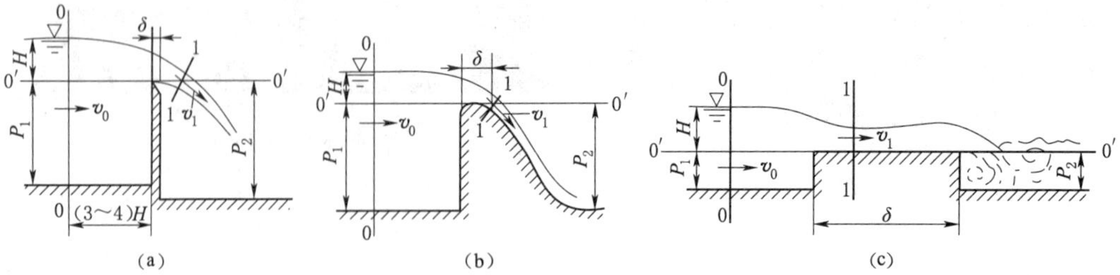

图 6.2

在水利工程中，通常根据堰顶厚度与堰前水头之比$\frac{\delta}{H}$，将堰流分为薄壁堰流、实用堰流及宽顶堰流三种类型。

(1) 薄壁堰流：当$\frac{\delta}{H}\leqslant 0.67$时，通过堰顶下泄的水舌下缘与堰顶只有线的接触，水流几乎不受堰顶厚度δ的影响，水面呈单一降落曲线，这种堰流称为薄壁堰流［图6.2 (a)］。

D6.1

堰流分类

(2) 实用堰流：当$0.67<\frac{\delta}{H}\leqslant 2.5$时，通过堰顶下泄的水舌下缘与堰顶呈面接触，水流受到堰顶的约束和顶托，但其泄流主要是重力作用，水面仍是单一降落的曲线，这种堰流称为实用堰流［图6.2 (b)］。

(3) 宽顶堰流：当$2.5<\frac{\delta}{H}\leqslant 10$时，水流受到堰顶的顶托作用已非常明显，在堰顶进口处水面发生明显跌落。水流在重力作用与堰的顶托作用下，堰顶有一段水面与堰面近似平行，水面不再是单一降落的曲线，下游水位较低时，出口水面会产生第二次降落，这种堰流称为宽顶堰流［图6.2 (c)］。

当$\frac{\delta}{H}>10$时，水流的沿程水头损失已不能忽略，水流特性不再属于堰流，而是明渠水流。

练一练（判断题）

(1) 宽顶堰的堰顶厚度与堰前水头关系为$0.67<\frac{\delta}{H}<10$。 (　　)

(2) 某种堰流受到堰顶的顶托作用已非常明显，在堰顶进口处水面发生明显跌落，有一段水面与堰顶近似平行，水面不再是单一降落的曲线，这种堰流为宽顶堰流。 (　　)

(3) 堰流水面线是不连续的。 (　　)

2 堰流水力计算公式

堰的形式虽然很多，但堰流有着共同的运动规律。以实用堰为例推导堰流水力计算公式，在图6.2 (b) 中以堰顶所在水平面$0'—0'$为基准面，通过断面0—0、1—1列恒定总流能量方程，在推导公式过程中，令$\varphi=\frac{1}{\sqrt{\alpha+\xi}}$为流速系数，推导出堰流的基本公式为

$$Q=mB\sqrt{2g}H_0^{3/2} \tag{6.1}$$

$$m=k\varphi\sqrt{1-\xi}$$

式中　m——堰的流量系数；

B——堰顶过水净宽度；

H_0——包括行近流速水头在内的堰前水头，称为堰前总水头，$H_0=H+\frac{\alpha v_0^2}{2g}$。

通过公式可以看出，堰流的流量Q与堰前总水头H_0的3/2次方成正比。流量系数m与φ、k、ξ值有关。φ值主要反映局部水头损失和1—1过水断面流速分布的不

均匀程度的影响；k 值反映过堰水流垂向收缩程度；ξ 值是 1—1 过水断面的平均测压管水头与堰前水头的比例系数。φ、k、ξ 值主要取决于堰的类型、形式、尺寸及堰前水头 H。式（6.1）对于薄壁堰流、实用堰流和宽顶堰流都是适用的，只是不同类型的堰流确定流量系数的方法不同。

W6.2

堰流水力公式计算推导

在实际工程中，当下游水位较高或下游堰高较小时会降低堰的过流能力，这种堰流称为淹没出流；反之称为自由出流。当堰顶的过水宽度小于上游引水渠宽度或者堰顶设有边墩和闸墩，会引起过堰水流的侧收缩，降低过流能力，这种堰流称为有侧收缩堰流，反之称为无侧收缩堰流。若考虑下游水位和侧收缩对堰流的影响，则堰流公式可写为

$$Q=\sigma_s \varepsilon m B\sqrt{2g}H_0^{3/2} \tag{6.2}$$

式中　B——堰顶过水断面净宽度；

H_0——堰前总水头；

σ_s——考虑下游水位对泄流影响系数，称为淹没系数，$\sigma_s \leqslant 1$，当自由出流时 $\sigma_s=1$；

ε——侧收缩系数，$\varepsilon \leqslant 1$，无侧收缩影响时 $\varepsilon=1$。

练一练（判断题）

（1）堰流水力计算基本公式中 m 是流量系数。（　　）

（2）堰流水力计算基本公式中侧收缩系数 ε 一定大于 1。（　　）

（3）堰流水力计算基本公式中淹没系数 σ_s 可能大于 1。（　　）

➢ 任务自测（选择题）

（1）下列堰的分类中哪个正确？（　　）

A. $\dfrac{\delta}{H}>0.67$，为薄壁堰　　B. $0.67<\dfrac{\delta}{H}<10.0$，为宽顶堰

C. $0.67<\dfrac{\delta}{H}\leqslant 2.5$，为实用堰　　D. $\dfrac{\delta}{H}>2.5$，为薄壁堰

（2）某堰顶厚度 $\delta=5\text{m}$，堰前水头 $H=3\text{m}$，则该堰流属于（　　）。

A. 薄壁堰流　　B. 实用堰流　　C. 宽顶堰流　　D. 明渠水流

（3）某种堰流其泄流时水流受到堰顶的约束和顶托，但主要是重力作用，水流是单一降落的曲线，这种堰流为（　　）。

A. 薄壁堰流　　B. 实用堰流　　C. 宽顶堰流　　D. 明渠堰流

（4）堰流公式 $Q=\sigma_s \varepsilon m B\sqrt{2g}H_0^{3/2}$ 中，B 是（　　）。

A. 堰顶总宽　　B. 堰顶过水净宽　　C. 堰厚　　D. 堰长

（5）堰流的流量与堰前总水头的（　　）成正比。

A. 1/2 次方　　B. 3/2 次方　　C. 2 次方　　D. 1 次方

（6）题图 6.1 所示水流中（　　）是堰流。

A.（a）图　　B.（b）图　　C.（c）图　　D. 都不是

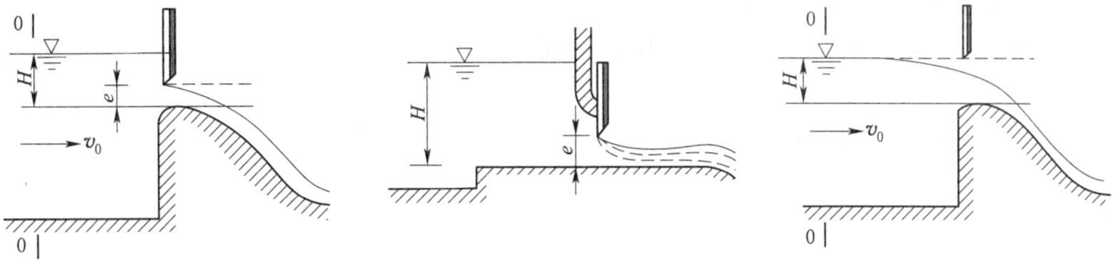

(a)　　(b)　　(c)

题图 6.1

任务 2　薄壁堰流水力分析与计算

W6.3
薄壁堰流水力分析与计算

薄壁堰流具有稳定的水头与流量关系，常用于水力试验或野外的流量量测，因此又称为量水堰。水利工程中广泛应用的曲线型实用堰的外形通常根据薄壁堰流水舌的下缘曲线进行设计，因此研究薄壁堰流具有实际意义。常用的薄壁堰的开口形状常作成矩形或三角形，分别称为矩形薄壁堰或三角形薄壁堰。

1　矩形薄壁堰

实验证明当矩形薄壁堰流无侧收缩且为自由出流时，水流最为稳定，测量精度也较高。因此用来量水的矩形薄壁堰应使上游渠宽与堰宽相同，下游水位低于堰顶。为了保证堰为自由出流，形成稳定的薄壁堰流水舌，应使堰前水头 $H>2.5$cm，并使水舌下面通气充分不易形成局部真空。图 6.3 为实验室中测得的矩形薄壁堰无侧收缩（$\varepsilon=1$）、且为自由出流（$\sigma_s=1$）时的水舌形状。

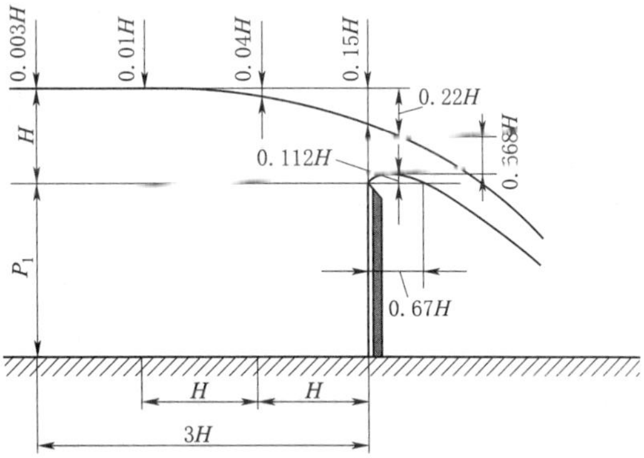

图 6.3

在利用薄壁堰量测流量时，为了便于根据直接测出的水头计算流量，常把行近流速的影响包括在流量系数中，流量公式为

$$Q=m_0B\sqrt{2g}H^{3/2} \tag{6.3}$$

式中包括行近流速水头的流量系数 m_0 可按经验公式 $m_0=\dfrac{2}{3}\left(0.605+\dfrac{0.001}{H}+0.08\dfrac{H}{P_1}\right)$计算，其中 P_1 为上游堰高，H 为堰前水头。该经验公式适用于 $H\geqslant0.025$m，$\dfrac{P_1}{H}\leqslant2$ 及 $P_1\geqslant0.3$m 的情况。

【案例 6.1】 一条渠道末端设有矩形无侧收缩薄壁堰用来量测流量，已知堰前水头 $H=0.3$m，堰高 $P_1=P_2=0.6$m，堰顶过水净宽度 $B=1.5$m，下游为自由出流，求通过薄壁堰的流量 Q。

【分析与计算】

因无侧收缩且为自由出流，可先按经验公式计算流量系数 m_0，然后用式（6.3）计算流量。

$$m_0=\frac{2}{3}\left(0.605+\frac{0.001}{H}+0.08\frac{H}{P_1}\right)=\frac{2}{3}\left(0.605+\frac{0.001}{0.3}+0.08\times\frac{0.3}{0.6}\right)=0.432$$

把 m_0 代入式（6.3）计算流量，为

$$Q=m_0B\sqrt{2g}H^{\frac{3}{2}}=0.432\times1.5\times\sqrt{2\times9.8}\times0.3^{\frac{3}{2}}=0.472(\mathrm{m^3/s})$$

练一练（判断题）

（1）薄壁堰的厚度 δ 与堰前水头 H 之比 $\frac{\delta}{H}<0.67$。（　　）

（2）薄壁堰流水面是不连续的。（　　）

（3）薄壁堰又称为量水堰。（　　）

2　直角三角形薄壁堰

当流量较小（$Q<0.1\mathrm{m^3/s}$）时，若采用矩形薄壁堰测量则堰前水头过小，误差会增大。为提高量测精度，常采用直角三角形薄壁堰（图 6.4）。

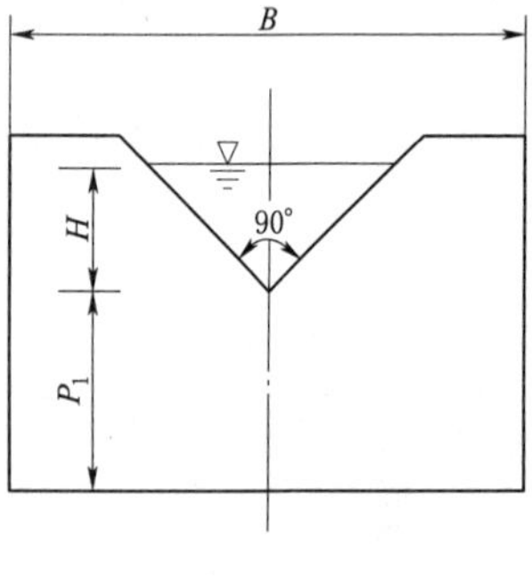

图 6.4

直角三角形薄壁堰的流量计算公式为

$$Q=C_0H^{5/2} \tag{6.4}$$

$$C_0=1.354+\frac{0.004}{H}+\left(0.14\frac{0.2}{\sqrt{P_1}}\right)\left(\frac{H}{B_0}-0.09\right)^2 \tag{6.5}$$

式中　C_0——三角形薄壁堰的流量系数；

B_0——堰上游引水渠宽度，m。

当 $0.5\mathrm{m}\leqslant B_0\leqslant1.2\mathrm{m}$，$0.1\mathrm{m}\leqslant P_1\leqslant0.75\mathrm{m}$，$0.07\mathrm{m}\leqslant H\leqslant0.26\mathrm{m}$，且 $H\leqslant B_0/3$ 时，流量测量误差小于 $\pm1.4\%$。有时近似采用 $C_0=1.4$。

➢ 任务自测（选择题）

（1）下列堰的分类中哪个是薄壁堰。（　　）

A. $\frac{\delta}{H}\leqslant0.67$　　B. $0.67<\frac{\delta}{H}<10.0$

C. $0.67<\frac{\delta}{H}\leqslant2.5$　　D. $\frac{\delta}{H}>2.5$

（2）某堰流其泄流时水舌下缘与堰顶只有线的接触，下泄水流几乎不受堰顶厚度的影响，水流是单一降落的曲线，这种堰流为（　　）。

A. 薄壁堰流　　B. 实用堰流　　C. 宽顶堰流　　D. 明渠堰流

（3）一矩形无侧收缩薄壁堰堰前水头 $H=0.2\mathrm{m}$，堰高 $P_1=P_2=0.5\mathrm{m}$，堰顶过水净宽 $B=1\mathrm{m}$，下游为自由出流，通过薄壁堰的流量 Q 为（　　）$\mathrm{m^3/s}$。

A. 0.169　　B. 0.239　　C. 0.359　　D. 0.349

(4) 某堰顶厚度 $\delta=5\text{m}$，堰前水头 $H=2\text{m}$，则该堰流属于（　　）。

A. 薄壁堰流　　B. 实用堰流　　C. 宽顶堰流　　D. 明渠水流

(5) 下列关于堰流流量系数说法错误的是（　　）。

A. 流量系数与堰型有关　　B. 流量系数与堰前水头 H 有关

C. 流量系数与上游堰高有关　　D. 流量系数与下游水位有关

(6) 下列关于薄壁堰流的说法不正确的是（　　）。

A. 薄壁堰常用来量测流量，所以又称为量水堰

B. 薄壁堰流水面线是不连续的

C. 薄壁堰过水断面形状常做成矩形或三角形

D. 利用薄壁堰量测流量关键是堰前水头的量测

任务3　宽顶堰流水力分析与计算

1　宽顶堰流水力现象

当堰顶水平且堰顶厚度 δ 与堰前水头 H 满足 $2.5H<\delta\leqslant 10H$ 时，在堰的进口处形成水面跌落，堰顶范围内产生一段流线近似平行堰顶的渐变流动，这种堰流即为宽顶堰流。河（渠）道上修建的水闸有拦沙等要求时，闸底板常做成高于上游河床的有坎宽顶堰，当闸门全开时，水流不受闸门的控制，属于有坎宽顶堰流，见图6.5 (a)、(b)。当明渠水流流经桥墩、渡槽、隧洞、涵洞等建筑物进口时，由于进口处水流受平面束窄的影响产生侧收缩，使过水断面面积减小，流速增大，部分势能转化为动能，会形成水面跌落，这种水流现象为无坎宽顶堰流，见图6.5 (c)、(d)。

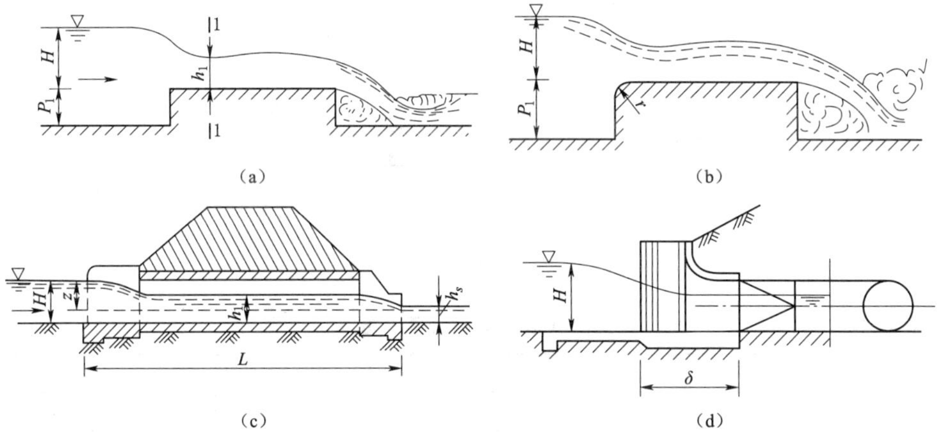

图6.5

2　有坎宽顶堰水力计算

有坎宽顶堰水力计算采用堰流公式的一般形式 $Q=\sigma_s\varepsilon mB\sqrt{2g}H_0^{3/2}$。有坎宽顶堰的水力计算主要内容是计算堰流的泄流量 Q，确定各种边界条件、水流条件下的流量

系数 m、侧收缩系数 ε 和淹没系数 σ_s。下面进行具体介绍。

W6.4

有坎宽顶堰流公式分析及流量系数确定

2.1　有坎宽顶堰流量系数 m 的确定

宽顶堰的流量系数 m 取决于堰的进口形式和堰的相对高度 P_1/H，可用经验公式进行计算。

对堰坎进口为直角的宽顶堰［图 6.5（a)］，流量系数为

$$m=0.32+0.01\frac{3-\dfrac{P_1}{H}}{0.46+0.75\dfrac{P_1}{H}} \tag{6.6}$$

对堰坎进口为圆角的宽顶堰（$r\geqslant 0.2H$）［图 6.5（b)］，流量系数为

$$m=0.36+0.01\frac{3-\dfrac{P_1}{H}}{1.2+1.5\dfrac{P_1}{H}} \tag{6.7}$$

上面经验公式适用于 $0\leqslant\dfrac{P_1}{H}\leqslant 3$ 的情况，当 $\dfrac{P_1}{H}>3$ 时，由堰高所引起的垂直收缩已达最大限度，流量系数不再受 $\dfrac{P_1}{H}$ 的影响，按 $\dfrac{P_1}{H}=3$ 计算。当 $\dfrac{P_1}{H}=3$ 时，流量系数 m 为最小值；当 $P_1=0$ 时，$m=0.385$ 为最大值。所以宽顶堰流量系数的变化范围为：直角进口 $m=0.32\sim0.385$，圆角进口 $m=0.36\sim0.385$。

对堰坎进口为斜坡式和斜角式的宽顶堰，见图 6.6，流量系数可查表 6.1 和表 6.2 确定。

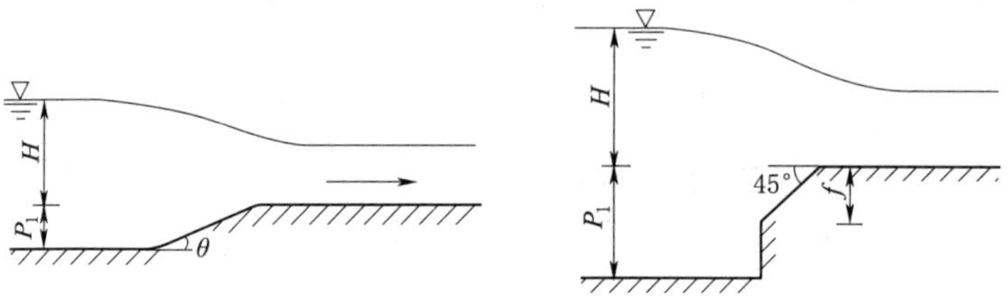

(a) 斜坡式　　(b) 斜角式

图 6.6

表 6.1　上游斜坡式进口流量系数 m

$\dfrac{P_1}{H}$	$\cot\theta$				
	0.5	1.0	1.5	2.0	≥2.5
0	0.385	0.385	0.385	0.385	0.385
0.2	0.372	0.377	0.380	0.382	0.382
0.4	0.365	0.373	0.377	0.380	0.381
0.6	0.361	0.370	0.376	0.379	0.380
0.8	0.357	0.368	0.375	0.378	0.379
1.0	0.355	0.367	0.374	0.377	0.378

续表

$\frac{P_1}{H}$	$\cot\theta$				
	0.5	1.0	1.5	2.0	≥2.5
2.0	0.349	0.363	0.371	0.375	0.377
4.0	0.345	0.361	0.370	0.374	0.376
6.0	0.344	0.360	0.369	0.374	0.376
8.0	0.343	0.360	0.369	0.374	0.376
∞	0.340	0.358	0.368	0.373	0.375

表 6.2　上游有 45°斜角式进口流量系数 m

$\frac{P_1}{H}$	f/H			
	0.025	0.050	0.100	≥2.00
0.0	0.385	0.385	0.385	0.385
0.2	0.371	0.374	0.376	0.377
0.4	0.364	0.367	0.370	0.373
0.6	0.359	0.363	0.367	0.370
0.8	0.356	0.360	0.365	0.368
1.0	0.353	0.355	0.363	0.367
2.0	0.347	0.353	0.358	0.363
4.0	0.342	0.349	0.355	0.361
6.0	0.341	0.348	0.354	0.360
∞	0.337	0.345	0.352	0.358

练一练（判断题）

（1）当堰厚 δ 与堰前水头 H 比值 $\frac{\delta}{H}\leqslant 2.5$ 时为宽顶堰。　（　　）

（2）宽顶堰流水面是不连续的。　（　　）

（3）宽顶堰水力计算时要确定流量系数、淹没系数和侧收缩系数。　（　　）

（4）有坎宽顶堰流量系数与堰的进口形式有关，与堰前水头无关。　（　　）

2.2　有坎宽顶堰侧收缩系数 ε 的确定

宽顶堰的侧收缩系数 ε 主要与闸墩和边墩头部的形状以及堰的进口形式有关，单孔宽顶堰可以用下面经验公式计算。

$$\varepsilon = 1 - \frac{a_0}{\sqrt[3]{0.2 + \frac{P_1}{H}}} \times \sqrt[4]{\frac{b}{B_0}}\left(1 - \frac{b}{B_0}\right) \tag{6.8}$$

式中　B_0——上游引水渠宽度，对于梯形断面近似用一半水深处的渠道宽；

b——溢流孔或闸孔单孔净宽；

a_0——墩头形状对侧收缩影响的系数，墩头矩形取 $a_0=0.19$；墩头圆弧形取 $a_0=0.10$。

式（6.8）的适用条件为：$\frac{b}{B_0}\geqslant 0.2$ 且 $\frac{P_1}{H}<3$，当 $\frac{b}{B_0}<0.2$ 时，取 $\frac{b}{B_0}=0.2$；$\frac{P_1}{H}$

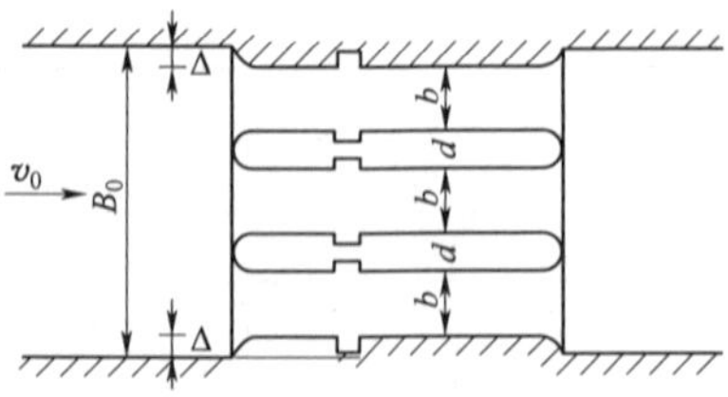

图 6.7

>3 时，取 $\frac{P_1}{H}=3$。

对于多孔宽顶堰（图 6.7），利用式（6.8）分别求出中孔侧收缩系数 ε′ 和边孔侧收缩系数 ε″，利用式（6.9）再求出侧收缩系数的加权平均值 $\bar{\varepsilon}$，设孔数为 n，则

$$\bar{\varepsilon}=\frac{1}{n}[(n-1)\varepsilon'+\varepsilon''] \tag{6.9}$$

需要注意的是：用式（6.8）计算中孔侧收缩系数 ε′时，$B_0=b+d$，d 为闸墩厚度；计算边孔侧收缩系数 ε″时，$B_0=b+2\Delta$，Δ 为边墩边缘与堰上游同侧渠道水边线间的距离。

练一练（计算题）

某有坎宽顶堰如图 6.7 所示，上游堰高 $P_1=0.6$m，堰前水头 $H=2.4$m，共 3 孔，每孔净宽 $b=1$m，闸墩头为圆弧形，中墩厚度 d 为 0.5m，边墩厚度 Δ 为 0.25m，试求该宽顶堰的侧收缩系数。

2.3 有坎宽顶堰淹没系数 σ_s 的确定

D6.5

宽顶堰流出流情况

（1）当下游水位低于堰顶时，进入堰顶水流受堰坎垂直方向的约束，进口处水面发生跌落，并在距进口约 $2H$ 处形成收缩断面，且收缩断面水深 $h_c<h_k$，堰顶水流为急流，并在出口后产生第二次水面跌落，此种情况为自由出流。

（2）当下游水位上升高于堰顶，但低于临界水深线 $K—K$ 时，收缩断面水深 $h_c<h_k$，堰顶水流仍为急流状态，此种情况也为自由出流，如图 6.8（a）所示。

（3）当下游水位继续上升到高于临界水深线 $K—K$ 时，堰顶产生波状水跃，如图 6.8（b）所示。随着下游水位不断升高，水跃位置向上游移动，实验证明：当堰顶以上的下游水深 $h_s\geqslant(0.75\sim0.85)H_0$ 时，水跃移动到收缩断面上游，收缩断面水深 $h_c>h_k$，堰顶水流为缓流状态，此种情况为淹没出流，如图 6.8（c）所示。

所以宽顶堰的淹没条件为：$\frac{h_s}{H_0}>0.8$（取平均值）。

宽顶堰的淹没系数 σ_s 反映了下游水位对宽顶堰过流能力的影响，它随淹没度 $\frac{h_s}{H_0}$ 的增大而减小，具体的数值可以查表

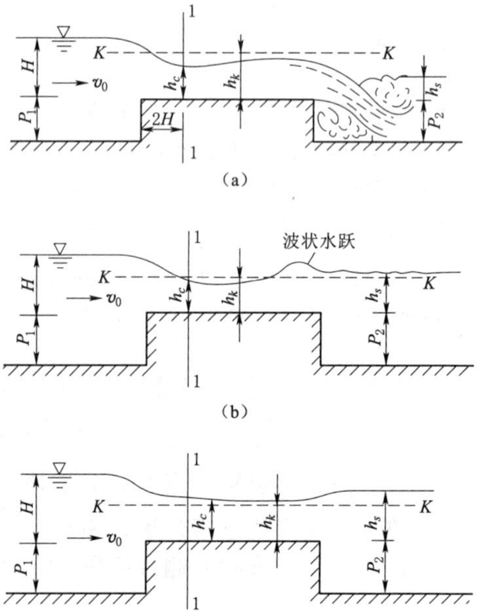

图 6.8

6.3 确定。

表 6.3　　宽顶堰的淹没系数表

$\frac{h_s}{H_0}$	≤0.80	0.81	0.82	0.83	0.84	0.85	0.86	0.87	0.88	0.89
σ_s	1.00	0.995	0.990	0.98	0.97	0.96	0.95	0.93	0.90	0.87
$\frac{h_s}{H_0}$	0.90	0.91	0.92	0.93	0.94	0.95	0.96	0.97	0.98	
σ_s	0.84	0.82	0.78	0.74	0.70	0.65	0.59	0.50	0.40	

【案例 6.2】 某有坎宽顶堰上设置有进水闸（图 6.9），共 3 孔，单孔净宽度 $b=3$m，上游引水渠为矩形横断面，宽 $B_0'=12$m，当闸门全开时，上游水深 $H_1=3$m，下游水深 $h_t=2.7$m，上游坎高 $P_1=0.6$m，下游坎高 $P_2=0.5$m，边墩及闸墩头部均为半圆形，墩厚 $d=1.1$m，若不计行近流速，试求过堰流量 Q。

W6.6

有坎宽顶堰流量计算举例

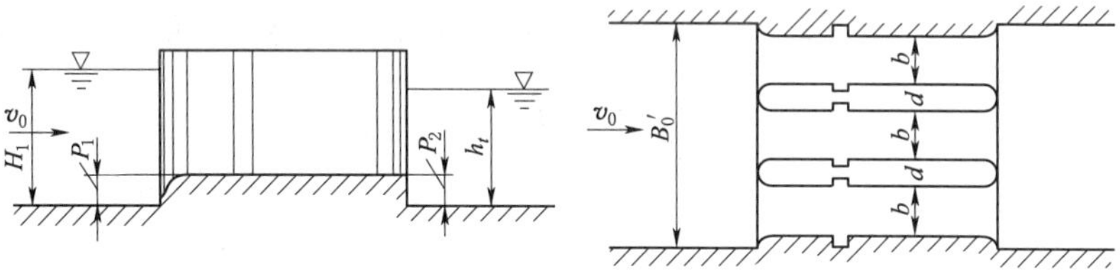

图 6.9

【分析与计算】

闸门全开为有坎宽顶堰流，则计算公式为 $Q=\sigma_s \varepsilon m B\sqrt{2g}H_0^{3/2}$。

堰前水头 $H=H_1-P_1=3-0.6=2.4$(m)，因不计行近流速 v_0，故 $H_0\approx H=2.4$m。

（1）确定流量系数 m。

因进口为圆形，则流量系数为

$$m=0.36+0.01\times\frac{3-\frac{P_1}{H}}{1.2+1.5\frac{P_1}{H}}$$

$$=0.36+0.01\times\frac{3-\frac{0.6}{2.4}}{1.2+1.5\times\frac{0.6}{2.4}}=0.377$$

（2）确定侧收缩系数 ε。

1）计算边孔侧收缩系数 ε″。

$$\Delta=\frac{B_0'-(3b+2d)}{2}=\frac{12-(3\times3+2\times1.1)}{2}=0.4(\text{m})$$

$B_0=b+2\Delta=3+2\times0.4=3.8$(m)，边墩头部为半圆形，$\alpha_0=0.10$，则

$$\varepsilon''=1-\frac{\alpha_0}{\sqrt[3]{0.2+\frac{P_1}{H}}}\times\sqrt[4]{\frac{b}{B_0}}\left(1-\frac{b}{B_0}\right)$$

$$=1-\frac{0.10}{\sqrt[3]{0.2+\frac{0.6}{2.4}}}\times\sqrt[4]{\frac{3}{3.8}}\times\left(1-\frac{3}{3.8}\right)=0.974$$

2）计算中孔侧收缩系数 ε'。

$B_0=b+d=3+1.1=4.1(\mathrm{m})$，闸墩头为圆弧形，$\alpha_0=0.10$，则

$$\varepsilon'=1-\frac{\alpha_0}{\sqrt[3]{0.2+\frac{P_1}{H}}}\times\sqrt[4]{\frac{b}{B_0}}\left(1-\frac{b}{B_0}\right)=1-\frac{0.10}{\sqrt[3]{0.2+\frac{0.6}{2.4}}}\times\sqrt[4]{\frac{3}{4.1}}\times\left(1-\frac{3}{4.1}\right)=0.968$$

3）确定侧收缩系数加权平均值。

$$\bar{\varepsilon}=\frac{1}{n}[(n-1)\varepsilon'+\varepsilon'']=\frac{1}{3}\times[(3-1)\times0.968+1\times0.974]=0.970$$

（3）淹没系数 σ_s 及流量 Q 确定。

判别是否淹没：$h_s=h_t-P_2=2.7-0.5=2.2(\mathrm{m})$，$0.8H_0=0.8\times2.4=1.92(\mathrm{m})$，因为 $h_s>0.8H_0$ 为淹没宽顶堰出流。计算 $\frac{h_s}{H_0}=0.92$，查表6.3得 $\sigma_s=0.78$，则

$$Q=\sigma_s\varepsilon mB\sqrt{2g}H_0^{3/2}$$
$$=0.78\times0.970\times0.377\times3\times3\times\sqrt{2\times9.8}\times2.4^{3/2}=42.26(\mathrm{m^3/s})$$

练一练（判断题）

（1）宽顶堰流量系数 m 最大值为0.385。（　）

（2）单孔与多孔宽顶堰的侧收缩系数 ε 计算方法不同，多孔需要加权平均确定侧收缩系数。（　）

（3）宽顶堰下游水位高于堰顶时一定是淹没出流。（　）

3　无坎宽顶堰流水力计算*

3.1　无坎宽顶堰流计算公式

无坎宽顶堰流（图6.10）的水力计算公式与有坎宽顶堰计算公式相同，但在计算中习惯上将侧收缩的影响包括在流量系数中，即 $m'=\varepsilon m$，m'随翼墙和进口形式而不同，则流量公式为

$$Q=m'\sigma_sB\sqrt{2g}H_0^{3/2} \tag{6.10}$$

式中　m'——包括侧收缩系数的流量系数。

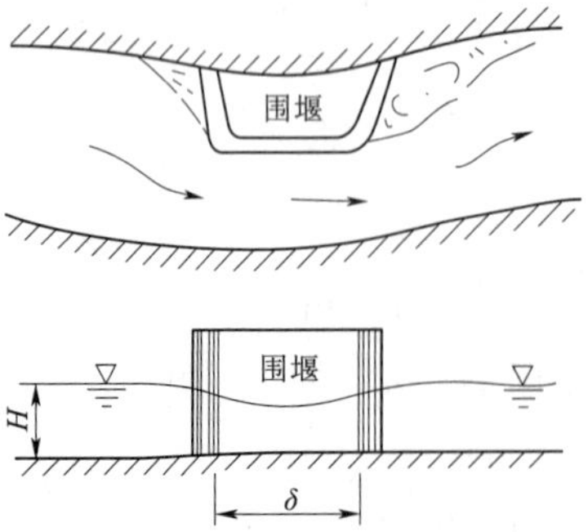

图6.10

无坎宽顶堰流在进行水力计算之前，主要是确定淹没系数 σ_s 及流量系数 m'，无坎宽顶堰的淹没条件及淹没系数可近似按有坎宽顶堰淹没系数确定。无坎宽顶堰分单孔和多孔，下面分别介绍单孔和多孔无坎宽顶堰流量系数 m' 的确定。

3.2　无坎宽顶堰流量系数 m' 的确定

无坎宽顶堰流量系数 m' 与进口翼墙形式及平面收缩程度（图 6.11）有关，表 6.4～表 6.7 分别为直角形翼墙、八字形翼墙、圆弧形翼墙及斜墙形翼墙流量系数表。单孔无坎宽顶堰的流量系数可直接根据图 6.11 中进口翼墙形式，查表 6.4～表 6.7 求得。

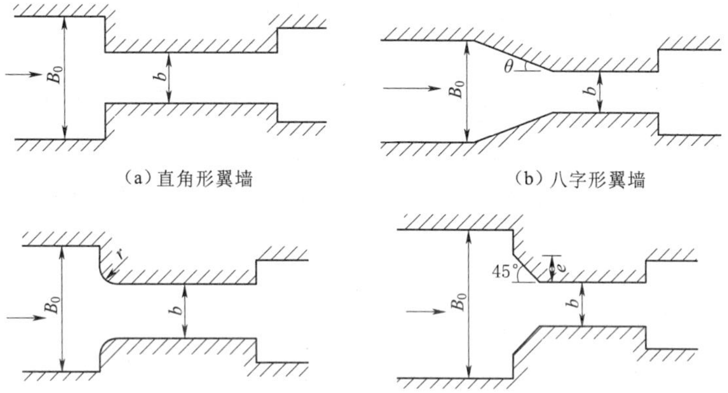

（a）直角形翼墙　（b）八字形翼墙　（c）圆弧形翼墙　（d）斜墙形翼墙

图 6.11

表 6.4　直角形翼墙进口的无坎宽顶堰流量系数

$\frac{b}{B_0}$	≈0.0	0.1	0.2	0.3	0.4	0.5	0.6	0.7	0.8	0.9	1.0
m	0.320	0.322	0.324	0.327	0.330	0.334	0.340	0.346	0.355	0.367	0.385

表 6.5　八字形翼墙进口的无坎宽顶堰流量系数

$\cot\theta$	$\frac{b}{B_0}$										
	0.0	0.1	0.2	0.3	0.4	0.5	0.6	0.7	0.8	0.9	1.0
0.5	0.343	0.344	0.346	0.348	0.350	0.352	0.356	0.360	0.365	0.373	0.385
1.0	0.350	0.351	0.352	0.354	0.356	0.358	0.364	0.364	0.369	0.375	0.385
2.0	0.353	0.354	0.355	0.357	0.358	0.360	0.366	0.366	0.370	0.376	0.385
3.0	0.350	0.351	0.352	0.354	0.356	0.358	0.364	0.364	0.369	0.375	0.385

表 6.6　圆弧形翼墙进口的无坎宽顶堰流量系数

$\frac{r}{b}$	$\frac{b}{B_0}$										
	0.0	0.1	0.2	0.3	0.4	0.5	0.6	0.7	0.8	0.9	1.0
0.00	0.320	0.322	0.324	0.327	0.330	0.334	0.340	0.346	0.355	0.367	0.385
0.05	0.335	0.337	0.338	0.340	0.343	0.346	0.350	0.355	0.362	0.371	0.385
0.10	0.342	0.344	0.345	0.343	0.349	0.352	0.354	0.359	0.365	0.373	0.385
0.20	0.349	0.350	0.351	0.353	0.355	0.357	0.360	0.363	0.368	0.375	0.385
0.30	0.354	0.355	0.356	0.357	0.359	0.361	0.363	0.366	0.371	0.376	0.385
0.40	0.357	0.358	0.359	0.360	0.362	0.363	0.365	0.368	0.372	0.377	0.385
≥0.50	0.360	0.361	0.362	0.363	0.364	0.366	0.368	0.370	0.373	0.378	0.385

表 6.7　　斜墙形翼墙进口的无坎宽顶堰流量系数

$\frac{e}{b}$	$\frac{b}{B_0}$										
	0.0	0.1	0.2	0.3	0.4	0.5	0.6	0.7	0.8	0.9	1.0
0.000	0.320	0.322	0.324	0.327	0.330	0.334	0.340	0.346	0.355	0.367	0.385
0.025	0.335	0.337	0.338	0.341	0.343	0.346	0.350	0.355	0.362	0.371	0.385
0.050	0.340	0.341	0.343	0.345	0.347	0.350	0.354	0.358	0.364	0.372	0.385
0.100	0.345	0.346	0.348	0.349	0.351	0.354	0.357	0.361	0.366	0.374	0.385
>0.200	0.350	0.351	0.352	0.354	0.356	0.358	0.361	0.364	0.369	0.375	0.385

对于多孔无坎宽顶堰的流量系数 m' 应取边孔和中孔加权平均值，可按下式计算：

$$m'=\frac{m_m(n-1)+m_s}{n} \tag{6.11}$$

式中　n——闸孔数；

m_m——中孔的流量系数，将中墩的一半看成边墩，如图 6.12 所示，根据进口翼墙形式（中墩形式）查表 6.4～表 6.7 求 m_m，表中 $\frac{b}{B_0}$ 用 $\frac{b}{b+d}$ 代替，b 为闸孔净宽，d 为墩厚；

m_s——边孔的流量系数，根据进口翼墙形式（边墩形式）查表 6.4～表 6.7，表中 $\frac{b}{B_0}$ 用 $\frac{b}{b+2\Delta b}$ 代替，Δb 为边墩边缘与堰上游同侧引水渠水边线间的距离。

【案例 6.3】* 　某排沙闸共 4 孔，每孔净宽 $b=14$m，闸墩头部为半圆形，墩厚为 $d=4$m，上游为八字形翼墙，收缩角 $\theta=45°$，计算厚度 $\Delta b=4$m，上游渠道为矩形横断面，宽度 $B_渠=76$m。闸室下游为陡坡渠道，见图 6.13。闸底板高程为 100m，当闸门全开，上游水位为 110.0m 时，试求下泄流量 Q。

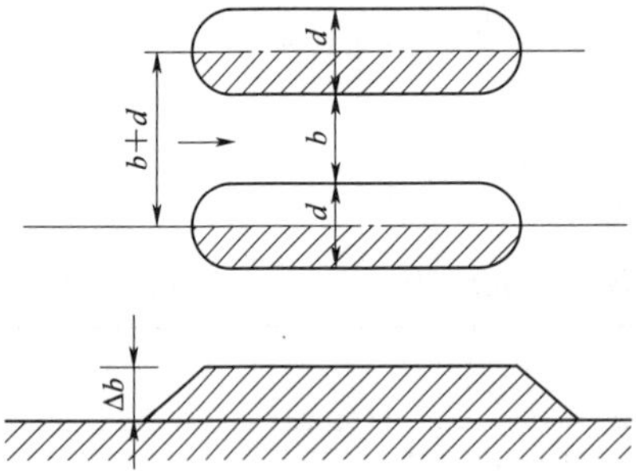

图 6.12

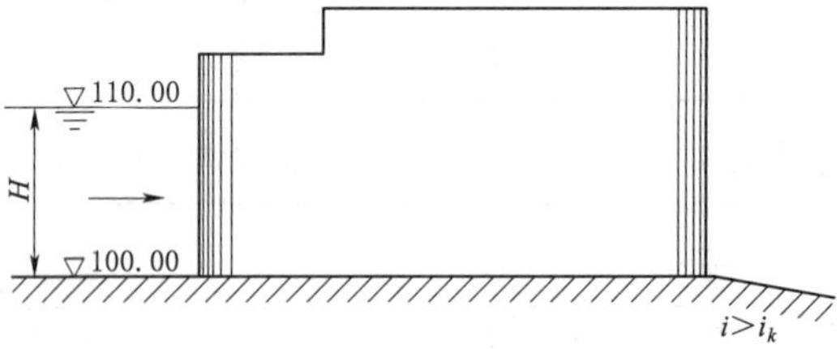

图 6.13

W6.7

无坎宽顶堰计算举例*

【分析与计算】

当闸门全开时，因闸室下游为陡坡渠道，故下游水流为急流，通过闸门的水流为多孔无坎宽顶堰自由出流，则计算公式为 $Q=m'B\sqrt{2g}H_0^{3/2}$。

对于多孔无坎宽顶堰的流量系数 $m'=\frac{m_m(n-1)+m_s}{n}$，因此需要计算中孔流量

系数 m_m 及边孔流量系数 m_s。

（1）确定中孔流量系数 m_m。

因闸墩头部为半圆形，中孔流量系数 m_m 可查表6.6确定，查表前需要计算 r/b、b/B_0 值。

$$r=\frac{d}{2}=2(\mathrm{m})$$

$$\frac{r}{b}=\frac{2}{14}=0.143$$

$$\frac{b}{B_0}=\frac{b}{b+d}=\frac{14}{14+4}=0.778$$

由 r/b、b/B_0 查表6.6内插近似得 $m_m=0.366$。

（2）确定边孔流量系数 m_s。

因上游翼墙为八字形，边孔流量系数 m_s 可查表6.5确定，查表前需要计算 $\cot\theta$，$\frac{b}{B_0}$值。

$$\cot\theta=\cot45°=1$$

$$\frac{b}{B_0}=\frac{b}{b+2\Delta b}=\frac{14}{14+8}=0.637$$

由 $\cot\theta$，$\frac{b}{B_0}$查表6.5内插近似得 $m_s=0.362$。

（3）确定流量系数加权平均值 m'。

各孔流量系数的加权平均值 m' 为

$$m'=\frac{m_m(n-1)+m_s}{n}=\frac{0.366\times3+0.362}{4}=0.365$$

（4）计算无坎宽顶堰流量 Q。

因行近流速 v_0 未知，故需采用试算法计算流量，具体计算过程如下：

第1次试算：假设 $v_{01}=0$，$H_{01}=H=110.0-100=10(\mathrm{m})$，则

$$Q_1=m'B\sqrt{2g}H_{01}^{3/2}=0.365\times4\times14\times\sqrt{19.6}\times10^{3/2}=2861.6(\mathrm{m^3/s})$$

由所得流量 Q_1，计算 v_{02} 为

$$v_{02}=\frac{Q_1}{B_{渠}\times H}=\frac{2861.6}{76\times10}=3.765(\mathrm{m/s})$$

$$H_{02}=H+\frac{\alpha v_{02}^2}{2g}=10+\frac{3.765^2}{19.6}=10.723(\mathrm{m})$$

$$Q_2=m'B\sqrt{2g}H_{02}^{3/2}=0.365\times4\times14\times\sqrt{19.6}\times10.723^{3/2}=3177.63(\mathrm{m^3/s})$$

因 Q_1 与 Q_2 相差较大，故需继续试算。

第2次试算：

$$v_{03}=\frac{Q_2}{B_{渠}\times H}=\frac{3177.63}{76\times10}=4.181(\mathrm{m/s})$$

$$H_{03}=H+\frac{\alpha v_{03}^2}{2g}=10+\frac{4.181^2}{19.6}=10.892(\mathrm{m})$$

$$Q_3=m'B\sqrt{2g}H_{03}^{3/2}=0.365\times4\times14\times\sqrt{19.6}\times10.892^{3/2}=3252.86(\mathrm{m^3/s})$$

对比 Q_2 与 Q_3 并不接近，故需按上述方法继续试算，通过多次计算得出 $Q=3278.60\mathrm{m^3/s}$。

练一练（判断题）

（1）无坎宽顶堰流量计算不考虑侧收缩系数。　（　）

（2）多孔无坎宽顶堰的流量系数 m' 应取边孔和中孔加权平均值。　（　）

（3）无坎宽顶堰计算流量时淹没条件判断与有坎宽顶堰相同。　（　）

➢任务自测（选择题）

（1）某种堰流受到堰顶的顶托作用已非常明显，在堰顶进口处水面发生明显跌落。有一段水面与堰顶近似平行，水面不再是单一降落的曲线，这种堰流为（　　）。

A. 薄壁堰流　B. 实用堰流　C. 宽顶堰流　D. 明渠堰流

（2）关于堰顶设闸墩的宽顶堰流，流量计算公式中 B 叙述错误的是（　）。

A. 堰顶总宽　B. 堰顶过水净宽

C. 不包括闸墩厚度　D. 与闸孔单孔宽度有关

（3）某宽顶堰流下游水面高出堰顶的高度为 h_s，堰前总水头为 H_0，则其淹没条件是（　　）。

A. $\frac{h_s}{H_0}>0.8$　B. $\frac{h_s}{H_0}<0.8$　C. $\frac{h_s}{H_0}=0$　D. 都不对

（4）宽顶堰流量系数 m 的最大值为（　　）。

A. 0.30　B. 0.385　C. 0.502　D. 0.75

（5）某无坎宽顶堰，共4孔，每孔净宽 $b=14$m，堰前总水头 $H_0=11$m，流量系数 $m'=0.363$，下游为自由出流，则过堰流量 Q 为（　　）m^3/s。

A. 3283.31　B. 298.48　C. 820.83　D. 2321.65

（6）下列不影响宽顶堰的侧收缩系数 ε 的因素是（　　）。

A. 闸墩形状　B. 下游水位　C. 闸孔净宽　D. 闸门孔数

任务4　实用堰流水力分析与计算

1　实用堰流水力分析及计算公式

1.1　实用堰流水力分析

当堰顶厚度 $0.67H<\delta\leqslant 2.5H$ 时，为实用堰流。实用堰顶下泄的水流受堰顶的顶托作用和重力作用，但重力作用占主导地位，堰顶水面是单一降落的曲线。

W6.8

实用堰流公式分析及系数确定

实用堰是水利工程中常见的堰型之一，可分为折线型实用堰和曲线型实用堰。折线型实用堰一般是用石料砌筑的低溢流堰；曲线型实用堰具有剖面适合水流运动、泄流能力强等特点，在工程中应用最为广泛。本任务主要分析曲线型实用堰。

1.2　实用堰流水力计算公式

实用堰顶上常设有不过水的闸墩和边墩，过堰水流会发生侧收缩。此外，当下游水位过高或下游堰高较小时会形成淹没出流的情况，减小了堰的过流能力。所以实用堰的水力计算时需要考虑侧收缩及下游淹没情况，采用堰流水力计算公式为

$$Q=\sigma_s \varepsilon m B\sqrt{2g}H_0^{3/2}$$

实用堰流水力计算的主要内容是计算堰流的泄流量 Q，确定堰顶过水净宽 B 或堰顶高程。

1.3 曲线型实用堰剖面形状

曲线型实用堰水力计算公式中流量系数与实用堰剖面形状有关，曲线型实用堰的剖面形状及其组成如图 6.14（a）所示。一般由上游直线段 AB、堰顶曲线段 BC、下游坡段 CD 和反弧段 DE 组成。上游段 AB 根据堰的稳定和强度要求，可做铅垂线或倾斜线，通常做成铅垂线。下游坡段 CD 的坡度主要依据堰的稳定和强度要求选定，一般为 1∶0.6～1∶0.7。反弧段 DE 与上游 CD 段及下游河床平顺衔接，使下泄水流能够平稳地改变方向进入下游河道，减小对河床的冲刷并有利于坝下游的消能。

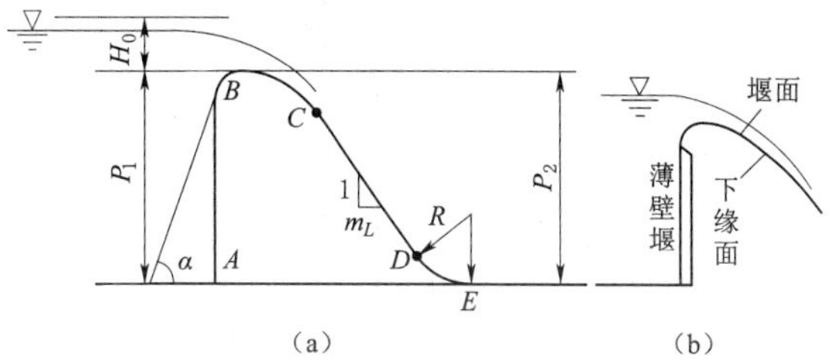

图 6.14

堰顶曲线段 BC 对过流能力的影响最大，是设计曲线型实用堰剖面的关键。国内外目前有许多确定曲线段 BC 的方法，我国常用的曲线型实用堰确定曲线 BC 方法主要有克里格-奥菲采洛夫剖面（简称克-奥剖面）法和美国陆军工程兵团水道试验站的标准剖面（即 WES 剖面）法。

WES 剖面具有流量系数大、工程量小、堰面负压小、安全稳定性较高、设计施工方便等优点，近年来在我国被广泛采用，下面主要介绍 WES 剖面实用堰。堰前设计水位对应的不包括行近流速水头的堰前水头为堰前设计水头，用 H_d 表示。WES 剖面堰的堰顶曲线取决于 H_d 的大小，如果 H_d 取值较大，则会使堰面压强增大，堰的流量系数减小；当 H_d 取值较小时堰面容易产生较大的负压危及堰的安全。所以实际工程中既考虑流量系数又考虑堰面不产生过大负压。常采用设计水头 $H_d=(0.75\sim0.95)H_{max}$，$H_{max}$ 为最大堰前水头。

练一练（判断题）

（1）实用堰流流量公式 $Q=\sigma_s \varepsilon m B\sqrt{2g}H_0^{3/2}$。（　）

（2）当堰厚 δ 与堰前水头 H 比值 $\frac{\delta}{H}\leqslant 2.5$ 时为实用堰。（　）

（3）实用堰流计算中没有侧收缩系数。（　）

（4）当实用堰下游为自由出流时，淹没系数等于 1。（　）

2　WES 曲线型实用堰的流量系数 m 的确定

根据实验分析，曲线型实用堰的流量系数主要取决于上游堰高与设计水头之比 $\frac{P_1}{H_d}$、堰前总水头与设计水头之比 $\frac{H_0}{H_d}$ 以及堰的上游面坡度。当堰前水头 H 为设计水头 H_d 时，其流量系数称为设计流量系数 m_d。

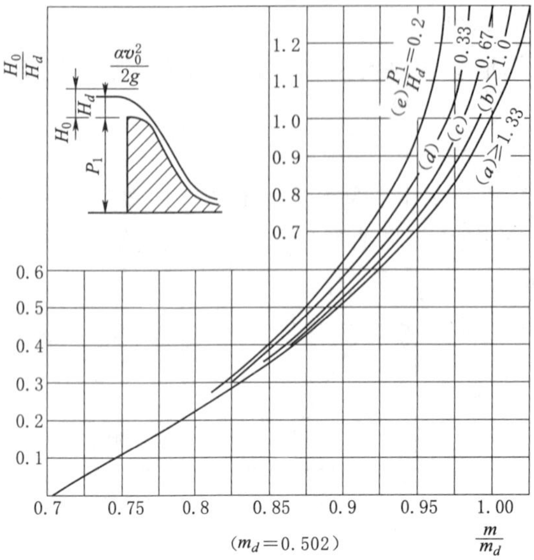

图 6.15

对上游面垂直的 WES 剖面堰，当 $H=H_d$ 时，$m=m_d=0.502$；当 $H\neq H_d$ 时，流量系数由图 6.15 确定。当上游堰高与设计水头 $\frac{P_1}{H_d}\geqslant 1.33$ 时，称为高堰，在计算中可不计行近流速水头。流量系数 m 仅与 $\frac{H_0}{H_d}$ 有关，与 $\frac{P_1}{H_d}$ 无关，根据 $\frac{H_0}{H_d}$ 值查图 6.15（a）确定 $\frac{m}{m_d}$ 比值，由此比值确定流量系数 m_0。

当上游堰高与设计水头 $\frac{P_1}{H_d}<1.33$ 时，称为低堰，行近流速不能忽略。此时流量系数 m 不仅与 $\frac{H_0}{H_d}$ 有关，还与 $\frac{P_1}{H_d}$ 有关，可以通过图 6.15 中曲线（b）（c）（d）（e）查出 $\frac{m}{m_d}$ 比值，由此比值确定流量系数 m。

总之，在确定曲线型实用堰流量系数时，需要根据 $\frac{P_1}{H_d}$ 判断是高堰还是低堰。当 $\frac{P_1}{H_d}\geqslant 1.33$ 为高堰时，在图 6.15 中以纵坐标 $\frac{H_0}{H_d}$ 的值做水平线与（a）曲线相交，查出交点对应的横坐标 $\frac{m}{m_d}$，即可算出流量系数 m。当 $\frac{P_1}{H_d}<1.33$ 为低堰时，需要根据 $\frac{P_1}{H_d}$ 的值在图 6.15 曲线（b）（c）（d）（e）中选择对应的曲线，再以纵坐标 $\frac{H_0}{H_d}$ 的值做水平线与选择对应的曲线相交，查出交点对应的横坐标 $\frac{m}{m_d}$，即可算出流量系数 m。

3　曲线型实用堰的侧收缩系数 ε 的确定

一般堰流堰顶设置有闸墩和边墩，当水流经过时会发生收缩，减小了有效过流宽度，使堰的过流能力降低，所以在计算时要考虑侧收缩的影响。

根据实验分析，侧收缩系数 ε 与堰前总水头 H_0、边墩和闸墩头部的形式、闸孔的数量和尺寸有关。对于 WES 剖面实用堰的侧收缩系数 ε 可用下面经验公式确定

$$\varepsilon=1-2[K_a+(n-1)K_p]\frac{H_0}{nb} \tag{6.12}$$

式中　K_a——边墩形状系数；

K_p——闸墩形状系数；

n——闸孔数；

b——单孔净宽。

K_a 与边墩头部的形式和来水方向有关。设计中边墩的头部常采用圆弧形，当来水方向与过堰水流方向一致时，若与混凝土非溢流坝段连接的溢流堰（河床式溢洪道），建议 K_a 取 0.1；若与土石坝坝段连接的溢流堰（河岸式溢洪道），建议 K_a 取 0.2。

K_p 取决于闸墩的头部形式、$\frac{H_0}{H_d}$ 以及闸墩的头部与上游面的相对位置。对于头部与堰的上游面齐平的溢流堰，图 6.16 给出了各种墩头形状对应的收缩系数 K_p 与 $\frac{H_0}{H_d}$ 的关系曲线。

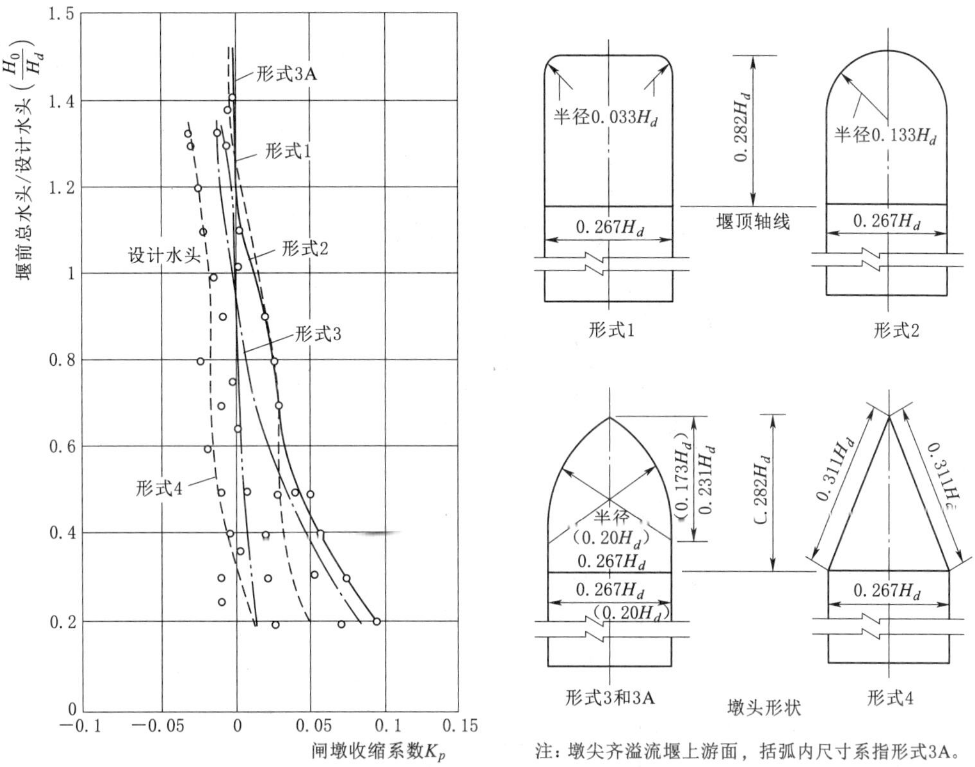

图 6.16

在确定曲线型实用堰的侧收缩系数时，根据边墩头部形式和来水方向确定 K_a；根据闸墩头部形式在图 6.16 中选出对应的形式曲线（形式 1、形式 2、形式 3 和 3A、形式 4），计算堰前总水头与设计水头之比$\frac{H_0}{H_d}$，从纵坐标$\frac{H_0}{H_d}$的点做水平线与形式曲线相交，该交点对应的横坐标即为闸墩形状系数 K_p。将边墩形状系数 K_a、闸墩收缩系数 K_p、闸孔数 n、单孔净宽 b 和堰前总水头 H_0 代入式（6.12）可求出曲线型实用堰的侧收缩系数 ε。

4　曲线型实用堰的淹没系数 σ_s 的确定

堰顶以上的下游水深一般用 h_s 表示（图 6.17）。对于 WES 剖面曲线型实用堰，若要发生淹没出流，下游水位必须高于堰顶（$h_s>0$）并在下游形成淹没水跃。但实验表明：当下游堰高较大时$\left(\frac{P_2}{H_0}>2\right)$，$h_s<0$时水流为自由出流；当$h_s>0$时，若$\frac{h_s}{H_0}\leqslant 0.15$仍为自由出流，只有当$\frac{h_s}{H_0}>0.15$时，才为淹没出流。当下游堰高较小$\left(\frac{P_2}{H_0}<2\right)$时，即使$h_s<0$时，由于过堰水流受下游护坦的影响也会形成淹没出流。

在实用堰的计算中，通常用淹没系数σ_s综合反映下游水位及护坦对过流能力的影响。淹没系数σ_s与$\frac{h_s}{H_0}$和$\frac{P_2}{H_0}$有关，对于WES剖面堰，淹没系数σ_s可以查图6.17确定。从图6.17中可知：在$\frac{P_2}{H_0}>2$，$h_s\leqslant 0.15H_0$的范围内，为自由出流，淹没系数$\sigma_s=1$。

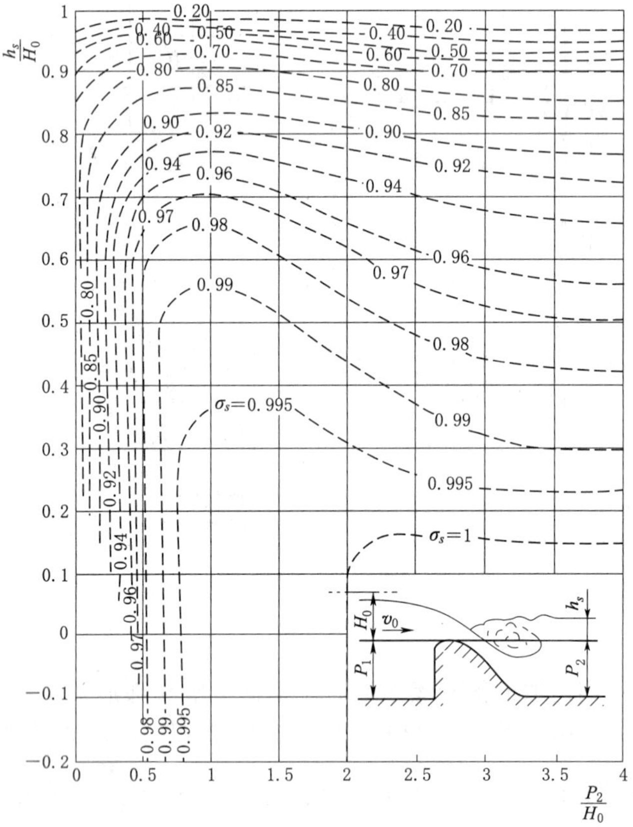

图6.17

在利用图6.17确定曲线型实用堰的淹没系数时，首先计算$\frac{P_2}{H_0}$和$\frac{h_s}{H_0}$，以横坐标$\frac{P_2}{H_0}$的点做垂直线、纵坐标$\frac{h_s}{H_0}$的点做水平线，若交点位于图中的曲线上，则曲线上对

应的值为淹没系数 σ_s，若交点在两条曲线之间则可内插近似确定淹没系数 σ_s。

练一练（选择题）

（1）某 WES 剖面的曲线型实用堰，堰高 $P_1=P_2=12\text{m}$，设计水头 $H_d=3\text{m}$，堰前总水头 $H_0=3.3\text{m}$，则流量系数 m 为（　　）。（利用图 6.15 计算）

A. 0.512　　B. 0.502　　C. 0.487　　D. 0.492

（2）某 WES 剖面的曲线型实用堰，边墩头部为半圆形，闸墩墩头形式采用形式 2，共 2 孔，每孔净宽 $b=10\text{m}$，堰与非溢流的混凝土坝相接，设计水头 $H_d=3\text{m}$，堰前总水头 $H_0=3.3\text{m}$，则侧收缩系数 ε 为（　　）。

A. 0.964　　B. 0.931　　C. 0.981　　D. 1

（3）某 WES 剖面的曲线型实用堰，堰高 $P_1=P_2=12\text{m}$，堰前总水头 $H_0=3.3\text{m}$，下游水深 $h_t=13\text{m}$，则淹没系数 σ_s 为（　　）。（利用图 6.17 计算）

A. 0.991　　B. 1　　C. 0.98　　D. 0.99

【案例 6.4】 某 WES 剖面的曲线型实用堰，共 3 孔，单孔净宽度 $b=14\text{m}$，堰与非溢流的混凝土坝相接，边墩和闸墩墩头部均为圆弧形，堰高 $P_1=P_2=12\text{m}$，下游水深 $h_t=13\text{m}$，设计水头 $H_d=3.11\text{m}$。试求堰前水头 $H=4\text{m}$ 时通过溢流堰的流量 Q。

【分析与计算】

计算溢流堰通过的流量 Q 需要确定流量系数 m、侧收缩系数 ε 和淹没系数 σ_s，然后通过堰流水力计算基本公式求解。首先通过判断高、低堰来确定是否计算行近流速 v_0。

$\dfrac{P_1}{H_d}=\dfrac{12}{3.11}=3.86>1.33$ 为高堰，可以不计算行近流速水头，即 $H_0\approx H$。

（1）确定流量系数 m。

对于 WES 剖面堰，当 $\dfrac{P_1}{H_d}\geqslant 1.33$ 为高堰时，流量系数 m 只与 $\dfrac{H_0}{H_d}$ 有关，与 $\dfrac{P_1}{H_d}$ 无关，可以通过图 6.15 的曲线（a）查得 $\dfrac{m}{m_d}$。

W6.9

曲线型实用堰流流量计算举例

由 $\dfrac{H_0}{H_d}=\dfrac{4}{3.11}=1.286$，由图 6.15 查得 $\dfrac{m}{m_d}=1.024$，则流量系数

$$m=1.024m_d=1.024\times 0.502=0.514$$

（2）确定侧收缩系数 ε。

对与混凝土非溢流堰相接的圆弧形边墩 $K_a=0.1$，由 $\dfrac{H_0}{H_d}=\dfrac{4}{3.11}=1.286$，闸墩形状为形式 2，查图 6.16 得 $K_p=-0.01$。

$$\begin{aligned}\varepsilon &=1-2[K_a+(n-1)K_p]\frac{H_0}{nb}\\ &=1-2\times(0.1-2\times 0.01)\times\frac{4}{3\times 14}\\ &=0.985\end{aligned}$$

(3) 确定淹没系数 σ_s。

因为 $\frac{P_2}{H_0}=3>2$，$\frac{h_s}{H_0}=0.25>0.15$，所以为淹没出流，在图6.17中，根据横坐标 $\frac{P_2}{H_0}$、纵坐标 $\frac{h_s}{H_0}$ 对应点的位置，可确定淹没系数，当其对应点的位置在图中的曲线上，则曲线上对应的值就为淹没系数 σ_s，当其对应点落在两条曲线之间则可内插近似确定淹没系数 σ_s。本案例 $\frac{P_2}{H_0}$、$\frac{h_s}{H_0}$ 对应点落在 $\sigma_s=0.99$ 曲线与 $\sigma_s=0.995$ 曲线之间，内插近似得 $\sigma_s=0.994$。

(4) 计算堰流泄流量 Q。

将 m、ε、σ_s 代入堰流水力计算基本公式 $Q=\sigma_s\varepsilon mB\sqrt{2g}H_0^{3/2}$，即可求得

$$
\begin{aligned}
Q &= \sigma_s\varepsilon mB\sqrt{2g}H_0^{3/2} \\
&= 0.994\times0.985\times0.514\times3\times14\times\sqrt{19.6}\times4^{3/2} \\
&= 748.61(\mathrm{m^3/s})
\end{aligned}
$$

➢ 任务自测（选择题）

(1) 堰流公式 $Q=\sigma_s\varepsilon mB\sqrt{2g}H_0^{3/2}$ 中，B 是（　　）。

A. 堰顶总宽　　B. 堰顶过水净宽　　C. 堰厚　　D. 堰长

(2) 某堰流泄流时水流受到堰顶的约束和顶托，但主要是重力作用，水面是单一降落的曲线，这种堰流为（　　）。

A. 薄壁堰流　　B. 实用堰流　　C. 宽顶堰流　　D. 明渠堰流

(3) 当 $\frac{P_1}{H_d}$ 不变时，实用堰的堰前水头增大，其流量系数（　　）。

A. 增大　　B. 减小　　C. 不变　　D. 不定

(4) 对WES曲线型实用堰来说，当实际水头小于设计水头时，实用堰的实际过水能力（　　）设计过水能力。

A. 大于　　B. 等于　　C. 小于　　D. 不一定

(5) 对于高堰，当实用堰水头 H 大于设计水头 H_d 时，其流量系数 m 与设计流量系数 m_d 的关系是（　　）。

A. $m>m_d$　　B. $m=m_d$　　C. $m<m_d$　　D. 无法确定

(6) 当堰流为自由出流时，堰流公式 $Q=\sigma_s\varepsilon mB\sqrt{2g}H_0^{3/2}$ 中，淹没系数 σ_s 取值正确的是（　　）。

A. $\sigma_s=1$　　B. $\sigma_s=0$　　C. $\sigma_s<1$　　D. $\sigma_s>1$

(7) 某WES剖面的曲线型实用堰，堰前总水头 $H_0=3$m，堰顶净宽度 $B=10$m，流量系数 $m=0.502$，侧收缩系数 $\varepsilon=0.99$，下游为自由出流，则通过堰顶的流量 Q 为（　　）$\mathrm{m^3/s}$。

A. 114.327　　B. 38.109　　C. 66.007　　D. 227.743

(8) 都江堰水利工程中的飞沙堰是确保成都平原不受水灾的关键组成部分。飞沙堰堰型属于（　　）。

A. 宽顶堰　　B. 薄壁堰　　C. 实用堰　　D. 都不是

技 能 训 练

(1) 某无侧收缩矩形薄壁堰，上游水位为 3.1m，堰顶高程为 2.5m，上游河底高程为 2m，堰宽 b=0.8m，下游水位不影响堰顶出流。要求：①画出矩形薄壁堰流纵向示意图，并在示意图上标注上游水位、堰顶高程、河底高程；②根据示意图计算上游堰高 P_1 和堰前水头 H；③计算通过薄壁堰的流量 Q。

(2) 某 WES 实用堰与非溢流的混凝土坝相接，共 3 孔，每孔净宽 b=15m，边墩头部为半圆形，闸墩头部为圆弧形，堰顶高程为 22m，上游与下游河底高程都为 10m，上游设计水位为 25.11m，下游水位为 23m。要求：①画出 WES 实用堰流纵向示意图，并在示意图上标注上游设计水位、堰顶高程、下游水位和河底高程；②根据示意图计算上游堰高 P_1、下游堰高 P_2、下游水深 h_t、设计堰前水头 H_d 和设计堰前水深；③计算当堰前水头 H=4m 时通过溢流堰的流量 Q。

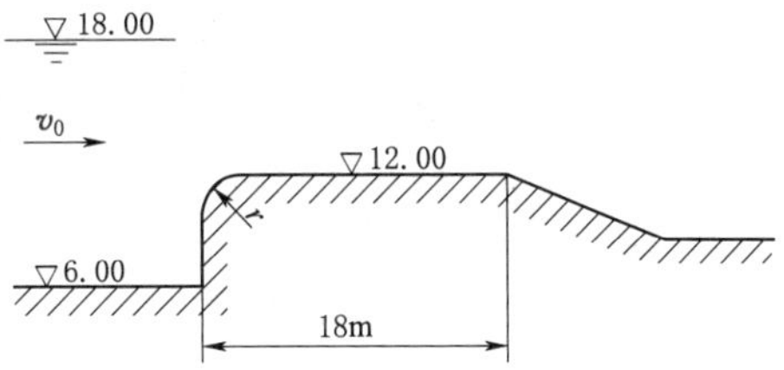

题图 6.2

(3) 某灌溉进水闸为 3 孔，每孔净宽 b=10m，闸墩头部为半圆形，闸墩厚度 d=3m，边墩头部为圆弧形，边墩计算厚度 Δ=2m，闸前行近流速 v_0=0.5m/s，闸门全开，其他数据如题图 6.2 所示。试求：①上游堰高 P_1、堰前水头 H 和堰前水深，并在图上标注；②下游水位为 17.75m 时流量 Q；③下游水位为 16.70m 时流量 Q。

拓展阅读——都江堰水利工程

在公元前三世纪建于岷江上的都江堰水利工程，是全世界至今为止年代最久、唯一留存，以无坝引水为特征的宏大水利工程，历经 2200 多年，至今仍发挥巨大效益。李冰治水，功在当代，利在千秋，不愧是文明世界的伟大杰作，造福人民的伟大水利工程。特别是都江堰水利工程的四六自动分水的特点，更是世界水利史上的神来之笔，一直为世人所赞叹。

岷江流域水量年内分布极不均匀，丰水期的来水量约占全年的 75%以上，所以岷江在历史上不是水灾就是旱灾。但都江堰水利工程的修建，使岷江及其支流冲击而成的成都平原，由原来非旱即涝变成了旱涝保收的天府之国，这主要归功于都江堰水利工程。

1. 都江堰水利工程建筑物布设

李冰采用中流作堰的方法，在岷江峡内用石块砌成石埂，称都江鱼嘴，也称分水鱼嘴。鱼嘴是一个分水的建筑工程，把岷江水流一分为二。沿流向鱼嘴左侧的叫内江，供灌溉渠用水，鱼嘴右侧的叫外江，是岷江的正流。又在灌县城附近的岷江南岸筑了离碓（同堆），离碓就是开凿岩石后被隔开的石堆，夹在内外江之间。沿流向离碓的左侧是内江的水口，称宝瓶口，具有节制水流的功用。都江堰水利工程主要建筑物布设见拓展图6.1。

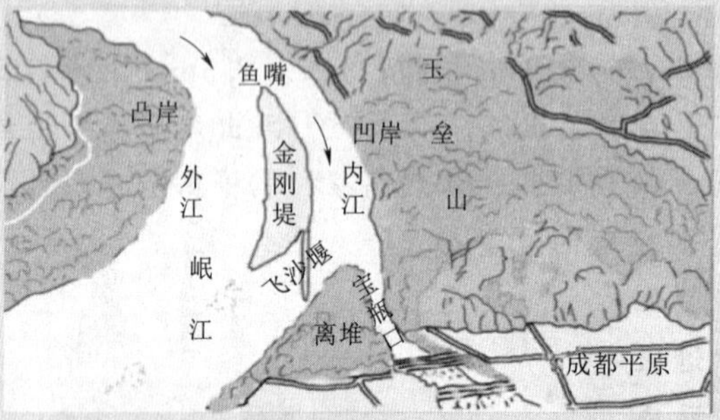

拓展图6.1

2. 鱼嘴四六自动分流

都江堰水利工程是如何做到四六分水的，从水力学的观点来看，主要由两个因素决定的，一是河流主流位置，二是过流断面的形状。

主流位置决定了水流最大动量的走向，弯曲性河道主流线具有低水傍岸、高水居中特点。也就是说，低水时弯曲河道主流沿着弯道的凹岸走，高水时弯曲河道主流回归到河流中。而外江位于弯道的凸岸，枯水期水少的时候，主流靠凹岸，内江分水就分的多，有利于灌溉取水；洪水期主流向河中外江靠近，内江分水比例减少，洪水主要由外江排出。让洪水主流向河中移动使外江分流增多，鱼嘴位置的选定尤为重要。合理规划鱼嘴位置，可按需要调节内江、外江分水的比例，使得内江引水“枯而不干，洪而不涝”。

都江堰水利工程内江与外江过水断面形状（拓展图6.2）巧妙设计改变内江、外江的流量变化比例。内江过水断面形状窄而深，外江过水断面形状宽而浅，洪水期大量的水排到外江，少量的水到内江；枯水期大量的水到内江，少量的水排到外江。

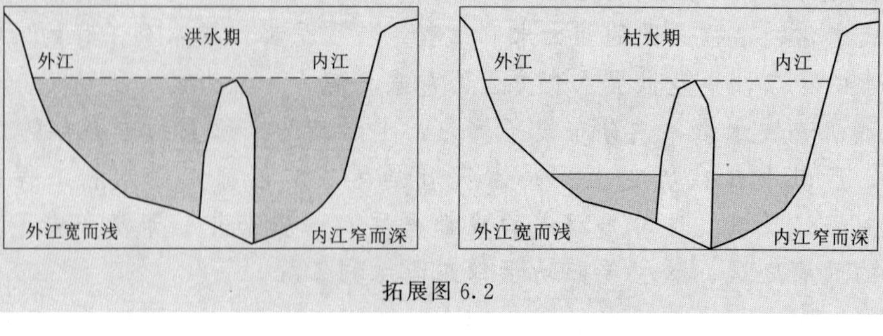

拓展图6.2

3. 飞沙堰合理分流

为了预防洪水期进入内江的四成洪水过大，使成都平原发生洪水，李冰在金刚堤末端设有飞沙堰溢洪道再次分流。当内江水量比较小时，飞沙堰全部拦住内江水，使其进入成都平原；当内江水量较大时，水位超过飞沙堰的高度，多余的水便从飞沙堰自行溢出排到外江，当遇到特大洪水，内江的水量超过了宝瓶口过流能力时或者超过成都平原能够接受的上限时，飞沙堰会自动溃坝，让大量江水回归岷江正流，在关键的时候，飞沙堰以溃坝的形式保护成都平原千千万万老百姓的生命和财产安全。

飞沙堰高度的选取是非常重要的，从引水的角度，飞沙堰不能过低，否则宝瓶口的引水量无法满足灌溉的要求；从排沙的角度，飞沙堰不能过高，否则环流无法形成，泥沙将无法超过飞沙堰排到外江，所以只有选择合适的飞沙堰的高度才能协调引水与排沙的矛盾。

都江堰水利工程的“天人合一”，实现了人与自然关系的一种理想境界。它既没有建拦断岷江的堰坝，也没有设立取水调水的控制闸门，而是巧妙利用了岷江的自然环境，合理布局建筑物，使之成为有机统一体。另外，都江堰金刚堤、飞沙堰、宝瓶口等这些水利工程的位置形态和方向等都与岷江的地形的特点、不同季节上游的来水来沙变化等相互结合，从而达到防洪灌溉等目的。

都江堰水利工程这种“道法自然、因地制宜”的设想，是以不破坏自然资源为前提，充分利用了自然资源为人类服务，使人、地、水三者高度协调统一，这和我们今天所倡导的生态文明建设和可持续发展思想是一脉相承的。

项目7　闸孔出流水力分析与计算

在江河渠道上，为了更好地利用、控制水流，常修建一种既可以挡水又可以控制泄流的中低水头水工建筑物——水闸。水利工程中通过水闸科学调度，确保上、下游防洪安全，合理利用宝贵的水资源，让河流更好造福千秋。

本项目的主要任务是能分析闸孔出流水流现象，能对平板闸门、弧形闸门闸孔出流的过流能力进行计算，为水利工程中科学调度水闸运行方式提供依据。

任务1　闸孔出流水力分析

1　闸孔出流水力现象

水闸是建在河道、渠道及水库、湖岸边，既可以关闭闸门挡水，又可以开启闸门泄流的中低水头水工建筑物。

当闸门开启，出闸水流从闸底坎、闸门底缘及闸墩之间的孔口泄出，这种水流为闸孔出流，见图7.1。

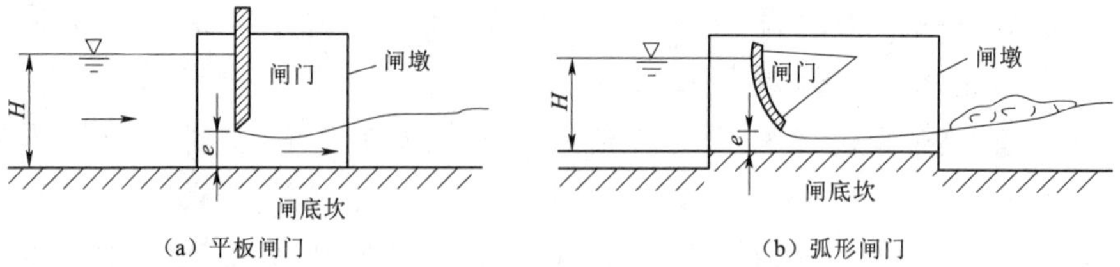

图7.1

2　堰流与闸孔出流关系

2.1　堰流与闸孔出流相同点与不同点

水利工程中的闸门形式有平板闸门、弧形闸门，如图7.1所示。闸底坎形式一般为宽顶堰或曲线型实用堰，如图7.2所示，其中图7.2（a）、（b）闸底坎为曲线型实用堰，图7.2（c）、（d）闸底坎为宽顶堰。

闸孔出流与堰流是两种既相区别又有联系的水流现象。

（1）堰流和闸孔出流的区别。图7.2（b）、（d）中的水流水面线是光滑连续的降落曲线，水面不受约束，为堰流；图7.2（a）、（c）中的水流，闸上下游水面线是不连续的，水面受约束，为闸孔出流。由于边界条件的这种差异，堰流与闸孔出流水流特征及过水能力亦不相同。

（2）堰流和闸孔出流的相同点。堰流、闸孔出流都是在重力作用下形成的一种水流运动，泄流过程中均是从势能转化为动能的过程；它们都属于急变流，能量损失类型主要考虑局部水头损失。

练一练（判断题）

(1) 闸孔出流的上下游水面线是不连续的。 (　　)

(2) 堰流和闸孔出流都属于急变流。 (　　)

(3) 闸孔出流的水头损失主要为局部水头损失。 (　　)

2.2 闸孔出流与堰流转化

对于堰顶设闸门的水工建筑物，随着闸门开启高度的变化，堰流和闸孔出流可以互相转化。图 7.2 中，e 为闸门开启高度，H 为闸孔出流的闸前水头或堰流的堰前水头。当闸门相对开启度$\frac{e}{H}$较小时，闸门控制水流，水面受闸门约束，此时为闸孔出流，如图 7.2（a）、（c）所示。当闸门相对开启度$\frac{e}{H}$增大或闸门全开，水面不受闸门约束，该水流为堰流，如图 7.2（b）、（d）所示。

D7.1

堰流与闸孔出流转换

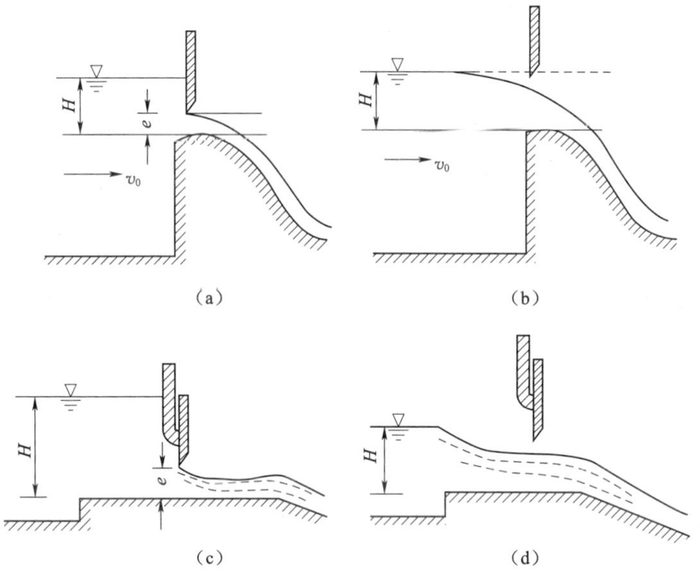

图 7.2

闸孔出流、堰流两种流态相互转化的条件，除和闸门的相对开启高度$\frac{e}{H}$有关外，还和闸底坎形式等有关。一般采用下列判别式来区分闸孔出流和堰流水流现象：

闸底坎为宽顶堰时：$\frac{e}{H}\leqslant 0.65$，为闸孔出流；$\frac{e}{H}>0.65$，为堰流。

闸底坎为曲线型实用堰时：$\frac{e}{H}\leqslant 0.75$，为闸孔出流；$\frac{e}{H}>0.75$，为堰流。

式中　e——闸门的开启高度；

H——闸前水头，等于从闸底板算起的闸前水深，见图 7.2。

练一练（选择题）

（1）闸门相对开启高度$\frac{e}{H}$越小，越可能是（　　）。

A. 闸孔出流　　B. 堰流　　C. 平板闸孔出流　　D. 弧形闸孔出流

（2）δ 为堰厚，H 为堰（闸）前水头，e 为闸门开启高度，B 为堰顶过水净宽，h_t 为下游水深，依据（　　）可以判别堰流与闸孔出流。

A. $\frac{\delta}{H}$　　B. $\frac{e}{H}$　　C. $\frac{B}{H}$　　D. $\frac{h_t}{H}$

（3）在底坎为宽顶堰的情况下，闸门相对开启高度（　　）时为闸孔出流。

A. $\frac{e}{H}\leqslant 0.65$　　B. $\frac{e}{H}\leqslant 0.67$　　C. $\frac{e}{H}\leqslant 0.75$　　D. $\frac{e}{H}\leqslant 2.5$

3　闸孔出流水力计算公式

3.1　闸孔自由出流和闸孔淹没出流

D7.2

闸孔出流情况

图 7.3 为闸孔恒定出流，闸底坎为无坎宽顶堰，闸门为平板闸门，e 为闸门开启高度，H 为闸前水头。水流由闸门底缘流出时，由于受闸门的约束，流线发生急剧弯曲收缩，出闸后由于惯性的作用流线继续收缩，大约在距闸门（0.5～1）e 处为水深最小的收缩断面 $c—c$。收缩断面 $c—c$ 处的水深 h_c 一般小于临界水深 h_k，水流为急流状态。而闸孔下游渠槽中的水深 h_t 一般大于临界水深 h_k，水流呈缓流状态，因此闸后水流从急流到缓流要发生水跃。水跃位置随下游水深 h_t 变化而变化，下游水深增大水跃向上游移动，下游水深减小水跃向下游移动，水跃发生的位置不同对闸孔出流泄流能力的影响不一样，从而使闸孔出流可分为自由出流和淹没出流。

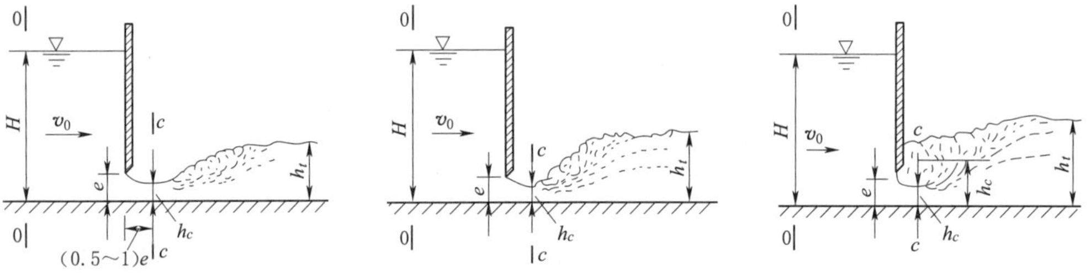

(a) $h_t<h_c''$　　(b) $h_t=h_c''$　　(c) $h_t>h_c''$

图 7.3

设收缩断面水深 h_c 所对应的跃后水深为 h_c''，当 $h_c''>h_t$ 时水跃发生在收缩断面下游，称为远驱式水跃［图 7.3（a）］，当 $h_c''=h_t$ 时水跃发生在收缩断面处，称为临界式水跃［图 7.3（b）］，这两种情况下，水跃对应的下游水位都不影响闸孔的过流能力，称为闸孔的自由出流；当 $h_c''<h_t$ 时水跃发生在收缩断面上游，称为淹没式水跃［图 7.3（c）］。此时下游水位影响过流能力使闸孔的过流能力减小，称为闸孔淹没出流。

水流过闸孔受闸门影响发生垂向收缩，用垂向收缩系数 ε' 反映垂向收缩程度，$\varepsilon'=\frac{h_c}{e}$，闸门形式及开启高度影响垂向收缩系数，见表 7.1 和表 7.2。

从上面的分析可以看出，判断闸孔自由出流或淹没出流，须先求出收缩断面水深 h_c 和它相应的共轭水深 h_c''，然后将 h_c'' 和下游水深 h_t 比较，即可判别闸孔出流情况。

上述判别条件对不同闸门类型的无底坎或有底坎宽顶堰型闸孔出流都适用。

3.2 闸孔自由出流水力计算公式

如图 7.3 (a) 所示，收缩断面 c—c 上的流线近似为平行直线，c—c 断面可以认为是渐变流矩形断面。以闸底板所在水平面为基准面，取闸门上游距闸门 (3～4)H 符合渐变流条件的 0—0 断面与下游 c—c 收缩断面列能量方程，推导出闸孔自由出流的计算公式，见式 (7.1)。

$$Q=\mu_0 nbe\sqrt{2gH_0} \tag{7.1}$$

式中 μ_0——闸孔出流的流量系数；

n——闸门孔数；

b——闸孔净宽；

e——闸门开启高度；

H_0——包括行近流速水头在内的闸前水头，称为闸前总水头，$H_0=H+\dfrac{\alpha v_0^2}{2g}$。

式 (7.1) 可以看出当闸门开启孔数、高度及闸孔尺寸一定时，影响过闸流量的因素是闸前总水头 H_0 和流量系数 μ_0。闸孔出流的过流量与闸前总水头的平方根成正比，闸前总水头是影响过闸流量的主要因素。

W7.3

闸孔出流泄流量计算公式

流量系数 μ_0 综合反映水流能量损失及收缩程度对泄流能力的影响，对于不同的闸门形式，垂向收缩系数 ε' 及流量系数 μ_0 的确定方法不一样。下面具体介绍不同的闸门形式垂向收缩系数 ε' 及流量系数 μ_0 确定方法。

3.2.1 底坎为宽顶堰型的平板闸门 (图 7.3)

无坎平板闸门的垂向收缩系数 ε' 与闸门相对开启高度 $\dfrac{e}{H}$ 关系见表 7.1。

表 7.1　无坎平板闸门垂向收缩系数 ε'

$\frac{e}{H}$	0.10	0.15	0.20	0.25	0.30	0.35	0.40	0.45	0.50	0.55	0.60	0.65	0.70	0.75
ε'	0.615	0.618	0.620	0.622	0.625	0.628	0.630	0.638	0.645	0.650	0.660	0.675	0.680	0.705

流量系数 μ_0 可按南京水利科学研究院的经验公式计算：

$$\mu_0=0.60-0.176\frac{e}{H} \tag{7.2}$$

3.2.2 底坎为宽顶堰型的弧形闸门 (图 7.4)

无坎弧形闸门的垂向收缩系数 ε' 和闸门下缘切线与水平方向夹角 θ 的大小关系见表 7.2。

表 7.2　弧形闸门垂向收缩系数 ε'

θ	35	40	45	50	55	60	65	70	75	80	85	90
ε'	0.789	0.766	0.742	0.720	0.698	0.678	0.662	0.646	0.635	0.627	0.622	0.620

流量系数 μ_0 值可按我国南京水利科学研究院的经验公式确定。

当 $\cos\theta=0\sim0.3$ 时：

$$\mu_0=0.6-0.176\frac{e}{H}+\left(0.15-0.2\frac{e}{H}\right)\cos\theta \tag{7.3}$$

当 $\cos\theta=0.3\sim0.7$ 时：

$$\mu_0=0.545-0.136\frac{e}{H}+0.334\left(1-\frac{e}{H}\right)\cos\theta \tag{7.4}$$

式中符号如图 7.4 所示，根据图中几何关系 $\alpha=\theta$，故 θ 值按下式计算：

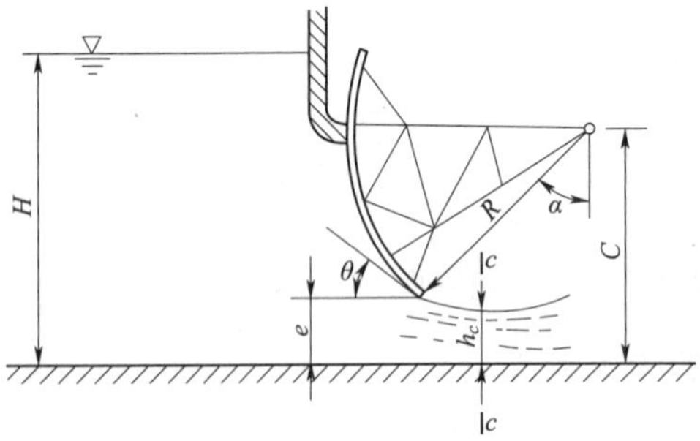

图 7.4

$$\cos\theta=\frac{c-e}{R}$$

式中　c——弧形闸门的转轴高度；

e——闸门开启高度；

R——弧形闸门的半径。

需要说明的是，流量系数 μ_0 的确定方法严格来说仅适用于无坎宽顶堰型闸孔出流，但某些实验证明，对于有坎宽顶堰型的闸孔出流（图 7.5），只要收缩断面位于闸底板上，且闸门装在距宽顶堰进口下游一定距离处，则堰坎对水流的垂向收缩将不显著，仍可按上述方法确定流量系数 μ_0。

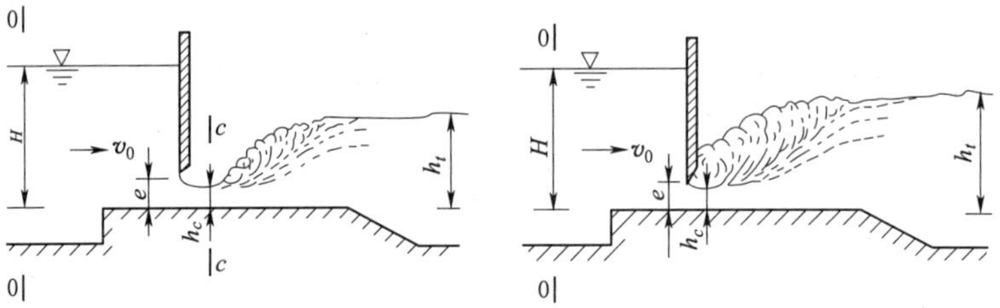

图 7.5

3.2.3　底坎为曲线型实用堰的平板闸门［图 7.6（a）］

大型水利工程多采用曲线型实用堰。堰上闸孔出流流量系数 μ_0 与闸门相对开启度 $\frac{e}{H}$、实用堰剖面形状、闸门形式、闸门底缘的外形、闸门在堰顶的位置等因素有关，重要的工程设计需要通过专门的模型试验来确定 μ_0。

底坎为曲线型实用堰的平板闸门，闸孔出流流量系数公式为

$$\mu_0=0.65-0.186\frac{e}{H}+\left(0.25-0.375\frac{e}{H}\right)\cos\theta \tag{7.5}$$

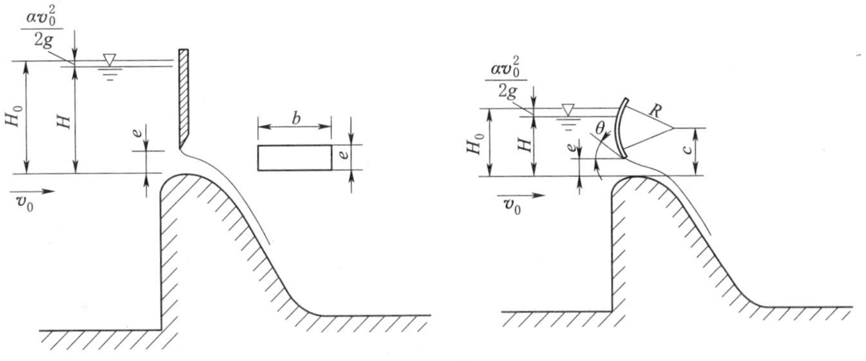

图 7.6

式中 θ——闸门底缘切线与水平线的夹角，如图7.7所示。

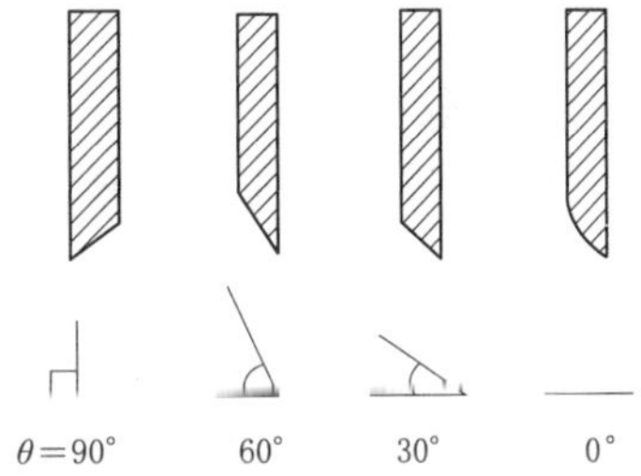

图 7.7

式（7.5）适用于 $\frac{e}{H}=0.05\sim0.75$，$\theta=0\sim90°$。

3.2.4 底坎为曲线型实用堰的弧形闸门［图7.6（b）］

对于底坎为曲线型实用堰的弧形闸孔出流，如图7.6（b）所示，初步设计计算时流量系数 μ_0 值可以按$\frac{e}{H}$值查表7.3得到。

表 7.3　曲线型实用堰上弧形闸门的流量系数 μ_0 值

$\frac{e}{H}$	0.05	0.10	0.15	0.20	0.25	0.30	0.35	0.40	0.50	0.60	0.70
μ_0	0.721	0.700	0.683	0.667	0.652	0.638	0.625	0.610	0.584	0.559	0.535

3.3 闸孔淹没出流水力计算公式

工程实际中，大型水利工程底坎采用曲线型实用堰，堰比较高，下游水位使堰顶闸孔形成淹没出流的情况十分少见。一般淹没出流出现在底坎为宽顶堰的闸孔出流。

当下游水深大于收缩断面水深 h_c 对应的跃后水深 h_c''，即 $h_t>h_c''$时，闸孔出流为淹没出流（图7.8）。闸孔淹没出流时泄流量小于自由出流时泄流量，计算时将自由出流的计算公式（7.1）乘上一个淹没系数 σ_s，因而闸孔淹没出流水力计算公式为

$$Q=\sigma_s\mu_0 nbe\sqrt{2gH_0} \tag{7.6}$$

式中 σ_s——淹没系数，反映了下游的水位对过水能力的影响，σ_s 与$\frac{h_t-h_c''}{H-h_c''}$比值有关，查图7.9可确定淹没系数。

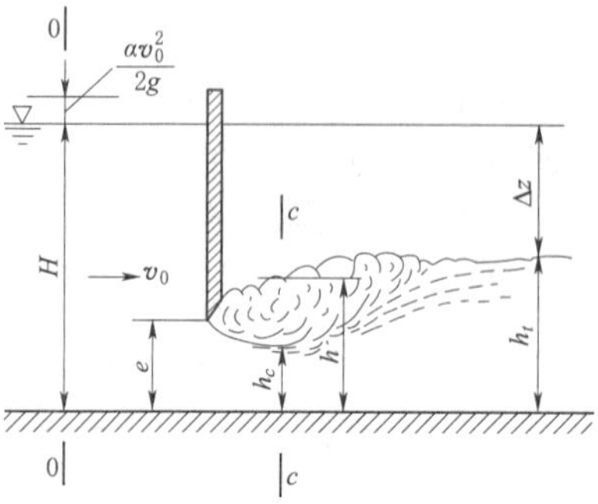

图 7.8

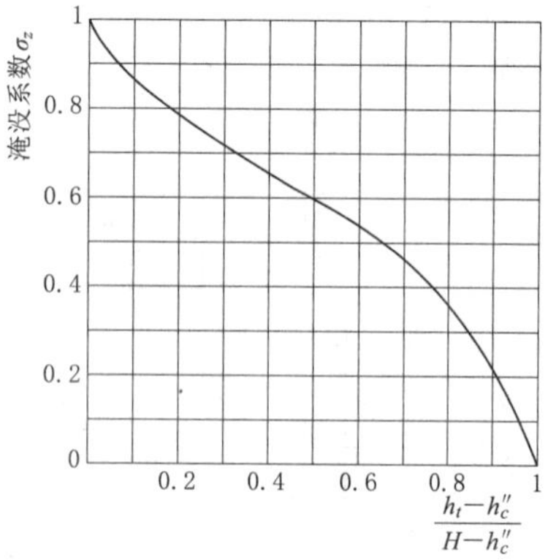

图 7.9

➢任务自测

判断题

（1）如果闸后发生远驱式水跃，则闸孔出流一定是自由出流。　　（　　）

（2）淹没出流流量等于自由出流流量乘以淹没系数。　　（　　）

选择题

（1）闸孔出流流量系数 μ_0 的影响因素不包括（　　）。

A. 闸门相对开启高度 $\frac{e}{H}$　　B. 闸门形式

C. 闸底板形式　　D. 闸门孔数 n

（2）闸孔出流发生淹没出流的条件是闸后发生（　　）。

A. 临界式水跃　B. 远驱式水跃　C. 淹没式水跃　D. 自由水跃

（3）闸孔出流的流量与闸前总水头的（　　）成正比。

A. 1 次方　B. 2 次方　C. 1/2 次方　D. 都不对

（4）某一闸孔出流，闸前河底高程为 60m，闸底板高程为 71m，闸门底缘高程为 75m，则闸门开启高度 e 为（　　）。

A. 1m　B. 2m　C. 3m　D. 4m

任务 2　平板闸门水力计算实例

W7.4

平板闸门泄流量计算举例

【案例 7.1】 某水闸为单孔平板闸门，无底坎，闸前水头 $H=3.0$m，单孔过水净宽 $b=3.0$m，闸门开启度 $e=0.6$m，下游水深较小，为自由出流，不计闸前行近流速 v_0，求闸的泄流量；若考虑闸前行近流速，闸前渠道为矩形断面，且渠道宽 $B_0=4.0$m，其他条件不变，求闸的泄流量。

【分析与计算】

（1）不计行近流速。

首先判别流态。根据 $\frac{e}{H}=\frac{0.6}{3.0}=0.2<0.65$，为闸孔出流。

应先用式（7.2）求流量系数 μ_0，为

$$\mu_0 = 0.60 - 0.176\frac{e}{H} = 0.60 - 0.176\times 0.2 = 0.565$$

再用式（7.1）直接可求流量，为

$$Q = \mu_0 nbe\sqrt{2gH_0} = 0.565\times 1\times 3.0\times 0.6\times\sqrt{2\times 9.8\times 3.0} = 7.80(\mathrm{m^3/s})$$

（2）考虑行近流速。

先设行近流速 $v_0\approx 0$，$H_0\approx H$，由上面计算可求出 $Q=7.80\mathrm{m^3/s}$。根据求出的流量可算闸前行近流速：

$$v_0 = \frac{Q}{B_0 H} = \frac{7.80}{4.0\times 3.0} = 0.65(\mathrm{m/s})$$

$$H_0 = H + \frac{v_0^2}{2g} = 3.0 + \frac{0.65^2}{2\times 9.8} = 3.02(\mathrm{m})$$

代入式（7.1）再求流量：

$$Q = \mu_0 nbe\sqrt{2gH_0} = 0.565\times 1\times 3.0\times 0.6\times\sqrt{2\times 9.8\times 3.02} = 7.83(\mathrm{m^3/s})$$

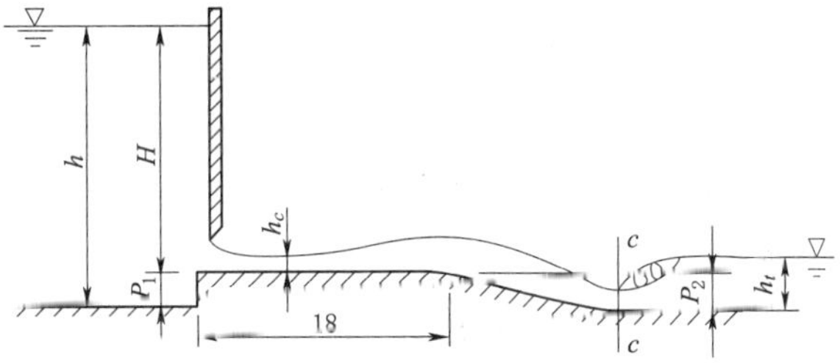

求出的流量与上一个流量很接近，故 $Q=7.83\mathrm{m^3/s}$ 为所求。如果计算出的流量与上一个流量相差较大，需要按上述方法继续计算，直到前后两次计算结果很接近为止。

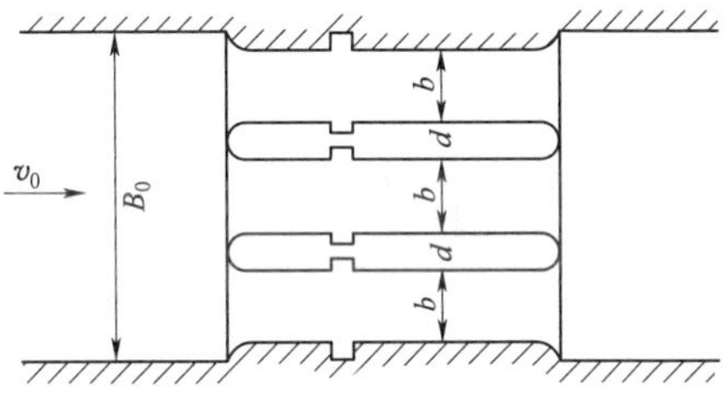

图 7.10

【案例 7.2】 有一带底坎的宽顶堰上有三孔进水闸（图 7.10），已知平板闸门开启度 $e=0.6\mathrm{m}$，上游水深 $h=3.6\mathrm{m}$，下游水深 $h_t=1.2\mathrm{m}$，上游坎高 $P_1=0.6\mathrm{m}$，下游坎高 $P_2=0.5\mathrm{m}$，闸孔净宽 $b=2\mathrm{m}$，边墩及闸墩头部均为半圆形，墩厚 $d=1.2\mathrm{m}$，上游引水渠为矩形过水断面，渠道宽 $B_0=9.6\mathrm{m}$，流速系数 $\varphi=0.90$，试求泄流量 Q。

【分析与计算】

（1）判断出流情况为堰流或闸孔出流。

$$\frac{e}{H} = \frac{e}{h-P_1} = \frac{0.6}{3.6-0.6} = 0.2 < 0.65，为闸孔出流。$$

W7.5

闸孔出流水力计算举例

本案例按闸底坎为宽顶堰的闸孔出流进行泄流量计算。由于堰前水深较大、闸门的开启度小，闸前行近流速水头忽略不计，则 $H_0\approx H=3.6-0.6=3.0(\mathrm{m})$。

（2）判断闸孔出流情况。

由 $e/H=0.2$ 查表7.1得垂向收缩系数 $\varepsilon'=0.620$，则收缩断面水深：

$$h_c=\varepsilon' e=0.620\times0.6=0.372(\mathrm{m})$$

根据能量方程可得收缩断面平均流速为

$$v_c=\varphi\sqrt{2g(H_0-h_c)}=0.90\times\sqrt{2\times9.8\times(3.0-0.372)}=6.46(\mathrm{m/s})$$

$$h_c''=\frac{h_c}{2}\left(\sqrt{1+8\frac{v_c^2}{gh_c}}-1\right)=\frac{0.372}{2}\times\left(\sqrt{1+8\times\frac{6.46^2}{9.8\times0.372}}-1\right)=1.60(\mathrm{m})$$

则 $h_c''>h_t=1.2\mathrm{m}$，为自由出流。

（3）计算泄流量。

对于有坎宽顶堰型的闸孔出流，因收缩断面位于闸坎上，又根据出流情况为自由出流，按式（7.1）计算流量。

因底坎为宽顶堰，且为平板闸门，按式（7.2）计算流量系数为

$$\mu_0=0.60-0.176\frac{e}{H}=0.60-0.176\times0.2=0.565$$

$$Q=\mu_0 nbe\sqrt{2gH_0}=0.565\times3\times2\times0.6\times\sqrt{2\times9.8\times3.0}=15.60(\mathrm{m^3/s})$$

➢ 任务自测

判断题

（1）闸孔出流为自由出流情况下，淹没系数等于1。（　　）

（2）闸孔出流流量公式 $Q=\sigma_s\mu_0 nbe\sqrt{2gH_0}$ 不适用于平板闸门闸孔出流。（　　）

选择题

（1）闸门相对开启高度 $\frac{e}{H}$ 中，H 称为（　　）。

A. 闸前总水头　　B. 闸门的开启高度

C. 闸门的宽度　　D. 闸前水头

（2）闸门相对开启高度 $\frac{e}{H}$ 中，e 为（　　）。

A. 闸前总水头　　B. 闸门的开启高度

C. 闸门的宽度　　D. 闸前水头

（3）闸孔自由出流的流量公式为（　　）。

A. $Q=\mu_0 ne\sqrt{2gH_0}$　　B. $Q=\mu_0 nbe\sqrt{2g}H_0^{\frac{3}{2}}$

C. $Q=\mu_0 nbe\sqrt{2gH_0}$　　D. $Q=\mu_0 nb\sqrt{2gH_0}$

（4）某一闸孔出流，闸底板高程为70m，闸前河底高程为65m，闸前水位高程为80m，则闸前水头 H 为（　　）m。

A. 5　　B. 18　　C. 10　　D. 21

（5）闸前水头 $H=3\mathrm{m}$，忽略闸前行近流速水头，则闸前总水头 H_0 为（　　）m。

A. 3　　B. 3.3　　C. 2.7　　D. 30

任务 3　弧形闸门水力计算实例

【案例 7.3】 某水闸底坎与渠底齐平，如图 7.11 所示。闸底板高程为 104.00m，共 3 孔，每孔宽 $b=5$m，闸前水位 108.50m，弧形闸门半径 $R=7.0$m，转轴高程 107.00m。流速系数 φ 取 0.97，当闸门开度 $e=1.0$m，不计闸前行近流速，若下游水位为 108m，求此时闸孔泄流量。

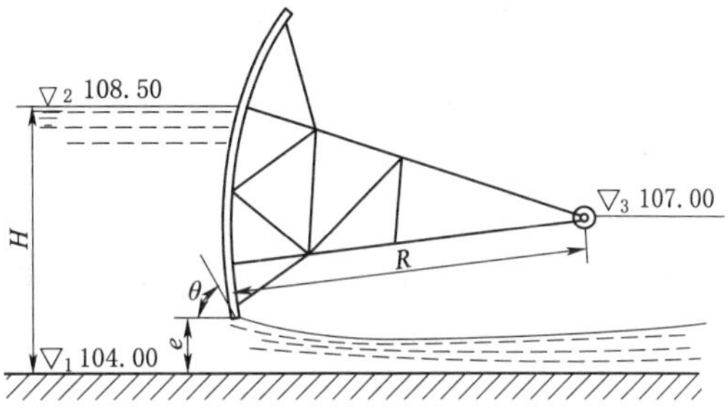

图 7.11

W7.6

弧形闸门泄流量计算举例

【分析与计算】

（1）判断堰流或闸孔出流。

$$\frac{e}{H}=\frac{1.0}{108.50-104.00}=0.22<0.65\text{，为闸孔出流。}$$

（2）判断闸孔出流情况。

根据 $c=107.00-104.00=3(\text{m})$，$\cos\theta=\frac{c-e}{R}=\frac{3-1.0}{7.0}=0.286$，$\theta=73.4°$

根据 θ 值查表 7.2 可得：$\varepsilon'=0.639$

$$h_c=\varepsilon' e=0.639\times1.0=0.639(\text{m})$$

$\varphi=0.97$，不计闸前行近流速，则 $H_0\approx H$。

$$v_c=\varphi\sqrt{2g(H_0-h_c)}=0.97\times\sqrt{2\times9.8\times(4.5-0.639)}=8.44(\text{m/s})$$

$$Fr_c=\frac{v_c}{\sqrt{gh_c}}=\frac{8.44}{\sqrt{9.8\times0.639}}=3.37$$

$$h_c''=\frac{h_c}{2}(\sqrt{1+8Fr_c^2}-1)=\frac{0.639}{2}\times(\sqrt{1+8\times3.37^2}-1)=2.74(\text{m})$$

$h_t=108-104.00=4.00(\text{m})$，$h_t>h_c''$，所以为淹没出流。

由 $\frac{h_t-h_c''}{H-h_c''}=\frac{4-2.74}{4.5-2.74}=0.72$，查图 7.9 得淹没系数 $\sigma_s=0.43$。

（3）计算流量。

由前面计算得 $\cos\theta=0.286$，由式（7.3）计算流量系数：

$$\mu_0=0.6-0.176\frac{e}{H}+\left(0.15-0.2\frac{e}{H}\right)\cos\theta$$

$$=0.6-0.176\times\frac{1.0}{4.5}+\left(0.15-0.2\times\frac{1.0}{4.5}\right)\times0.286=0.59$$

则流量为

$$Q=\sigma_s\mu_0 nbe\sqrt{2gH_0}=0.43\times0.59\times3\times5\times1.0\times\sqrt{2\times9.8\times4.5}=35.8(\text{m}^3/\text{s})$$

【案例 7.4】 某水库溢流坝为曲线实用堰，堰顶设闸门，共 5 孔，每孔净宽 $b=$

7m，坝顶设弧形闸门。试求闸前水头 $H=5$m，各孔均匀开启，开启度 $e=2$m 时，通过的闸孔流量（不计行近流速，下游自由出流）。

【分析与计算】

（1）判断堰流或闸孔出流。

$$\frac{e}{H}=\frac{2}{5}=0.4<0.65,\text{为闸孔出流。}$$

（2）求流量。

由 $\frac{e}{H}=0.4$ 查表7.3得 $\mu_0=0.61$，不计行近流速，则 $H_0\approx H$。

$$Q=\mu_0 nbe\sqrt{2gH_0}=0.61\times5\times7\times2\times\sqrt{2\times9.8\times5}=422.71(\text{m}^3/\text{s})$$

➢任务自测

判断题

（1）闸后发生淹没水跃，则闸孔出流一定是淹没出流。（　　）

（2）闸孔出流流量公式 $Q=\sigma_s\mu_0 nbe\sqrt{2gH_0}$ 不适用于弧型闸门闸孔出流。（　　）

（3）其他条件不变的情况下，自由出流的流量一定大于淹没出流的流量。（　　）

选择题

（1）闸孔出流公式 $Q=\sigma_s\mu_0 nbe\sqrt{2gH_0}$ 中，σ_s 称为（　　）。

A. 闸前总水头　　B. 闸门的开启高度

C. 淹没系数　　D. 闸孔出流流量系数

（2）闸孔出流公式 $Q=\sigma_s\mu_0 nbe\sqrt{2gH_0}$ 中，μ_0 称为（　　）。

A. 闸前总水头　　B. 闸门的开启高度

C. 闸门的宽度　　D. 闸孔出流的流量系数

（3）闸孔出流为淹没出流情况下，淹没系数 σ_s（　　）。

A. $\sigma_s>1$　　B. $\sigma_s<1$　　C. $\sigma_s=1$　　D. $\sigma_s\geqslant1$

（4）闸孔出流为自由出流，已知闸孔出流的流量系数 $\mu_0=0.9$，闸门开启度 $e=1$m，闸前总水头 $H_0=4$m，则闸孔出流的单宽流量 q 为（　　）$\text{m}^3/(\text{s}\cdot\text{m})$。

A. 5.37　　B. 7.35　　C. 7.97　　D. 10.22

（5）闸孔出流的流量系数 $\mu_0=0.9$，淹没系数 $\sigma_s=0.7$，孔数 $n=3$，单孔净宽 $b=2$m，闸门开启高度 $e=1$m，闸前总水头 $H_0=4$m，则闸孔出流流量 Q 为（　　）m^3/s。

A. 33.47　　B. 47.81　　C. 66.47　　D. 88.81

技　能　训　练

1. 某矩形断面渠道上建一平底坎引水闸，共2孔，每孔净宽 $b=5$m，采用平板闸门，闸前水位为58.72m，上、下游河底高程和闸底坎高程均为50.72m，若2孔闸门同时开启，闸门底缘高程均为 52.72m。闸前行近流速不计，闸下游水位有两种情况 54.22m 和 56.22m，要求：①绘制闸下游水位为 54.22m 时的闸孔出流纵向示意图并标出上下游水位、底坎高程和闸门底缘高程；②根据示意图计算闸前水头 H、闸门开启高度 e 和下游水深 h_t；③计算闸下游水位 54.22m 时的闸孔泄流量 Q；④计算闸下游水位 56.22m 时的闸孔泄流量 Q。

2. 三峡泄洪深孔有 23 孔，每孔孔宽 7m，孔高 9m，泄洪深孔进口底部高程 90m，当上游水位 165m 时，不考虑行近流速及侧向收缩，计算闸门全开时，单孔自由出流的泄流量。如果三峡汛期考虑上、下游安全，需要深孔泄流量 $18000m^3/s$ 时，试计算需要开启多少孔泄洪。（流量系数 μ_0 近似取 0.68）

3. 某 3 孔平底弧形闸门，每孔净宽 $b=10m$，闸门圆弧半径 $R=7.5m$，门轴高程为 38m，上下游河底高程和闸底坎高程均为 33m，若 3 孔闸门同时开启，闸门底缘高程均为 35m，上游水位为 38m，下游水位为 37m，不计闸前行近流速。要求：①绘制闸孔出流纵向示意图并标出上下游水位、底坎高程、闸门底缘高程、圆弧半径和门轴高程；②根据示意图计算闸前水头 H、闸门开启高度 e 和下游水深 h_t；③计算通过闸孔的流量 Q。

拓展阅读——王家坝分洪闸

王家坝闸位于淮河中上游分界处的安徽省阜南县境内，淮河蒙洼蓄洪工程入口，在淮河干流北岸。淮河特殊的地理条件，使得位于三河（淮河、洪河、白鹭河）交界的王家坝闸在淮河防汛史上占有举足轻重的地位，有千里淮河“第一闸”的称号。王家坝闸也被誉为淮河防汛的“晴雨表”，是淮河灾情的“风向标”。

淮河全长 1000km，王家坝闸以上至源头为淮河上游，落差达 178m（拓展图 7.1），占淮河总落差 200m 的 90%，上游坡陡水急，洪水直冲王家坝，使王家坝遭受巨大的抗洪压力。王家坝闸以下至江苏洪泽湖三河闸的 490km 为淮河中游，落差仅 16m，河道坡降平缓，狭窄弯曲，宣泄不畅，洪水难以迅速流向下游，极易在中下游形成洪涝。

王家坝闸的修建，就是在淮河干流水位达到一定情况下，开启闸门，降低水位，保证下游的安全，与之配套的是 $180.4km^2$ 蒙洼蓄洪区和曹台退水闸，共同构成蒙洼蓄洪工程。王家坝闸建于 1953 年，2003 年拆除重建，全长 118m，共 13 孔，每孔宽 8m，底板高程 24.46m，设计水位差 4.5m，设计流量为 $1334\sim1626m^3/s$。自 1953 年建成至 2020 年前，蓄洪年份有 1954 年、1956 年、1960 年、1968 年、1969 年、1971 年、1975 年、1982 年、1983 年、1991 年、2003 年、2007 年，共计

12年15次滞蓄洪水，平均4年一次。其中1954年、1968年大水，堤防发生决口、溃破达26处之多，蓄洪区内居住近16万人口的村庄和18万亩耕地反复化为一片汪洋。2020年7月20日8时32分—7月23日，王家坝闸再次开闸泄洪。每次开启闸门孔数都是依据闸孔出流水力计算科学调度，确保上、下游安全。

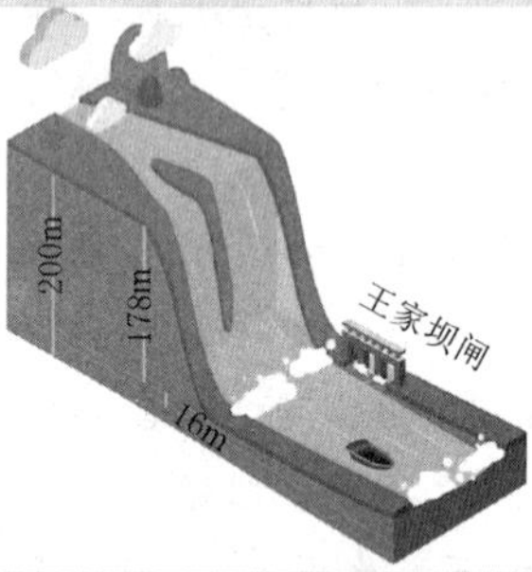

拓展图7.1

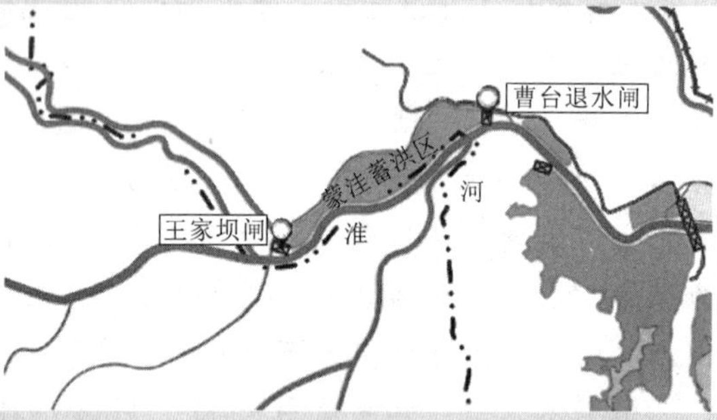

拓展图7.2

王家坝闸为削减淮河洪峰、保淮河安澜立下了功劳，也铸就了蒙洼地区人民舍小家顾大家、舍局部顾全局的“王家坝精神”。温家宝将王家坝精神的内涵高度概括为：舍小家、为大家的顾全大局精神，不畏艰险、不怕困难的自强不息精神，军民团结、干群同心的同舟共济精神，尊重规律、综合防治的科学治水精神。新扩建的王家坝闸最高处达28m，气势恢宏、雄伟壮观，遥看大闸如巨龙横卧蓄洪区上游，有拒水于千里之势。每次开闸都是迫不得已，随着淮河流域其他水利工程的建设，淮河流域统筹联防联控，以及水土保持等生态措施，下次王家坝闸开闸的时间间隔肯定会更长。

项目 8　泄水建筑物下游消能水力分析与计算

江河渠道上修建堰、水闸等水工建筑物，抬高了上游水位，使建筑物下泄的水流流速增大、能量集中。为了使建筑物泄出的高速水流消除余能，与下游渠道水流平稳衔接，且不会冲刷河道、危及建筑物的安全，就需要进行泄水建筑物下游的消能。

本项目的主要任务是根据技术要求对常见的泄水建筑物下游进行消能水力分析与计算，选取合适的消能措施及其水力要素，保证泄流建筑物安全、经济、高效运行，保护下游河道安全和人民群众生命财产的安全。

任务 1　泄水建筑物下游消能基本形式

1　泄水建筑物下游水流特征

在河道上修建的堰、水闸等水工建筑物，往往会改变河道水流的特性。泄水建筑物抬高了上游水位，在泄流过程中位能转化为动能，使建筑物泄出的水流具有较高的流速，动能很大，为急流，且修建泄水建筑物使原河道变窄，单宽流量变大，能量更为集中。而下游河道中自然流动状态的流速一般较低，属于缓流。那么经建筑物泄出的高速水流如何过渡到下游正常流动状态，这就存在两种流态如何平顺衔接的问题。如果对水流的衔接不加限制，或者控制工程设计不当，就会造成严重的后果。

如图 8.1 中所示的溢流堰，单位重量的水体自堰前 0—0 断面下泄到下游收缩断面 1—1 的能量为 E_1（主要是动能），到下游恢复正常流动的断面 2—2 处能量为 E_2，两者的差值 ΔE 称为余能。若溢流堰泄流时上下游落差为 50m，忽略 0—0 和 2—2 断面的流速水头和流动过程中的能量损失，则余能近似等于上下游水位差，即 $\Delta E=50\text{m}$。若下泄的单宽流量 $q=80\text{m}^3/(\text{s}\cdot\text{m})$，那么在单位宽度河床上每秒从 1—1 断面到 2—2 断面应消除的余能为 $N=\gamma q\Delta E=9.8\times80\times50=39200(\text{kW})$，如此巨大余能如果不采取措施消除，将会严重冲刷河床，危及建筑物的安全。

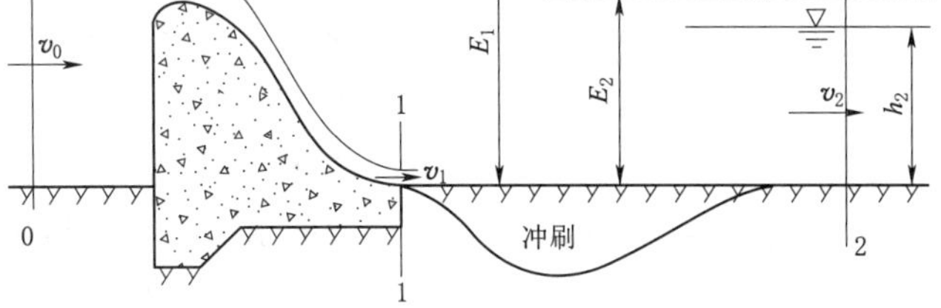

图 8.1

另外，水流集中泄出，还会使下游水流在平面上形成不良的流态，不利于水利枢纽的正常运行。如果对水流的衔接过渡不加控制，或者控制措施不当，都可能给工程建设造成严重的后果。

因此，泄水建筑物下游水流衔接与消能的主要任务就是在确保闸坝安全、工程费用较节省而又合乎流态要求的条件下，设计布置消除余能的具体方式。通过采取一定的工程措施，利用有效的衔接方式，使下泄水流挟带的余能在较短的距离内消耗掉，避免冲刷河床岸坡，保证水工建筑物正常运行。

由此可见，要合理布置枢纽和进行泄水建筑物的设计，必须考虑泄水建筑物下游水流的衔接与消能问题，根据水流特点及河床地质条件，选择合适的消能方式，在下游较短距离内消除余能，使集中泄出的高速水流尽快转变为下游河道中的正常流动，确保建筑物的安全和水利枢纽的正常运行。

2　泄水建筑物下游水流衔接和消能的主要形式

水利工程中采用的衔接消能措施种类很多，常见的衔接消能方式分为以下三种基本形式。

W8.1

泄水建筑物下游消能基本形式

2.1　底流式衔接与消能

底流式衔接与消能是利用泄水建筑物泄出的水流从急流向缓流转变时会产生水跃现象，利用水跃能够消除大量的余能。底流式衔接消能需要在下游采取工程措施，使由泄水建筑物泄出的高速水流在较短距离内，有控制地通过水跃转变为缓流，消除余能，与下游河道的正常水流衔接。底流式衔接与消能利用水跃消能，而水跃的主流位于底部，如图8.2（a）所示，故称为底流式衔接消能。这种消能形式主要用在中、低水头的闸坝下游。

2.2　挑流式衔接与消能

挑流式衔接与消能是利用泄水建筑物下游泄出高速水流，在建筑物的出流部位利用挑流鼻坎将高速水流的水股抛射在离建筑物较远的下游，与下游水流衔接，称为挑流式衔接消能。挑流式衔接与消能的水流经过挑射，在离建筑物较远的位置冲刷河床，对建筑物的安全影响较小，如图8.2（b）所示。泄出水流的余能一部分在空中消散，大部分则在水股跌入下游冲坑时，在冲坑两侧形成水滚而消除。水股跌入处的下游河床水流习惯上称为水垫。这种消能形式主要用于上下游水位落差大、下游河床有一定抗冲能力的山区、丘陵地带。

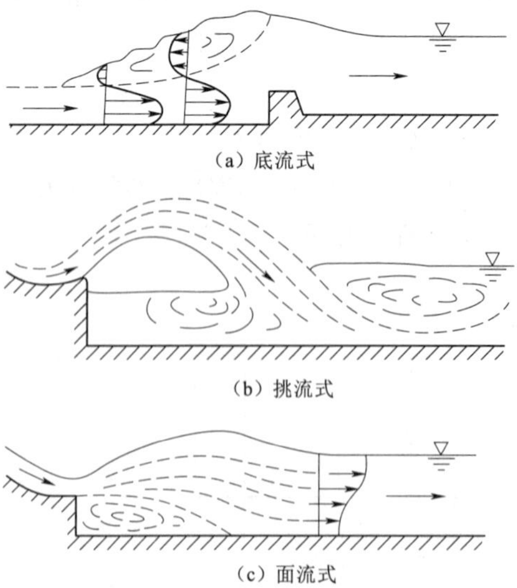

(a) 底流式

(b) 挑流式

(c) 面流式

图8.2

2.3　面流式衔接与消能

面流式衔接与消能是在建筑物出流

部位采用低于下游水位的跌坎，将下泄的高速水流送入下游河道水流表层，在坎后形成尺度很大的底部漩滚，把主流与河床隔开，减轻对河床的冲刷，并消除余能。由于主流位于水体的面层，故称为面流式衔接消能，见图8.2（c）。这种消能形式主要用于建筑物下游水深较大并且比较稳定的河道，且对下游河床防冲要求较低。

实际工程中采用的衔接消能形式除上述三种基本形式外，还有戽流式消能、孔板式消能、宽尾墩挑流消能、竖井涡流消能、对冲式消能等，这些消能形式一般是基本消能方式的结合或者是在工程具体条件下的发展应用。消能方式的选择考虑因素较多，需要根据每个工程的泄流条件、工程运用要求以及下游河道的地形、地质条件，进行综合分析研究确定。

重要的水利工程往往需要进行水工模型试验，确定消能方式。本项目主要介绍最常用的底流式衔接消能和挑流式衔接消能的水力计算。

➤ 任务自测

判断题

（1）底流式衔接消能是利用水跃消能。（　　）

（2）底流式消能主流在底部。（　　）

（3）泄流建筑物下游往往动能大，位能小。（　　）

（4）泄流建筑物下游常见的消能形式有底流式衔接消能、面流式衔接消能和挑流式衔接消能。（　　）

（5）面流式衔接消能是靠水跌消能。（　　）

（6）挑流式衔接消能常用在上下游水位落差较大的山区性河流。（　　）

选择题

（1）关于泄水建筑物下游水流特征，下列说法错误的是（　　）。

A. 单宽流量大　　B. 动能很大　　C. 位能很大　　D. 能量较为集中

（2）关于泄水建筑物下游消能说法正确的是（　　）。

A. 底流式衔接与消能是利用水跌消能的

B. 挑流式衔接与消能是利用水跃消能

C. 面流式衔接与消能是将下泄主流导至下游水流表层消能

D. 以上都对

（3）关于面流式衔接与消能，下列说法不正确的是（　　）。

A. 面流式衔接与消能是将高速水流导向下游水流上层，通过水舌扩散，流速分布调整及主流底流相互作用消能的

B. 面流式衔接与消能，适用于下游水深较大而且比较稳定河段

C. 面流式衔接与消能高流速主流位于底层

D. 面流式衔接与消能对下游河床防冲要求较低

任务 2　底流式衔接与消能水力分析与计算

W8.2

泄水建筑物底流式衔接与消能

1　泄水建筑物下游水流衔接形式的判别

底流式衔接与消能，一般适用于河道上修建的中低水头的水工建筑物。对于水闸下游以及非基岩或地质条件较差的溢流堰下游，多采用底流式消能。

由泄水建筑物泄出的高速水流（急流）与下游河道中的正常水流（一般是缓流），自然情况下通过形成水跃衔接。设建筑物下游收缩断面处的水深为 h_c，其所对应的共轭水深为 h_c''。比较 h_c''和下游河槽水深 h_t 的大小判别水跃发生情况，有以下三种水跃衔接形式，三种水跃衔接形式都能通过水跃消能。但它们各有特点：

（1）$h_c''=h_t$ 称为临界式水跃［图 8.3（a）］。发生临界式水跃衔接时，消能率较高，但临界水跃很不稳定。

（2）$h_c''>h_t$ 称为远驱式水跃［图 8.3（b）］。发生远驱式水跃衔接时，此种水跃消能率高，不影响泄流，但建筑物下游自收缩断面至水跃跃前断面仍为急流，流速大，水流冲刷能力强，下游河床与河岸要求保护的范围大，会增大工程的投资，也不利于与下游水流平稳衔接。

（3）$h_c''<h_t$ 称为淹没式水跃［图 8.3（c）］。发生淹没式水跃衔接时。若淹没度较大，则跃前断面的弗劳德数将减小，水跃消能效果会降低，影响泄流。

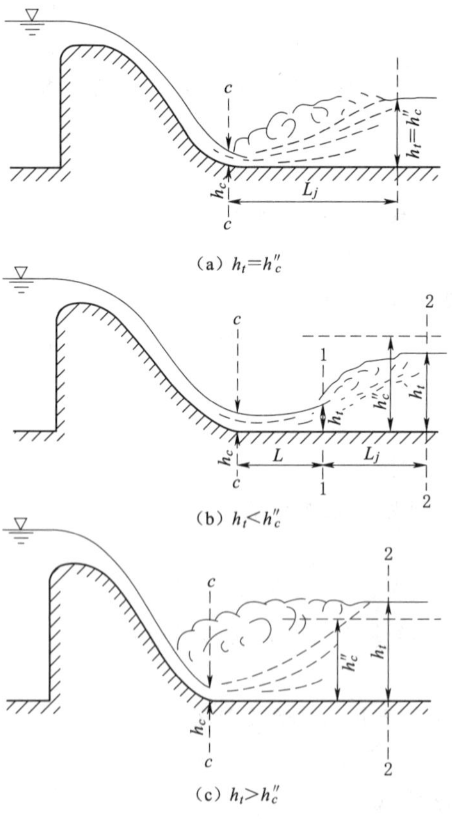

图 8.3

底流式衔接与消能的目的，就是要通过工程措施，使建筑物下游产生具有一定淹没度的淹没水跃，有效控制水跃位置，以利于建筑物下游的衔接与消能，达到既经济、安全又对泄流影响不大的目的。

底流式衔接消能的水力计算，首先应分析建筑物下游在一定的泄流条件下的水流衔接形式，即通过计算 h_c''与下游河槽水深 h_t 相比较，判断发生何种形式的水跃，当发生临界水跃和远驱式水跃时，需要采取工程措施，修建消能建筑物，并通过水力分析与计算确定消能建筑物的形式和尺寸。

2　收缩断面水深 h_c 的分析计算

为了判别水工建筑物下游水跃形式，就需要知道泄水建筑物下游收缩断面的水深 h_c 和相应的共轭水深 h_c''以及下游渠道水深 h_t。

下游渠道水深 h_t 可由下游河槽的水力

特性及所通过的流量确定，只要知道 h_c 可由水跃共轭水深公式求出跃后水深 h_c''，所以判定水跃形式的关键，在于计算收缩断面水深 h_c。下面通过能量方程建立计算 h_c 的关系式。

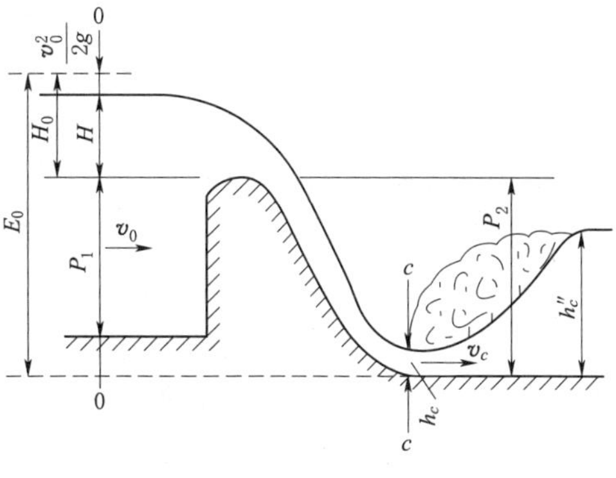

图 8.4

图 8.4 为一溢流堰泄流计算简图。堰上游断面 0—0 及下游收缩断面 c—c 列能量方程，两个过水断面的代表点均选在过水断面水面处，以通过下游收缩断面底部的水平面为基准面，可得

$$P_2+H+\frac{\alpha_0 v_0^2}{2g}=h_c+\frac{\alpha_c v_c^2}{2g}+h_w \tag{8.1}$$

式中　h_c、v_c——收缩断面 c—c 对应的水深和平均流速；

h_w——0—0 断面至 c—c 断面间的水头损失，主要考虑局部水头损失；

P_2——下游堰高；

H、v_0——堰前水头和断面 0—0 的平均流速（行近流速）。

令
$$E_0=P_2+H+\frac{\alpha_0 v_0^2}{2g}=P_2+H_0$$

式中　E_0——以下游渠底为基准面的堰前断面 0—0 的总水头；

H_0——堰前总水头。

则
$$E_0=h_c+\frac{\alpha_c v_c^2}{2g}+h_w \tag{8.2}$$

$h_w\approx h_j=\zeta\frac{v_c^2}{2g}$，流速系数 $\varphi=\frac{1}{\sqrt{\alpha+\zeta}}$，则式（8.2）可写为

$$E_0=h_c+\frac{\alpha_c v_c^2}{2g}+\zeta\frac{v_c^2}{2g}$$

$$E_0=h_c+(\alpha_c+\zeta)\frac{v_c^2}{2g}=h_c+\frac{v_c^2}{2g\varphi^2}$$

$$E_0=h_c+\frac{Q^2}{2g\varphi^2 A_c^2} \tag{8.3}$$

式中　Q——下泄流量；

A_c——收缩断面面积。

式（8.3）为计算 h_c 的一般公式。

收缩断面一般是矩形过水断面，$A_c=bh_c$，$q=\frac{Q}{b}$，式（8.3）可以写成如下形式：

$$E_0=h_c+\frac{q^2}{2g\varphi^2 h_c^2} \tag{8.4}$$

从式（8.4）可以看出，求 h_c 要求解三次方程式，比较麻烦，常用试算法求解。对于矩形断面，可以采用迭代逼近方法计算。由式（8.4）可得出迭代式为

$$h_{ci+1}=\frac{q}{\varphi\sqrt{2g(E_0-h_{ci})}} \tag{8.5}$$

式（8.5）是由溢流堰导出的收缩断面水深计算公式，但对闸下出流也完全适用。

在计算收缩断面水深 h_c 时，单宽流量 q、堰高 P_2 往往是已知的，堰上总水头 H_0 可用堰流公式计算，根据式 $E_0=P_2+H_0$ 计算出 E_0。求解 h_c 还需确定流速系数 φ。

流速系数 φ 由上游至收缩断面间的局部水头损失系数 ζ 和动能修正系数 α 所决定，对于闸孔出流，可根据闸底坎及闸门的形式选取。溢流堰的流速系数 φ 值的影响因素较多，包括进口形式、堰高、水头、反弧段曲率和堰面粗糙程度等。φ 值的确定，初步计算可参照表 8.1 选取。

表 8.1　　　　　　　　　　流速系数 φ 值

序号	建筑物泄流方式	图　形	φ
1	堰顶有闸门的曲线实用堰	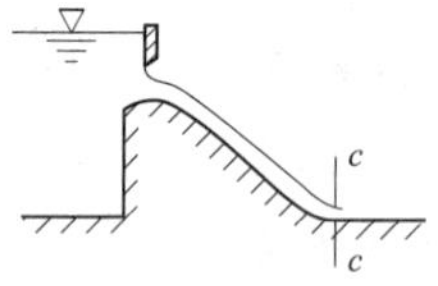	0.85～0.95
2	无闸门的曲线实用堰{溢流面长度较短； 溢流面长度中等； 溢流面较长	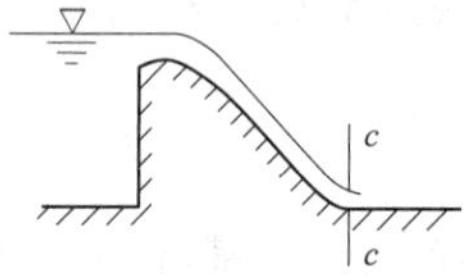	1.00 0.95 0.90
3	平板闸下底孔出流	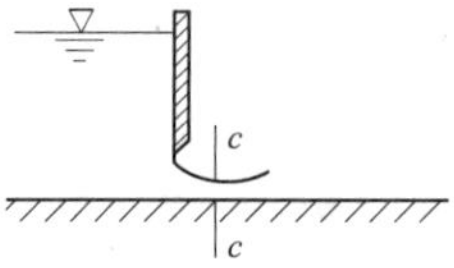	0.97～1.00
4	折线实用断面	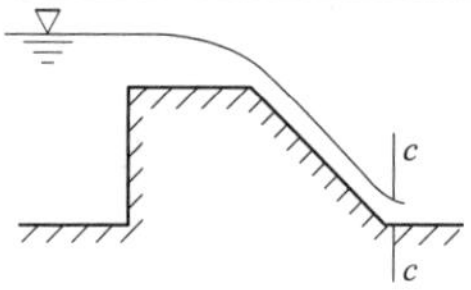	0.80～0.90
5	宽顶堰	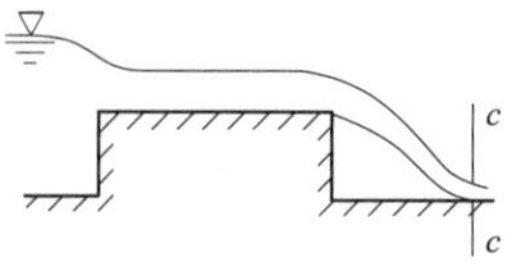	0.85～0.95
6	跌水	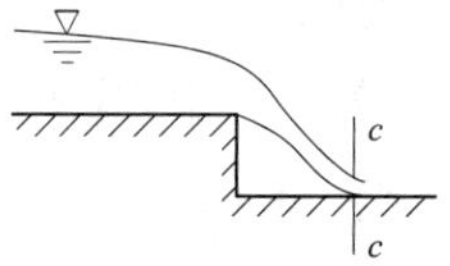	1.00
7	末端设有闸门的跌水	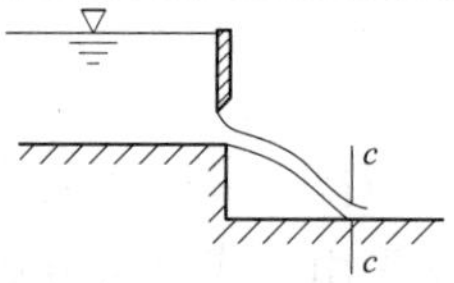	0.97～1.00

流速系数 φ 值也可根据实验（包括原型观测）资料得出的经验公式来计算。

对于高坝采用中国水利水电科学研究院提供的经验公式确定：

$$\varphi=\left(\frac{q^{2/3}}{s}\right)^{0.2} \tag{8.6}$$

式中　q——单宽流量，$m^3/(m \cdot s)$；

s——上游库水位到下游收缩断面底部高程的落差。

对于坝前明显掺气，且 $\frac{P_1}{H}<30$ 的曲线形实用堰，可以采用下式计算确定：

$$\varphi=1-0.0155\frac{P_1}{H} \tag{8.7}$$

式中　P_1——上游堰高；

H——堰前水头。

【案例 8.1】 设曲线形溢流堰如图 8.5 所示，堰顶高程 330.5m，下游河底高程 325m，当下泄单宽流量 $q=8.0m^3/(s \cdot m)$ 时，堰上总水头 $H_0=2.06m$，下游矩形断面河槽的水深 $h_t=2.0m$，试计算溢流堰下收缩断面水深 h_c，并分析水流的衔接形式。

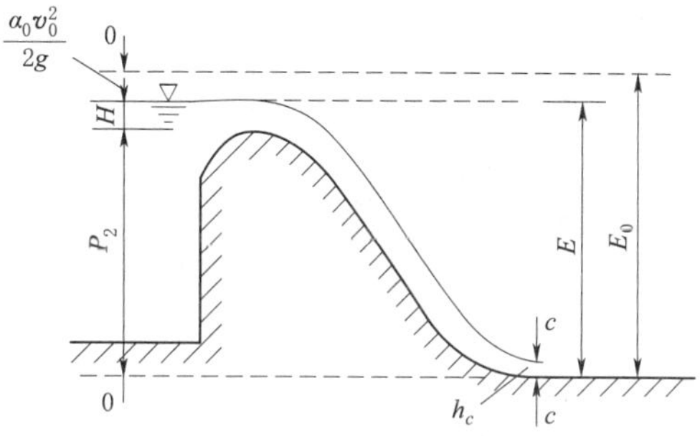

图 8.5

【分析与计算】

(1) 迭代法计算 h_c。

根据题意 $E_0=P_2+H_0=330.5-325+2.06=7.56(m)$，查表 8.1 流速系数 φ 取 0.90，将 q、φ、E_0 等值代入式 (8.5)，用迭代逼近法计算 h_c。

$$h_{ci+1}=\frac{q}{\varphi\sqrt{2g(E_0-h_{ci})}}=\frac{8.0}{0.90\times\sqrt{2\times9.8\times(7.56-h_{ci})}}$$

假设 $h_{c1}=1.0m$ 代入上式右边，则由上式得 h_{c2}：

$$h_{c2}=\frac{8.0}{0.90\times\sqrt{2\times9.8\times(7.56-1.0)}}=0.784(m)$$

同理得 $h_{c3}=0.771m$，$h_{c4}=0.772m$，$h_{c5}=0.772m$，可以看出 h_{c5} 与 h_{c4} 十分接近，可以确定 $h_c=0.772m$。

计算过程见表 8.2。

表 8.2　　收缩断面水深计算表

	A	B	C	D	E	F
1	$q=$	8.0	$E_0=$	7.56	$\varphi=$	0.9
2	h_{c1}	h_{c2}	h_{c3}	h_{c4}	h_{c5}	h_{c6}
3	1.0	0.784	0.771	0.772	0.772	0.772

可以使用 Excel 快速完成迭代过程，假设初设水深 $h_{c_1}=1.0\text{m}$，填充到 A3 单元格；B3 单元格水力计算公式为 $h_c=\dfrac{q}{\varphi\sqrt{2g(E_0-h_c)}}$，Excel 输入式为“= \$B\$1/(\$F\$1*SQRT(2*9.8*(\$D\$1-A3)))”；选中 B3 单元格，向右拖动填充 C3：F3 单元格完成迭代计算，计算结果 $h_c=0.772\text{m}$。

（2）判别溢流堰下游水跃形式。

单宽流量对应的临界水深为

$$h_k=\sqrt[3]{\frac{\alpha q^2}{g}}=\sqrt[3]{\frac{8.0^2}{9.8}}=1.869(\text{m})$$

由于 $h_c<h_k<h_t$，泄水建筑物收缩断面处水流为急流，下游渠道水流为缓流，则在下游渠道产生水跃。h_c 相应的共轭水深 h_c'' 为

$$h_c''=\frac{h_c}{2}\left(\sqrt{1+\frac{8q^2}{gh_c^3}}-1\right)=\frac{0.772}{2}\times\left(\sqrt{1+8\times\frac{8.0^2}{9.8\times0.772^3}}-1\right)=3.745(\text{m})\quad h_c''>h_t=2.0\text{m}$$

由于 $h_c''>h_t$，则在建筑物下游渠道产生远驱式水跃，必须通过工程措施加以控制，使其形成稍有淹没水跃。

练一练（选择题）

（1）溢流坝下泄水流由急流到缓流发生水跃，若收缩断面水深 h_c 的跃后水深为 h_c''，下游水深为 h_t，形成远驱式水跃衔接的条件是（　　）。

A. $h_t=h_c''$　　B. $h_t>h_c''$　　C. $h_t<h_c''$　　D. 无法确定

（2）底流式消能是利用（　　）消能。

A. 临界式水跃　　B. 远驱式水跃

C. 淹没式水跃　　D. 稍有淹没的淹没水跃

（3）泄水闸下泄水流由急流到缓流发生水跃，若收缩断面水深 h_c 的跃后水深为 h_c''，下游水深为 h_t，当 $h_t>h_c''$ 时形成（　　）水跃形式。

A. 临界式　　B. 远驱式　　C. 淹没式　　D. 无法确定

3　消力池水力分析与计算

3.1　消力池形式

当泄水建筑物下游收缩断面跃后水深 $h_c''\geq h_t$ 时，建筑物下游产生远驱式水跃或临界式水跃，为了控制水跃的位置，减少保护段的长度，常在建筑物下游修建消力池，增加局部水深使水流在消力池内产生具有一定淹没度的淹没式水跃，并在消力池内消除绝大部分余能。

D8.3

消力池三种形式

修建消力池有三种基本形式：

（1）降低护坦高程，形成消力池，这种消力池称为挖深式消力池。

（2）在护坦末端设置消力坎以抬高水位，使坎前形成消力池，称为消力坎式消力池，一般消力坎采用折线形实用堰。

（3）也可以采用既降低护坦又建造消力坎的综合式消力池。

无论采用哪种形式的消力池，都必须使消力池末端的水深，满足在消力池内产生

淹没水跃的条件。下面重点介绍从入口到出口都是等宽的矩形过水断面消力池的水力计算方法。

3.2 挖深式消力池

降低下游护坦形成挖深式消力池后，造成建筑物上下游总水头增加，在消力池末端形成壅水等现象，池中水流情况如图8.6所示。挖深式消力池水力计算主要是确定消力池的深度 d 和长度 L_k。

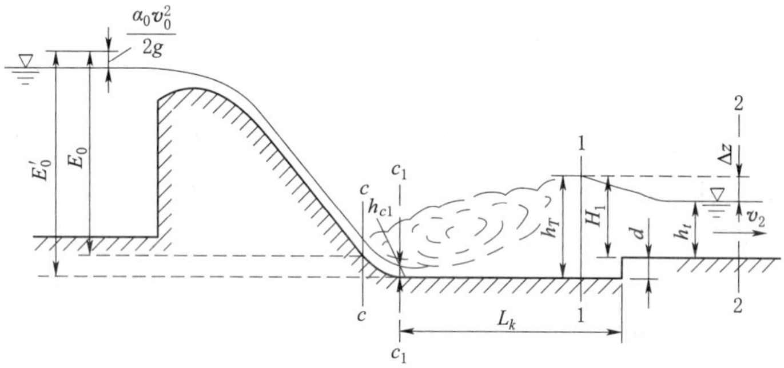

图 8.6

3.2.1 挖深式消力池深度 d 的计算

分析图8.6，假设消力池的池深为 d，由能量方程分析，则上游总水头变为 E_0' 为

$$E_0' = E_0 + d \tag{8.8}$$

设开挖消力池后对应的下游收缩断面的水深为 h_c'，根据式（8.4）h_c'应符合下式：

$$E_0' = E_0 + d = h_c' + \frac{q^2}{2g\varphi^2 h_c'^2} \tag{8.9}$$

为使水流在消力池内产生稍有淹没的淹没式水跃，挖深以后的消力池末端水深 h_T 应大于 h_c''，可写成如下等式关系式：

$$h_T = \sigma_j h_c''$$

即

$$\sigma_j = \frac{h_T}{h_c''} \tag{8.10}$$

式中　σ_j——消力池中水跃稍有淹没安全系数，为控制水跃淹没程度，σ_j 不能太大也不能太小，取 σ_j 为1.05～1.10；

h_c''——开挖消力池后下游收缩断面水深 h_c'对应的跃后水深。

$$h_c'' = \frac{h_c'}{2}\left(\sqrt{1 + \frac{8q^2}{gh_c'^3}} - 1\right)$$

水流由消力池进入下游河床时，出池水流与堰流类似，水面产生跌落 Δz，池末水深还应满足下式：

$$h_T = h_t + d + \Delta z \tag{8.11}$$

式中　h_c'、h_c''——挖深后下游收缩断面水深及其相应的跃后水深。

Δz 可由池末断面1—1及下游断面2—2列能量方程来确定：

$$\Delta z=\frac{q^2}{2g\varphi'^2h_t^2}-\frac{q^2}{2g(\sigma_j h_c'')^2} \tag{8.12}$$

式（8.12）中 φ' 一般取0.95。

这样由式（8.9）、式（8.10）、式（8.11）和式（8.12）四个方程，可求解四个未知数 h_c、h_T、Δz 和 d。因为池深 d 与其他变量是复杂的隐函数关系，只能利用试算法求解。对于中小型工程，当 $q<25\text{m}^3/(\text{s}\cdot\text{m})$，$E_0<35\text{m}$ 时，估算池深 d 可用下列公式：

当下游流速 $v_t<3\text{m/s}$ 时：估算 $d=1.05h_c''-h_t$ 　(8.13)

当下游流速 $v_t>3\text{m/s}$ 时：估算 $d=h_c''-h_t$ 　(8.14)

用上面两式估算 d 时，h_c'' 用挖深前下游收缩断面水深 h_c 所对应的跃后水深，其值在判别衔接方式时已求出。池深 d 试算方法与试算步骤如下：

（1）估算池深 d。

（2）由估算 d 按式（8.8）计算 E_0'，然后按式（8.9）迭代试算 h_c。

（3）由 h_c 计算对应跃后水深 h_c''。

（4）根据 σ_j 取值范围选取 σ_j 值，由式（8.10）计算 H_T。

（5）按式（8.12）计算消力池前后水面落差 Δz。

（6）由式（8.11）计算消力池下游渠道水深 h_t 是否等于已知下游水深，如果不等于已知下游水深，重设 d 按上述（1）～（6）步骤重新计算，直到 h_t 等于已知下游水深，则 d 为所求。重新计算过程可以利用Excel单变量求解功能完成，具体见案例8.2。

试算法确定池深 d 的方法很多，本书是通过最后计算 h_t 判别初设的池深是否合理的，其他方法在此不再具体说明。

3.2.2　挖深式消力池长度 L_k 的计算

消力池的长度应使水跃不能越出池外。如果消力池长度不够，水跃一旦越出池外便会冲刷下游河床；消力池过长，又会增加工程费用，造成浪费。消力池的长度可按下式计算：

$$L_k=L_1+L_j' \tag{8.15}$$

式中　L_1——从堰坎到收缩断面的距离；

　　　L_j'——消力池内的水跃长度。受消力池末端壁面的反向作用力，水跃长度减小，称为壅高水跃长度。

$$L_j'=(0.7\sim0.8)L_j \tag{8.16}$$

式中　L_j——自由水跃长度，常按自由水跃长度公式（5.13）计算。

L_1 可视出流方式，分别确定。曲线型实用堰可取 $L_1=0$。闸孔出流或其他泄水建筑物，应根据布置形式确定 L_1。

W8.4

挖深式消力池池深确定案例分析*

【案例8.2】 根据案例8.1的计算结果，需要设计挖深式消力池，试计算池深 d 和池长 L_k。

【分析与计算】

（1）分析计算池深 d。

由案例8.1可知，泄水建筑物下游收缩断面水深 $h_c=0.772\text{m}$，相应的跃后水深 $h_c''=3.745\text{m}$。

下游渠道水深 $h_t=2.0\text{m}$，则下游渠道流速为

$$v_t=\frac{q}{h_t}=\frac{8.0}{2.0}=4(\text{m/s})>3\text{m/s}$$

据式（8.14）假设 $d=h_c''-h_t=3.745-2.0=1.745(\text{m})\approx1.75\text{m}$

$$E_0'=E_0+d=7.56+1.75=9.31(\text{m})$$

据式（8.9）迭代计算开挖消力池后对应的下游收缩断面的水深为 h_c'

$$E_0'=E_0+d=h_c'+\frac{q^2}{2g\varphi^2h_c'^2}$$

$$h_{ci+1}=\frac{q}{\varphi\sqrt{2g(E_0'-h_{ci})}}=\frac{8.0}{0.90\times\sqrt{2\times9.8\times(9.31-h_{ci})}}$$

假设 $h_{c1}=1.0\text{m}$ 代入上式右边，则由上式得 h_{c2} 为

$$h_{c2}=\frac{8.0}{0.90\sqrt{2\times9.8\times(9.31-1.0)}}=0.697(\text{m})$$

h_{c2} 不等于 h_{c1}，再由 h_{c2} 代入迭代式右边计算 h_{c3}，得 $h_{c3}=0.684\text{m}$，同理得 $h_{c4}=0.684\text{m}$，则 $h_c=0.684\text{m}$。

据式（5.9）计算收缩断面共轭水深 h_c'' 为

$$h_c''=\frac{h_c'}{2}\left(\sqrt{1+\frac{8q^2}{gh_c'^3}}-1\right)=\frac{0.684}{2}\times\left(\sqrt{1+8\times\frac{8.0^2}{9.8\times0.684^3}}-1\right)=4.042(\text{m})$$，在1.05～1.1之间，选取 $\sigma_j=1.08$，据式（8.12）取 $\sigma_j=1.08$ 计算 Δz 为

$$\Delta z=\frac{q^2}{2g\varphi'^2h_t^2}-\frac{q^2}{2g(\sigma_jh_c'')^2}=\frac{8.0^2}{2\times9.8\times0.9^2\times2.0^2}-\frac{8.0^2}{2\times9.8\times(1.08\times4.042)^2}$$
$$=0.84(\text{m})$$

由式（8.11）计算 h_t 为

$$h_t=\sigma_jh_c''-d-\Delta z=1.08\times4.042-1.75-0.84=1.78(\text{m})\neq h_t=2.0\text{m}$$

由于计算 h_t 不等于已知 $h_t=2.0\text{m}$，再设消力池池深，重复以上步骤，直到 $h_t=2.0\text{m}$ 为止，这个试算过程可用Excel单变量求解完成，通过Excel单变量求解得出当池深 $d=1.49\text{m}$ 时，$h_c=0.695\text{m}$，$h_c''=4.00\text{m}$，$\Delta z=0.83\text{m}$，$h_t=2.0\text{m}$。池深 $d=1.49\text{m}$ 为所求，取 $d=1.5\text{m}$。

（2）分析计算池长 L_k。

$L_k=L_1+L_j'$，曲线型实用堰 $L_1=0$，$L_j'=(0.7\sim0.8)L_j$，L_j 为自由水跃长度，根据式（5.13）$L_j=6.9(h_c''-h_c)$，则对应的消力池池长 $L_k=(0.7\sim0.8)\times6.9(h_c''-h_c)=0.75\times6.9\times(4.00-0.695)=17.10(\text{m})$。

W8.5

挖深式消力池池深Excel计算*

将案例8.1、案例8.2综合起来，可以整理出完整的挖深式消力池计算过程，形成表8.3。

可以使用Excel快速、准确完成消力池计算，具体步骤为：

1）将基本水力要素 q、E_0 等填充到单元格A1：I2。

2）同案例 8.1 类似迭代计算收缩断面水深 h_c。

3）假设消力池池深 d，计算 E_0' 填充到单元格 B8。

4）重新迭代计算 E_0' 对应的收缩断面水深 h_c。

5）以此计算 h_c''、Δz、h_t 分别填充到单元格 D8、F8、G8。

6）如果 h_t 等于已知下游水深，则符合要求，否则，可以使用单变量计算确定消力池池深 d。

表 8.3　　挖深式消力池池深计算表

	A	B	C	D	E	F	G	H	I
1	$q=$	8	$H_0=$	2.06	$P_2=$	5.5	下游流速	$v=$	4
2	$\varphi=$	0.9	$h_t=$	2	$E_0=H_0+P_2$	7.56	估算池深	$d=$	1.75
3	1. 判断水跃形式								
4	h_{c1}	h_{c2}	h_{c3}	h_{c4}	h_{c5}	h_k	h_c''	水跃形式	
5	1.000	0.784	0.772	0.771	0.771	1.869	3.749	远驱式水跃	
6	2. 求池深 d								
7	d	E_0'	h_c	h_c''	σ_j	Δz	h_t		
8	1.49	9.05	1.00	4.00	1.08	0.83	2.00		
9			0.708						
10			0.695						
11			0.695						

具体计算见表 8.3，主要 Excel 计算输入式见表 8.4。

表 8.4　　挖深式消力池池深计算表 Excel 主要输入式

序号	计算情况	计算参数	单元格	Excel 输入式	水力计算式
1	判断是否需建消力池	迭代计算 h_c	B5	=$B$1/($B$2*SQRT(2*9.8*($F$2-A5)))	$\dfrac{q}{\varphi\sqrt{2g(E_0-h_c)}}$
2		h_c''	G5	=E5/2*(SQRT(1+8*$B$1*$B$1/(9.8*E5^3))-1)	$\dfrac{h_c}{2}\left(\sqrt{1+\dfrac{8q^2}{gh_c^3}}-1\right)$
3	消力池深计算	E_0'	B8	=$F$2+A8	E_0+d
4		迭代计算 h_c	C9	=$B$1/($B$2*SQRT(2*9.8*($B$8-C8)))	$\dfrac{q}{\varphi\sqrt{2g(E_0-h_c)}}$
5		h_c''	D8	=C11/2*(SQRT(1+8*$B$1*$B$1/(9.8*C11^3))-1)	$\dfrac{h_c}{2}\left(\sqrt{1+\dfrac{8q^2}{gh_c^3}}-1\right)$
6		Δz	F8	=$B$1*$B$1/(2*9.8)*(1/($B$2^2*$D$2^2)-1/(1.05*D8)^2)	$\dfrac{q^2}{2g\varphi'^2h_t^2}-\dfrac{q^2}{2g(\sigma_jh_c'')^2}$
7		h_t	G8	=E8*D8-A8-F8	$\sigma_jh_c''-d-\Delta z$

计算求得当 $\sigma_j=1.08$ 时，消力池池深 $d=1.5$m。相应的池长 $L_k=17.10$m。

工程中经常用到挖深式消力池水力计算，计算方法复杂多样且有一定难度，通过 Excel 可大大减少计算工作量。

3.3　消力坎式消力池*

消力坎式消力池的水力计算，主要任务是确定消力坎的高度 c 和消力池的长度 L_k。

3.3.1　消力坎式消力池坎高分析计算

如图8.7所示，修建消力坎后水流受消力坎壅阻，池末水深 h_T 大于下游水深 h_t，若在池内形成具有一定淹没度的淹没水跃，则池末端水深应为

$$h_T=\sigma_j h_c'' \tag{8.17}$$

式中　σ_j——淹没系数，一般取1.05～1.10；

h_c''——收缩断面水深 h_c 所对应的共轭水深。

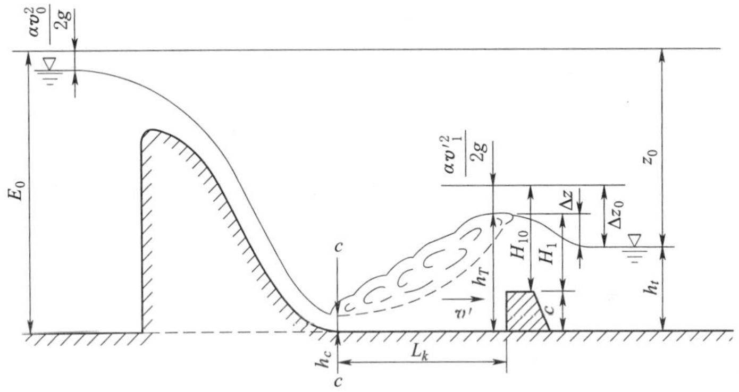

图8.7

水流经消力坎顶流入下游河渠属于折线形实用堰流，从图8.7中的几何关系可以看出，坎高 c 为

$$c=h_T-H_1=\sigma_j h_c''-H_1 \tag{8.18}$$

式中　H_1——不包括流速水头在内的坎上水头，可由堰流公式推求。若取 $\alpha_1=1.0$，则

$$H_1=H_{10}-\frac{v_1^2}{2g}=H_{10}-\frac{q^2}{2gh_T^2}$$

$$H_{10}=\left(\frac{q}{\sigma_s m\sqrt{2g}}\right)^{\frac{2}{3}} \tag{8.19}$$

$$H_1=\left(\frac{q}{\sigma_s m\sqrt{2g}}\right)^{\frac{2}{3}}-\frac{q^2}{2g(\sigma_j h_c'')^2} \tag{8.20}$$

式中　m——消力坎流量系数，消力坎一般为折线型，估算时可取 $m=0.42$；

σ_s——消力坎淹没出流时的淹没系数。因消力坎前为水跃，不同于一般堰前的水流状态，所以淹没条件和淹没系数与一般堰流有所不同，淹没系数 σ_s 取决于 h_s/H_{10} 的值，当 $h_s/H_{10}\leqslant0.45$，消力坎下游为自由溢流 $\sigma_s=1.0$，否则消力坎下游为淹没溢流，σ_s 由表8.5查得。

联解式（8.18）、式（8.19）和式（8.20）就可以确定消力坎的高度。

计算时，开始坎高尚未确定，无法判别过坎水流是否为淹没溢流，一般先按非淹没溢流考虑，取 $\sigma_s=1.0$，可求出坎高 c_1，下游水位与坎顶的高差为 h_s，则 $h_s=h_t-c_1$。而后再求出 $\frac{h_s}{H_{10}}$ 的数值，判别过坎水流是否为非淹没溢流。

表 8.5　　消力坎的淹没系数 σ_s

$\frac{h_s}{H_{10}}$	≤0.45	0.50	0.55	0.60	0.65	0.70	0.72	0.74	0.76
σ_s	1.00	0.990	0.985	0.975	0.960	0.940	0.930	0.915	0.900
$\frac{h_s}{H_{10}}$	0.78	0.80	0.82	0.84	0.86	0.88	0.90	0.92	0.95
σ_s	0.885	0.865	0.845	0.815	0.785	0.750	0.710	0.651	0.535

若 $\frac{h_s}{H_{10}}\leqslant 0.45$，为自由溢流，$c_1$ 即为所求的消力坎高度。需要注意的是，这种情况应校核坎后的水流衔接形式。当坎后发生远驱或临界式水跃时，应修建第二级消力坎或采用其他消能措施。

若 $\frac{h_s}{H_{10}}>0.45$，为淹没溢流。淹没的影响会使坎上水头 H_1 增大，此时需要将查表 8.5 得出的 σ_s 值重新代入式（8.17）～式（8.20）计算 H_1 等数据，得到第二个坎高 c_2，这样重复迭代计算直到前后两次计算的坎高 c 值在误差范围内，最后的 c 值才是真正的坎高。具体计算过程见案例 8.3。

3.3.2　消力坎式消力池池长分析计算

消力坎式消力池池长确定与挖深式消力池相同。

【案例 8.3】* 　某实用堰流量系数 $m=0.42$，下游矩形断面河槽的水深 $h_t=2.7\text{m}$，当下泄单宽流量 $q=6.0\text{m}^3/(\text{s}\cdot\text{m})$ 时，下游发生远驱式水跃需要建消力池，收缩断面水深 $h_c=0.57\text{m}$，相应的跃后水深 $h_c''=3.32\text{m}$。试设计消力坎消力池，计算坎高 c 和池长 L_k。

【分析与计算】

设消力坎后淹没系数 $\sigma_s=1.0$，则消力坎堰上总水头为

$$H_{10}=\left(\frac{q}{\sigma_s m\sqrt{2g}}\right)^{\frac{2}{3}}=\left(\frac{6.0}{1.0\times0.42\times\sqrt{2\times9.8}}\right)^{\frac{2}{3}}=2.18(\text{m})$$

$$H_1=H_{10}-\frac{q^2}{2g(\sigma_j h_c'')^2}=2.18-\frac{6.0^2}{2\times9.8\times(1.05\times3.32)^2}=2.18-0.15=2.03(\text{m})$$

$$c_1=h_T-H_1=\sigma_j h_c''-H_1=1.05\times3.32-2.03=3.47-2.03=1.46(\text{m})$$

$$h_s=h_t-c_1=2.7-1.46=1.24(\text{m})$$

$$\frac{h_s}{H_{10}}=\frac{1.24}{2.18}=0.569>0.45$$

消力坎下游是淹没溢流，查表得到消力坎下游淹没系数 σ_s 后需要重新计算坎高。

（1）第一次迭代。

由 $\frac{h_s}{H_{10}}=\frac{1.24}{2.18}=0.569$，由表8.5内插得 $\sigma_s=0.981$

$$H_{10}=\left(\frac{q}{\sigma_s m\sqrt{2g}}\right)^{\frac{2}{3}}=\left(\frac{6.0}{0.981\times0.42\times\sqrt{2\times9.8}}\right)^{\frac{2}{3}}=2.21(\mathrm{m})$$

$$H_1=H_{10}-\frac{q^2}{2g(\sigma_j h_c'')^2}=2.21-0.15=2.06(\mathrm{m})$$

$$c_2=h_T-H_1=\sigma_j h_c''-H_1=3.47-2.06=1.41(\mathrm{m})$$

c_2 与 c_1 仍然有较大差别，需要再进行迭代计算。

（2）第二次迭代。

同上计算 $h_s=h_t-c_2=2.7-1.41=1.29(\mathrm{m})$

$$\frac{h_s}{H_{10}}=\frac{1.29}{2.21}=0.584$$

查表8.5内插法得 $\sigma_s=0.978$，$H_{10}=2.22\mathrm{m}$，$H_1=2.22-0.15=2.07(\mathrm{m})$，$c_3=3.47-2.07=1.40(\mathrm{m})$

c_3 与 c_2 十分接近，所以消力坎坎高为1.40m。

对应的消力池池长

$$L_k=(0.7\sim0.8)\times6.9\times(h_c''-h_c)=0.75\times6.9\times(3.32-0.57)=14.23(\mathrm{m})$$

3.4 综合式消力池

挖深式消力池和消力坎式消力池各有优缺点，采用时要根据地质、施工等各方面具体条件全面考虑确定。一般当河床不易开挖或开挖太深不经济时，可采用消力坎式消力池；对于土基上的中小型泄水建筑物，一般多采用挖深式消力池。消力坎式消力池池后流态，一般不如挖深式消力池平稳。有时单纯采用挖深式消力池，开挖量过大或不易施工，而单纯建消力坎，坎又太高，这时可以采用适当降低护坦，同时建造不太高的消力坎形成综合式消力池（图8.8）。综合式消力池需要计算池深、坎高和池长，其计算方法参考前面两种消力池计算方法，这里不再具体介绍。

4 消力池的设计流量

上面案例计算消力池的池深（或坎高）与消力池的长度时，均在同一个流量和相应该流量下的下游水深进行的。但消力池建成后，水工建筑物泄流量是经常变化的，消力池是在不同的流量下工作，每个下泄流量均有它相应的下游水深。为使所设计的消力池在不同的流量下都能保证池中形成一定程度淹没水跃，应在给定的流量范围内，对不同的流量分别计算出 h_c 及 h_c''（即挖深前下游收缩断面的水深及其跃后水深）。而后绘制 h_t-Q 关系曲线，从 h_t-Q 关系曲线上查出不同流量所对应的下游水深 h_t，计算出（$h_c''-h_t$）的数值，点绘（$h_c''-h_t$）-Q 关系曲线（图8.9），从图中找出（$h_c''-h_t$）为最大值时的相应流量，即为消力池池深的设计流量。

消力池的长度决定于水跃长度 L_j，所以消力池长度的设计流量应为在消力池内形成最长水跃时所对应的流量。消力池长度的设计流量一般采用建筑物下泄的最大流

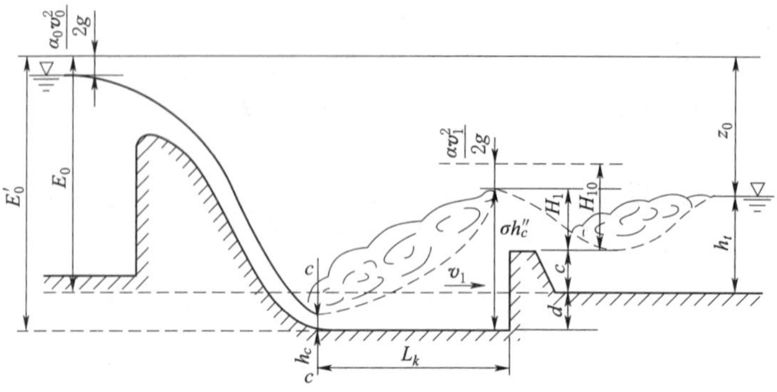

图 8.8

量。需要注意的是，池深的设计流量与池长的设计流量不一定是同一个流量。

使用Excel进行水力计算十分快捷方便，也可设几组不同流量分别进行消力池池深（或坎高）与池长计算，然后绘制流量与池深（或坎高）、流量与池长的关系曲线，从而分别找出最大的池深（或坎高）、池长对应的流量作为最终的消力池水力计算流量。

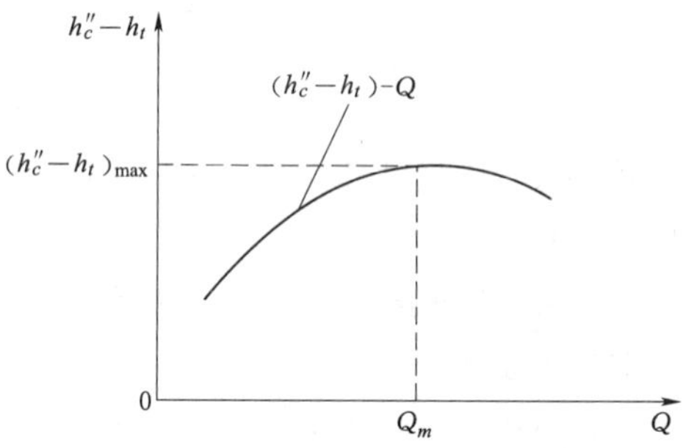

图 8.9

练一练（判断题）

(1) 采用挖深式消力池，建池前后收缩断面水深不同。（　　）

(2) 泄水建筑物下游建消力池目的是为了在泄水建筑物下游形成水跃。（　　）

(3) 挖深式消力池水力计算任务是确定池深、池长和坎高。（　　）

(4) 消力池深度越深越好，消力池长度越短越好。（　　）

(5) 确定消力池深度的设计流量不一定是泄水建筑物通过的最大流量。（　　）

➢ 任务自测（选择题）

(1) 关于泄水建筑物上游水流特征，下列说法正确的是（　　）。

A. 单宽流量大　　B. 动能很大　　C. 位能很大　　D. 流速很大

(2) 关于泄水建筑物下游消能说法不正确的是（　　）。

A. 底流式衔接与消能下游发生远驱式水跃时需要建消力池

B. 挖深式消力池池深不同，其收缩断面水深 h_c 也不同

C. 消力坎式消力池坎高不同，其收缩断面水深 h_c 也不同

D. 消力池形式常有挖深式、消力坎式和综合式三种

(3) 泄水建筑物下游发生水跃的条件是（　　）。

A. 泄水建筑物下游收缩断面水深 h_c 大于下游水深 h_t

B. 泄水建筑物下游收缩断面水深 h_c 小于临界水深 h_k，下游水深 h_t 大于临界水深 h_k

C. 泄水建筑物下游收缩断面水深 h_c 大于临界水深 h_k，下游水深 h_t 小于临界水深 h_k

D. 泄水建筑物下游收缩断面水深 h_c 等于临界水深 h_k，下游水深大于临界水深 h_k

(4) 向家坝水电站是金沙江上四大水电中的最后一级，其下游采取了底流式衔接与消能，下列说法不正确的是（　　）。

A. 底流式衔接与消能是借助于一定工程措施控制水跃位置，通过形成一定形式水跃消除余能

B. 底流式衔接与消能的高流速主流在底部，故为底流式衔接与消能

C. 泄水建筑物下游均采用底流式衔接与消能形式

D. 底流式衔接与消能需要修建消力池工程措施

(5) 泄水闸下游需建消力池，下列说法正确的是（　　）。

A. 消力池中水跃形式与消力池深度有关

B. 消力池中水跃形式与消力池深度无关

C. 消力池长度与形成水跃长度无关

D. 消力池深度、长度的设计流量为建筑物通过的最大流量

(6) 下列说法错误的是（　　）。

A. 确定消力池池深常用试算法

B. 消力池是底流衔接与消能采用的工程措施

C. 消力池长度即为水跃长度

D. 挖深式消力池需要计算池深和池长

(7) 在挖深式消力池深度 d 的计算中，为使水流在消力池内产生稍有淹没的淹没式水跃，则消力池中水跃淹没系数 σ_j 的取值范围为（　　）。

A. 1.05～1.10　　　B. 1.05～1.20　　　C. 1.01～1.10　　　D. 1.01～1.10

任务3　挑流式衔接与消能水力分析与计算

挑流式衔接消能是通过泄水建筑物末端的鼻坎，将下泄的高速水流挑向空中，然后跌入离建筑物较远的下游河道形成冲刷坑的一种衔接消能方式。它是利用水流在空中的扩散、掺气和混掺以及跌入冲刷坑时，在水股的两侧形成巨大的旋滚产生强烈的紊动，而消耗大量余能的，如图8.10所示。

挑流消能结构简单，施工方便，不需修建下游河床护坦，投资省，能适应下游水位的较大变幅并且便于检修。缺点是下游水流波动大，雾气大，当河床基岩破碎或河床狭窄、岸坡陡峻时，可能造成河床严重冲刷或岸坡塌滑。泄流时的雾化现象，对交通、输电和生活环境也会带来不利影响。对于高、中水头泄水建筑物，特别是下游河床的岩石比较完整、抗冲能力较强的工程，多采用挑流消能。

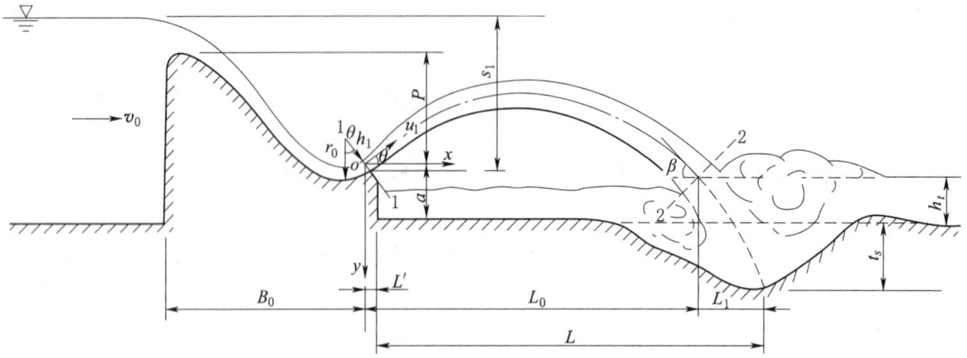

图 8.10

图 8.10 中，L 为挑流射程（又称挑距），它是指挑流鼻坎下游壁面至冲刷坑最深点的水平距离；L_0 为空中射程；L_1 为水下射程；t_s 为下游冲刷坑深度；θ 是挑流鼻坎末端水流方向与水平方向夹角，称鼻坎的挑角；β 为入水角；a 为挑坎高度。

挑流消能设计的主要任务是：选择鼻坎形式，确定鼻坎高程、挑角等尺寸，计算挑距和下游冲刷坑深度等。通过这些数据，分析计算冲刷坑深度与冲刷坑的后坡的坡度，如果坡度过大，建筑物下游河床覆盖层会不断跌入冲刷坑，并被带到下游河渠中，从而影响建筑物的安全。

1　挑流鼻坎形式、尺寸确定

1.1　挑流鼻坎形式

挑流鼻坎形式有很多，见图 8.11，有施工简单传统的连续式鼻坎、差动式鼻坎，也有利于扩散鼻坎末端高速水流新型的扭曲鼻坎、扩散式鼻坎、窄缝式鼻坎等形式，根据实际工程情况初步拟定鼻坎形式，重要工程需要通过模型试验验证确定。

W8.6
挑流消能水力分析

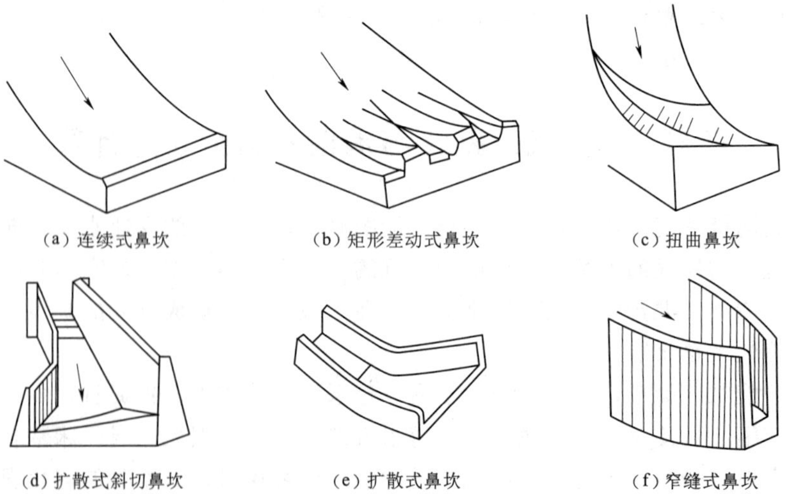

(a) 连续式鼻坎　(b) 矩形差动式鼻坎　(c) 扭曲鼻坎

(d) 扩散式斜切鼻坎　(e) 扩散式鼻坎　(f) 窄缝式鼻坎

图 8.11

1.2　鼻坎的挑角

鼻坎的挑角 θ 大小影响射程，当鼻坎的高程一定时，不考虑空气阻力等因素，按自由抛体的理论计算，其射程最远的挑角应是 45°。但由于射出的不是一个质点，而是一股沿程扩散和掺气的水流，并且出口断面 1—1 上各点的流速又不相同，因此，抛射距离最远的挑角实际小于 45°。若挑角 θ 越大，入水角 β 越大，则水下射程减小，并且水流对河床的冲刷力越强；若挑角 θ 太小，空中射程减小，在鼻坎的反弧段上会形成旋滚，然后跌在脚下造成冲刷，影响建筑物的安全。所以，根据试验，鼻坎的适宜挑角是 15°～35°，重要工程应通过试验确定。

1.3　鼻坎高程

工程中要合理确定挑流鼻坎高程，鼻坎高程过高，泄流过程中位能转化为动能少，水流起挑速度不足，且工程量大，造价高；鼻坎高程越低，则上游水位到鼻坎距离 s_1 越大，鼻坎出口断面上的流速 v 也越大，因而有利于增加射程，同时降低挑坎高程可以减小工程量，降低造价。但是挑坎过低一方面可能会使水股下缘通气不充分，水舌与建筑间形成封闭空间，造成真空，在水舌外缘大气压力作用下减小射程，降低挑流效果；另一方面，当下游水位超过鼻坎高程到一定程度时也可能使水流挑不出去，达不到挑流消能的目的。故工程中一般取挑坎的最低高程等于或稍高于下游最高水位。

1.4　反弧半径 R

连续式鼻坎需要确定反弧半径 r，反弧半径大小，对射程远近是有一定影响的。根据经验一般取 $r=(4\sim10)h$，h 为校核洪水位时反弧段最低处的水深。当流速高或单宽流量较大时 r 取较大值。

2　挑流射程的计算

如图 8.10 所示，挑流射程 L 应包括空中射程 L_0 和水下射程 L_1，即

$$L=L_0+L_1 \tag{8.21}$$

下面计算最常用的连续式鼻坎的挑流射程。

2.1　空中射程 L_0

连续式鼻坎沿整个宽度上具有同一反弧半径 r 和挑射角 θ，挑射的水流在空中按抛物线运动，经过分析空中挑距应为

$$L_0=\varphi^2\sin2\theta(s_1-h_1\cos\theta)\left[1+\sqrt{1+\frac{a-h_t+\dfrac{h_1}{2}\cos\theta}{\varphi^2\sin^2\theta(s_1-h_1\cos\theta)}}\right] \tag{8.22}$$

对于高坝 $s_1\gg h_1$，略去 h_1，则

$$L_0=\varphi^2 s_1\sin2\theta\left(1+\sqrt{1+\frac{a-h_t}{\varphi^2 s_1\sin^2\theta}}\right) \tag{8.23}$$

式中　s_1——上游水面至挑坎顶部的高差；

φ——坝面流速系数；

a——挑坎顶部与下游渠底的高差；

h_t——下游水深。

对于坝面流速系数 φ 可有下面经验公式计算。

(1) 我国长江水利科学研究院在分析模型试验和原型观测资料的基础上，得出了如下坝面流速系数 φ 经验公式：

$$\varphi=\sqrt[3]{1-\frac{0.055}{K_E^{0.5}}} \tag{8.24}$$

$$K_E=\frac{q}{\sqrt{g}s_1^{1.5}}$$

式中　K_E——流能比；

q——单宽流量。

式 (8.24) 适用于 $K_E=0.004\sim0.15$，当 $K_E>0.15$ 时，取 $\varphi=0.95$。

(2) 水利部东北勘测设计院科研所推荐：

$$\varphi=1-\frac{0.0077}{\left(\frac{q^{2/3}}{S_0}\right)^{1.15}} \tag{8.25}$$

式中　S_0——坝面流程，可近似按 $S_0=\sqrt{P^2+B_0^2}$ 计算；

P——挑坎顶部以上的坝高；

B_0——溢流面顺水流方向的水平投影长度。

式 (8.25) 适用范围是 $\frac{q^{2/3}}{S_0}=0.025\sim0.25$，当 $\frac{q^{2/3}}{S_0}>0.25$，可取 $\varphi=0.95$。

2.2　水下射程 L_1

水股潜入下游水体后，属于潜没射流，不符合自由抛射体运动规律，一般近似认为沿入射角 β 方向做直线运动，指向冲刷坑的最深点。分析图 8.10，水下射程为

$$L_1=\frac{t_s+h_t}{\tan\beta} \tag{8.26}$$

式中　t_s——冲刷坑深度；

h_t——下游渠道水深。

$$\tan\beta=\sqrt{\tan^2\theta+\frac{a-h_t}{\varphi^2 s_1\cos^2\theta}} \tag{8.27}$$

$$L_1=\frac{t_s+h_t}{\sqrt{\tan^2\theta+\frac{a-h_t}{\varphi^2 s_1\cos^2\theta}}} \tag{8.28}$$

根据式 (8.23) 和式 (8.28) 分别求出空中射程和水下射程，二者之和就是总射程。但是水下射程与冲刷坑深度 t_s 有关，需要计算冲刷坑深度再计算水下射程。

3　冲刷坑深度 t_s 的计算

冲刷坑深度 t_s 是挑坎高速水流射入下游河底，在河底形成的冲刷坑深度，t_s 取决于冲刷能力和河床的抗冲能力，其影响因素较复杂，它与单宽流量、上下游水位差、河床地质条件、下游河渠水深、鼻坎形式、溢流坝面等因素有关，工程中采用经

验公式进行计算。《混凝土重力坝设计规范》（SL 319—2018）中规定：

$$t_s = kq^{0.5}z^{0.25} - h_t \tag{8.29}$$

式中　t_s——冲刷坑深度，m；

k——抗冲刷系数，与岩层性质有关，可查表8.6；

q——挑坎单宽流量，$m^3/(s \cdot m)$；

z——上下游水位差，m。

表8.6　岩基构造特性与抗冲刷系数 *k*

岩基构造特性描述	岩基类型	*k* 值
节理很发育、裂隙很杂乱，岩石成碎块状，裂隙内部为黏土填充，包括松软结构、松散结构和破碎带	Ⅳ	1.5～2.0
节理较发育、岩石成块状，部分裂隙为黏土填充	Ⅲ	1.2～1.5
节理发育、岩石成大块状，裂隙密闭，少有充填	Ⅱ	0.9～1.2
节理不发育，多位密闭状，延展不长，岩石呈巨块状	Ⅰ	＜1.0

4　冲刷坑最深点的平均坡度确定

冲刷坑对坝身的影响，一般用挑坎末端至冲刷坑最深点的平均坡度表示，即

$$i = \frac{t_s}{L_0 + L_1} \tag{8.30}$$

按照式（8.30）计算出的值越大，坝身越不安全。根据工程实践经验，许可的最大临界坡 i_c 值，一般取 $i_c = \frac{1}{2.5} \sim \frac{1}{5}$。当 $i < i_c$ 时，可认为冲刷坑不会危及坝身的安全。

根据上面分析，挑流消能水力计算应首先确定冲刷坑深度 t_s，再分别求出空中射程 L_0 和水下射程 L_1，最后用式（8.30）求出挑坎末端至冲刷坑最深点的平均坡度 i，判断冲刷坑深度对坝身的影响。由于影响冲刷坑的因素比较复杂，往往还需要通过模型试验来确定冲刷坑的深度。

练一练（判断题）

（1）挑流消能水力计算任务是确定池深和池长。　（　）

（2）挑流式衔接消能的挑角越大，挑流射程越大。　（　）

（3）水下射程与冲刷坑深度无关。　（　）

（4）冲刷坑深度大小与下游水深无关，与下游河床地质条件无关。　（　）

（5）挑流式衔接消能常用在上下游水位落差较大的山区性河流。　（　）

【案例8.4】　某空腹重力坝，坝前正常蓄水位176.00m，挑角 θ 初拟为24.42°，挑坎高程145.15m，下游河床高程116m，下游水位127.0m，闸门全开下泄流量 $1500m^3/s$，泄流坝段总宽度50m。下游河床是坚硬但节理、裂隙均较发育的岩石。试计算下泄水流射程和冲刷坑深度并检验冲刷坑是否危及坝身安全？

【分析与计算】

根据已知条件可知：

单宽流量：$$q=\frac{1500}{50}=30[\mathrm{m}^3/(\mathrm{s}\cdot\mathrm{m})]$$

下游坎高：$$a=145.15-116.00=29.15(\mathrm{m})$$

下游水深：$$h_t=127.00-116.00=11.00(\mathrm{m})$$

上游水面至挑坎顶部的高差：$$s_1=176.00-145.15=30.85(\mathrm{m})$$

上下游水位差：$$z=176.00-127.00=49.00(\mathrm{m})$$

(1) 估算冲刷坑深度 t_s。

因岩石坚硬完整性较差，选 $k=1.25$，则

$$t_s=1.25q^{1/2}z^{1/4}-h_t=1.25\times 30^{1/2}\times 49.00^{1/4}-11.00=7.11(\mathrm{m})$$

W8.7

挑流消能水力计算应用举例

(2) 计算空中挑距 L_0。

流能比：$$K_E=\frac{q}{\sqrt{g}s_1^{1.5}}=\frac{30}{\sqrt{9.8}\times 30.85^{1.5}}=0.056$$

流速系数：$$\varphi=\sqrt[3]{1-\frac{0.055}{K_E^{0.5}}}=\sqrt[3]{1-\frac{0.055}{0.056^{0.5}}}=0.916$$

所以，空中挑距为

$$L_0=\varphi^2 s_1\sin 2\theta\left(1+\sqrt{1+\frac{a-h_t}{\varphi^2 s_1\sin^2\theta}}\right)$$

$$=0.916^2\times 30.85\times\sin(2\times 24.42°)\times\left(1+\sqrt{1+\frac{29.15-11.00}{0.919^2\times 30.85\times\sin^2 24.42°}}\right)$$

$$=63.39(\mathrm{m})$$

(3) 计算水下挑距 L_1。

$$\tan\beta=\sqrt{\tan^2\theta+\frac{a-h_t}{\varphi^2 s_1\cos^2\theta}}$$

$$=\sqrt{\tan(24.42°)^2+\frac{29.15-11.00}{0.916^2\times 30.85\times\cos^2 24.42}}=1.201$$

$$L_1=\frac{t_s+h_t}{\tan\beta}=\frac{7.11+11.00}{1.201}=15.08(\mathrm{m})$$

总挑距：$$L=L_0+L_1=63.39+15.08=78.47(\mathrm{m})$$

(4) 校核冲刷坑对坝身的影响。

$$i=\frac{t_s}{L}=\frac{7.11}{78.47}=0.091<0.2\sim 0.4$$

S8.8

挑流消能

$i<i_c$，冲刷坑不会危及坝身安全，挑坎形式尺寸设计合理。

【案例 8.5】 某溢流堰坝顶高程 161.0m，下游河床是坚硬但节理、裂隙均较发育的岩石，其高程为 120.0m，拟采用挑流消能。初拟挑角 $\theta=25°$，挑坎高程为

138.00m。当上游水位为 170.15m，下游水位为 132.50m，单宽流量为 49.0$m^3/(s\cdot m)$时，试计算下泄水流射程和冲刷坑深度并检验冲刷坑是否危及坝身安全。

本案例计算方法同案例 8.4，具体讲解过程见微课 8.7。

➢任务自测（选择题）

（1）关于挑流式衔接与消能，下列说法不正确的是（　　）。

A. 挑流式衔接与消能是在建筑物下游端建一挑坎，将高速水流挑入空中，然后降落在远离建筑物的下游消能

B. 挑流式衔接与消能下泄水流的余能一部分在空中消散，大部分在下游河道中消除

C. 高水头泄水建筑物下游可采用挑流式衔接与消能形式

D. 以上都不对

（2）关于挑流消能射程说法正确的是（　　）。

A. 挑流消能射程是指的空中射程

B. 挑流射程是指挑流鼻坎下游壁面至冲刷坑最深点的水平距离

C. 挑流消能射程与鼻坎的挑角无关

D. 挑流消能射程是指水下射程

（3）下面哪个不是挑流消能的水力计算主要内容？（　　）。

A. 空中射程　　B. 冲刷坑深度　　C. 收缩断面水深　　D. 水下射程

（4）在挑流式消能计算中，t_s 为冲刷坑深度，L_0 为空中射程，L_1 为水下射程，则挑坎末端至冲刷坑最深点的平均坡度 i 的计算公式为（　　）。

A. $t_s/(L_0+L_1)$　　B. t_s/L_0　　C. t_s/L_1　　D. 以上都不对

（5）在挑流式消能计算中，i 为挑坎末端至冲刷坑最深点的平均坡度，i_c 为许可的最大临界坡，当（　　）时认为冲刷坑不会危及坝身的安全。

A. $i>i_c$　　B. $i=i_c$　　C. $i<i_c$　　D. 都不对

（6）在挑流式消能计算中，挑流总射程 L 等于（　　）。

A. 空中射程　　B. 水下射程

C. 空中射程加上水下射程　　D. 空中射程减去水下射程

技 能 训 练

（1）在河道上建一无侧收缩曲线型实用堰，堰高 $P_1=P_2=10$m。当单宽流量 $q=8m^3/(s\cdot m)$ 时，堰的流量系数 $m=0.45$、流速系数 $\varphi=0.95$。若下游水深分别为：$h_{t1}=5$m，$h_{t2}=4.6$m，$h_{t_3}=3.5$m，试分别判别下游水流衔接形式。

（2）拟建一无侧收缩溢流堰，堰高 $P_1=P_2=9$m。当通过单宽流量 $q=8.27m^3/(s\cdot m)$ 时，堰的流量系数 $m=0.49$，流速系数 $\varphi=0.95$，下游河道水深 $h_t=3.5$m。要求：①判断溢流堰出流与下游水流衔接形式；②若采用挖深式消力池，试设计消力池的尺寸。

(3) 在某矩形渠道修建一平板泄洪闸，已知闸前水头 $H=5$m，下游水深 $h_t=2.5$m，闸门开度 $e=2$m，不计闸前行近流速。①试判断下游的衔接形式；②若为远驱式水跃，试设计消力坎式消力池。

(4) 一溢洪道矩形陡槽，上游水位 156m，由水面曲线分析计算陡槽末端水深 $h=0.8$m，流速 $v=20$m/s。现在陡槽末端设计一挑流鼻坎，挑射角 $\theta=30°$，其他有关高程如题图 8.1 所示，流速系数 $\varphi=0.95$，鼻坎下游岩石破碎且松散（冲刷系数 $k=1.5$）。要求：①冲刷坑深度 t_s；②挑流射程 L；③检查冲刷坑的安全性。

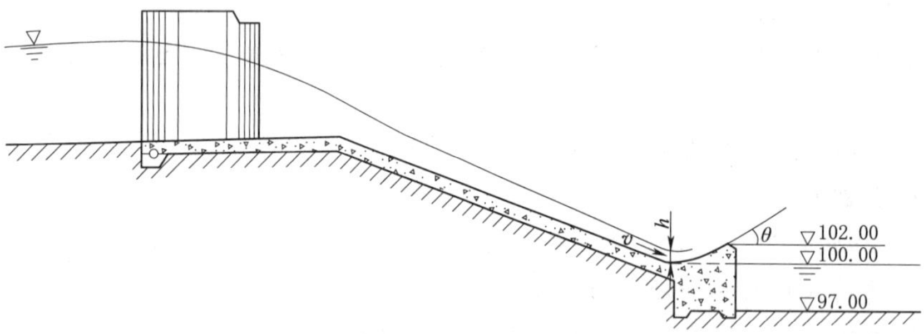

题图 8.1

拓展阅读——金沙江白鹤滩水电站无压泄洪洞群

金沙江白鹤滩水电站是世界工程规模及技术难度较大的水电工程，该工程设有三条泄洪洞群，单洞长 2.1～2.3km，单洞最大泄量达 4083m^3/s，三洞全开，18min 即可蓄满一个西湖。进水塔巨型弧形闸门全部打开后龙落尾段水流流速达 48m/s，按此速度 2.2s 便可完成百米冲刺。三条泄洪洞具有流速高、流量大、体型复杂等特点，洞身均布置在左岸，洞断面为城门洞型，宽 15m、高 18m，洞内"龙落尾"形式，进口为有压进水口，出口采用挑流消能形式（见拓展图 8.1）。

电站泄洪洞于 2014 年 6 月开工，2018 年 8 月启动首仓混凝土浇筑，2020 年 12 月建成。泄洪洞工程是水电枢纽工程的三大主体建筑物之一，承担着泄洪消能的重要任务。白鹤滩水电站面临着"高水头、窄河谷、巨泄量、不对称拱坝"的泄洪消能问题，枢纽总泄流量达 42348m^3/s，被称为"世界上难度最大的泄洪消能"。大坝坝身孔口难以承担全部洪水下泄任务，为保障电站长久安全稳定运行，需要将 1/3 的洪水下泄流量分配到坝身以外的泄水建筑物。

水利工作者创新设计出世界最大的无压泄洪洞群，泄洪洞与大坝坝身表孔、深孔共同承担枢纽泄洪任务，三条泄洪洞总泄流量达 12250m^3/s。

三套泄洪设施灵活运行，为泄洪消能安全提供保障。在设计、建设过程中，水利工作者坚持技术创新，先后攻克高水头窄河谷单侧大泄量泄洪消能、大单宽流量泄洪洞高速水流空化空蚀等关键技术难题。泄洪洞裁弯取直，消能避开峡谷河段，减小与坝身联合泄洪对边坡稳定的叠加影响。

电站泄洪洞布置在规划设计阶段提出了 11 种方案，经过层层遴选、深研细究，才选择左岸三条无压泄洪洞方案。仅仅是泄洪洞出口水流的挑流鼻坎形式，工程师们初拟的方案就多达 30 余种，并在大比尺模型上反复验证，最终确定出泄洪洞出口挑流鼻坎形式（拓展图 8.2）。

正如习近平总书记在金沙江白鹤滩水电站首批机组安全准点投产发电之际，向金沙江白鹤滩水电站建设者发来的贺信中写道：你们发扬精益求精、勇攀高峰、无私奉献的精神，团结协作、攻坚克难，为国家重大工程建设作出了贡献。这充分说明，社会主义是干出来的，新时代是奋斗出来的。

拓展图 8.1　白色巨龙从挑流鼻坎出口飞入金沙江

拓展图 8.2　泄洪洞出口挑流鼻坎

参 考 文 献

[1] 李炜. 水力计算手册 [M]. 2版. 北京: 中国水利水电出版社, 2006.

[2] 武汉水利电力学院水力学教研室. 水力计算手册 [M]. 北京: 水利电力出版社, 1983.

[3] 吴玮, 张维佳. 水力学 [M]. 北京: 中国建筑工业出版社, 2020.

[4] 高学平. 水力学 [M]. 北京: 中国水利水电出版社, 2019.

[5] 杨小林, 刘起霞. 水力学 [M]. 北京: 中国水利水电出版社, 2018.

[6] 吴持恭. 水力学 [M]. 5版. 北京: 高等教育出版社, 2016.

[7] 孙东坡, 丁新求. 水力学 [M]. 郑州: 黄河水利出版社, 2016.

[8] 黄儒钦. 水力学教程 [M]. 4版. 成都: 西南交通大学出版社, 2013.

[9] 高海鹰. 水力学 [M]. 南京: 东南大学出版社, 2011.

[10] 罗全胜, 王勤香. 水力分析与计算 [M]. 郑州: 黄河水利出版社, 2011.

[11] 赵振兴, 何建京. 水力学 [M]. 2版. 北京: 清华大学出版社, 2010.

[12] 刘润生, 何建京, 王忖, 等. 水力学 [M]. 2版. 南京: 河海大学出版社, 2007.

[13] 裴国霞, 唐朝春. 水力学 [M]. 北京: 机械工业出版社, 2007.

[14] 刘纯义, 熊宜福. 水力学 [M]. 北京: 中国水利水电出版社, 2005.

[15] 邓小玲. 水力学 [M]. 北京: 科学出版社, 2005.

[16] 李大美, 杨小亭. 水力学 [M]. 武汉: 武汉大学出版社, 2004.

[17] 张耀先, 丁新求. 水力学 [M]. 郑州: 黄河水利出版社, 2002.

[18] 罗全胜. 水力计算 [M]. 北京: 中国水利水电出版社, 2001.

[19] 李序量. 水力学 [M]. 3版. 北京: 水利电力出版社, 1991.

[20] 余际可, 等. 倒虹吸管 [M]. 2版. 北京: 水利电力出版社, 1989.

[21] 徐正凡. 水力学 [M]. 北京: 高等教育出版社, 1986.

[22] 大连工学院水力学教研室. 水力学 [M]. 北京: 高等教育出版社, 1985.

[23] 清华大学水力学教研组. 水力学 [M]. 北京: 人民教育出版社, 1980.

[24] 闻建龙. 工程流体力学 [M]. 北京: 机械工业出版社, 2018.

[25] 徐桂英, 安毓群, 张俊华. 工程流体力学 [M]. 郑州: 黄河水利出版社, 1996.

[26] 王宇, 王勤香. 水力分析与计算习题集 [M]. 郑州: 黄河水利出版社, 2017.

[27] 梅锦山, 侯传河, 司富安. 水工设计手册: 第2卷 规划、水文、地质 [M]. 2版. 北京: 中国水利水电出版社, 2014.

[28] 刘志明, 温续余. 水工设计手册: 第7卷 泄水与过坝建筑物 [M]. 2版. 北京: 中国水利水电出版社, 2014.

[29] 水利部天津水利水电勘测设计研究院. 溢洪道设计规范: SL 253—2018 [S]. 北京: 中国水利水电出版社, 2018.

[30] 江苏省水利勘测设计院. 水闸设计规范: SL 265—2016 [S]. 北京: 中国水利水电出版社, 2016.

［31］ 水利部东北勘测设计院．水工隧洞设计规范：SL 279—2016［S］．北京：中国水利水电出版社，2016．

［32］ 王书荣．自然的启示［M］．武汉：湖北科学技术出版社，2014．

［33］ 刘世京．“独具慧眼”的盲人数学家欧拉［J］．中国残疾人，1996（5）：40-41．

［34］ 陈仕涛．都江堰水利工程自动分水原理［EB/OL］．（2020-09-24）［2022-07-29］．https：//article. xuexi. cn/articles/index. html? art_id=11342657167196737859．

水力科普——气盾坝

气盾坝是综合橡胶坝、钢板坝二者之长的新型水工建筑物，也是一种新型生态景观坝。该坝吸收了传统活动坝型之精华，摒弃了传统活动坝型之不足，具有结构简单，建设、安装周期短；防洪度汛能力突出，运行安全可靠；过水高度和运行状态持续可控；挡水和过水能力更高；充排时间短，运行管理简单；使用寿命超长，综合效益高；坝顶溢流十分美观，景观效果佳等特点。该新型坝具有传统水利泄流挡水特点，又有生态水利景观环保优势，近些年逐渐被广泛应用于各种水文情况复杂的河道和美化城市建设的河道。

在打造美丽乡村、建设智慧城市时，河道上常常建设若干道气盾坝，形成气盾坝群。坝群间往往需要联合调度，从河道防洪、水资源高效利用、水环境保护等方面，需要科学决策每道坝的运行方式，提升对自然灾害、突发事件的应急决策能力，提高现代水利精细化管理水平，推动智慧水利建设。

科学决策气盾坝运行方式最基础重要工作就是需要准确计算气盾坝过流能力。目前，气盾坝虽然应用越来越广，但国内外在该领域的深入研究仍相对匮乏。从泄流特点来看，气盾坝属于堰的范畴，但气盾坝运行开度不同，其水流现象和堰形式不同。泄流过程中，由于开度变化，重力作用与坝顶托作用在变化，导致堰型在动态变化。气盾坝泄流既不完全属于典型的薄壁堰、实用堰，也不完全属于宽顶堰，不同堰型流量系数的确定方法及大小是不同的，而流量系数是影响堰流过流能力关键因素。气盾坝立门泄流时单一按传统哪种堰型确定流量系数都不合适，都会导致计算流量不准确，甚至计算结果错误，影响坝群科学调度和现代水利精细化管理。

针对当前气盾坝过流能力计算存在的问题，借助水工模型试验对气盾坝的水流现象、流量系数以及过流能力展开深入地计算分析。模型试验初步结果显示：

（1）气盾坝在不同开度泄流时，堰型呈现动态变化特征。卧门泄流时，其堰型趋近于宽顶堰型，此时可采用宽顶堰流公式计算流量；立门泄流时，则接近 WES 实用堰型，可运用 WES 实用堰公式计算流量。

（2）气盾坝的流量系数与开度、水头、流量密切相关，其中开度对流量系数的影响尤为显著。不同开度所对应的堰型存在差异，相应的流量系数确定方法也不尽相同。

（3）气盾坝在泄流过程中，从卧门泄水逐步过渡到立门泄流阶段，随着开度的增大以及流量系数的变化，其堰型由宽顶堰依次演变为驼峰实用堰、克奥实用堰，最终转变为 WES 实用堰。

未来，随着对气盾坝理论研究的持续深入、模型验证的不断完善以及工程实践经验的逐步积累，气盾坝这一新型生态坝型泄流的水流现象及水力计算必将得到更为全面、深入且系统的研究。

图 1　气盾坝实物

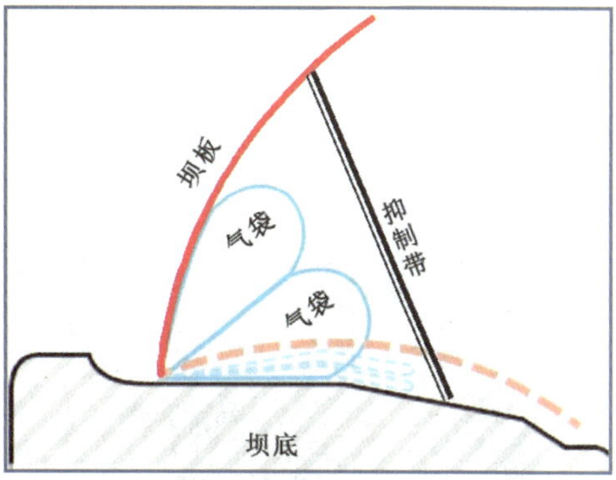

图 2　气盾坝构造

图 3　气盾坝卧门泄流

图 4　气盾坝立门泄流

附　　图

附图 1　规模举世无双——三峡双线五级船闸

附图 2　长江与黄河在此“握手”——南水北调中线穿黄工程

附图 3　世界第八大奇迹——“人工天河”红旗渠

附图 4　悬崖绝壁上的青春岁月——红旗渠青年洞

附图 5　调水梦　中国梦——南水北调中线渠首工程

附图 6　世界第一大渡槽——沙河渡槽

附图7　飞流直下三千尺，疑是银河落九天——亚洲第一德天瀑布之水跌现象

附图8　国之重器——三峡水利工程

附图 9 践行人水和谐、天人合一的生态工程——都江堰水利工程

附图 10 万里黄河第一坝——三门峡水利枢纽

附图 11　治理开发黄河的关键性工程——小浪底水利枢纽

附图 12　我国第一座自主建设的大型水力发电站——新安江水电站